中国特色高水平高职学校项目建设成果

# 机械加工实训

主　编　韩　东　张国艳
副主编　杨海峰　陈　秀　王子鹏

哈尔滨工程大学出版社
Harbin Engineering University Press

## 内容简介

本书为机械加工实训课程配套辅助资料。机械加工实训课程主要传授机械制造基础知识和基本技能，是一门实践性很强的技术基础课，是对学生进行工程训练，使其学习工艺知识、增强实践能力和提高综合素质不可缺少的重要环节。该课程是工科学生进行工程训练、培养工程意识、学习工艺知识、提高工程实践能力的重要的实践型技术基础课。其任务是使学生了解机械制造的一般生产过程，熟悉常用零件的毛坯制造和切削加工的加工方法、所用设备的基本结构、工卡量具和安全操作等方面的基本知识，了解机械制造工艺知识和一些新工艺、新技术、新设备在机械制造中的应用，具有初步的实践动手能力、创新意识、安全意识和创新能力等工程技术人员应具备的基本素质。

本书包括4个实训项目：车削加工实训，铣削加工实训，磨削加工实训，刨削、镗削及拉削加工综合实训。机械加工实训课程是机械工程专业学生实训、顶岗实习和将来从事专业技术工作必学的一门技术专业课。综合课程的开发以培养学生的动手和动脑能力为主线，以“学中做，做中学”为原则，根据高职院校人才培养目标，按照高职院校教学改革、课程改革的需求及企业岗位需求对传统教学内容进行了重新整合。本书可作为高职高专机械工程专业学生的学习辅助资料，也可作为职业技能培训教材及从事机械加工操作的技术人员参考资料。

**图书在版编目(CIP)数据**

机械加工实训 / 韩东，张国艳主编. -- 哈尔滨：哈尔滨工程大学出版社，2024. 9. -- ISBN 978-7-5661-4567-3

Ⅰ. TG506

中国国家版本馆 CIP 数据核字第 202493CS28 号

**机械加工实训**
JIXIE JIAGONG SHIXUN

**选题策划** 雷　霞
**责任编辑** 刘海霞
**封面设计** 李海波

**出版发行** 哈尔滨工程大学出版社
**社　　址** 哈尔滨市南岗区南通大街 145 号
**邮政编码** 150001
**发行电话** 0451-82519328
**传　　真** 0451-82519699
**经　　销** 新华书店
**印　　刷** 哈尔滨市海德利商务印刷有限公司
**开　　本** 787 mm×1 092 mm　1/16
**印　　张** 14.25
**字　　数** 364 千字
**版　　次** 2024 年 9 月第 1 版
**印　　次** 2024 年 9 月第 1 次印刷
**书　　号** ISBN 978-7-5661-4567-3
**定　　价** 49.80 元

http://www.hrbeupress.com
E-mail:heupress@hrbeu.edu.cn

# 中国特色高水平高职学校项目建设<br>系列教材编审委员会

# 编写说明

中国特色高水平高职学校和专业建设计划(简称“双高计划”)是我国教育部、财政部为建设一批引领改革、支撑发展、中国特色、世界水平的高等职业学校和骨干专业(群)而实施的重大决策建设工程。哈尔滨职业技术大学(原哈尔滨职业技术学院)入选“双高计划”建设单位,学校对中国特色高水平学校建设项目进行顶层设计,编制了站位高端、理念领先的建设方案和任务书,并扎实地开展人才培养高地、特色专业群、高水平师资队伍与校企合作等项目建设,借鉴国际先进的教育教学理念,开发具有中国特色、符合国际标准的专业标准与规范,深入推动“三教改革”,组建模块化教学创新团队,实施课程思政,开展“课堂革命”,出版校企双元开发活页式、工作手册式、新形态教材。为适应智能时代先进教学手段应用,学校加强对优质在线资源的建设,丰富教材的载体,为开发以工作过程为导向的优质特色教材奠定基础。按照教育部印发的《职业院校教材管理办法》要求,本系列教材编写总体思路是:依据学校双高建设方案中教材建设规划、国家相关专业教学标准、专业相关职业标准及职业技能等级标准,服务学生成长成才和就业创业,以立德树人为根本任务,融入课程思政,对接相关产业发展需求,将企业应用的新技术、新工艺和新规范融入教材之中。教材编写遵循技术技能人才成长规律和学生认知特点,适应相关专业人才培养模式创新和优化课程体系的需要,注重以真实生产项目以及典型工作任务、生产流程、工作案例等为载体开发教材内容体系,理论与实践有机融合,满足“做中学、做中教”的需要。

本系列教材是哈尔滨职业技术大学中国特色高水平高职学校项目建设的重要成果之一,也是哈尔滨职业技术大学教材改革和教法改革成效的集中体现。教材体例新颖,具有以下特色:

第一,教材研发团队组建创新。按照学校教材建设统一要求,遴选教学经验丰富、课程改革成效突出的专业教师担任主编,邀请相关企业作为联合建设单位,形成了一支学校、行业、企业和教育领域高水平专业人才参与的开发团队,共同参与教材编写。

第二,教材内容整体构建创新。精准对接国家专业教学标准、职业标准、职业技能等级标准,确定教材内容体系;参照行业企业标准,有机融入新技术、新工艺、新规范,构建基于职业岗位工作需要的,体现真实工作任务、流程的内容体系。

第三,教材编写模式及呈现形式创新。与课程改革相配套,按照“工作过程系统化”“项目+任务式”“任务驱动式”“CDIO 式”四类课程改革需要设计四种教材编写模式,创新新形态、活页式或工作手册式三种教材呈现形式。

第四,教材编写实施载体创新。根据专业教学标准和人才培养方案要求,在深入企业调研岗位工作任务和职业能力分析基础上，按照“做中学、做中教”的编写思路，以企业典型工作任务为载体进行教学内容设计，将企业真实工作任务、真实业务流程、真实生产过程纳入教材，开发了与教学内容配套的教学资源，以满足教师线上线下混合式教学的需要。同时，本系列教材配套资源在相关平台上线，可满足学生在线自主学习的需要，学生也可随时下载相应资源。

第五，教材评价体系构建创新。从培养学生良好的职业道德、综合职业能力、创新创业能力出发，设计并构建评价体系，注重过程考核和学生、教师、企业、行业、社会参与的多元评价，在学生技能评价上借助社会评价组织的“1+X”考核评价标准和成绩认定结果进行学分认定，每部教材根据专业特点设计了综合评价标准。为确保教材质量，哈尔滨职业技术大学组建了中国特色高水平高职学校项目建设成果编审委员会。该委员会由职业教育专家组成，同时聘请企业技术专家进行指导。学校组织了专业与课程专题研究组，对教材编写持续进行培训、指导、回访等跟踪服务，建立常态化质量监控机制，为修订、完善教材提供稳定支持，确保教材的质量。

本系列教材在国家骨干高职院校教材开发的基础上，经过几轮修改，融入了课程思政内容和“课堂革命”理念，既具教学积累之深厚，又具教学改革之创新，凝聚了校企合作编写团队的集体智慧。本系列教材充分展示了课程改革成果，力争为更好地推进中国特色高水平高职学校和专业建设及课程改革做出积极贡献！

**哈尔滨职业技术大学**

**中国特色高水平高职学校项目建设系列教材编审委员会**

2024 年 7 月

# 前　言

在“中国制造2025”和“工业4.0”背景下，为满足产业升级后制造企业对技能型人才的需求，必须大力加强高职学校机械类专业学生对机械设备操作及相关加工工艺设计能力的培养。由于普通铣床生产效率高，加工范围广，是目前机械制造企业广泛应用的工作母机之一，因此掌握这种设备的基本操作及其工艺过程，是对机械类高职学生的基本技能要求。

随着机械制造业的不断发展，机械制造领域对技能人才的需求愈加显著，各高职院校更加重视对学生的技能培养和培训工作。而机械加工技术作为机械制造专业人才不可缺少的基础性技能，在职业学校的机械类专业技能培养中占有非常重要的地位。我院作为中国特色高水平高职学校建设单位，重点打造以机电一体化技术专业群为主的特色项目，更承担着为区域装备制造业输送优质机械制造专业工匠型人才及服务区域经济发展的重任。随着德促贷款项目国际现代制造技术实训楼的建成和新购置设备就位，我院硬件配套设施已经非常完善。

但目前，在各高职学校的机械加工实训教学中，传统的教学理念与教学方法已经无法满足学生的学习需求。为了满足正常教学，大部分教师疲于上课，没有时间进行系统的实训课题的改革，这就造成了学生在校外企业实习及毕业分配以后普遍反映在学校学到的知识与实际工作无法有效衔接的现象。在机械加工实训教学中，这个问题尤其突出，因此对机械加工实训项目进行改革，开发校企合作实训项目，突出工程实践能力的培养，优化教学理念，创新教学方法，构建完整的实践教学体系并使其贯穿于整个教学过程的始终，以提高学生实习的积极性，培养满足企业用工需要的技能人才，是高校可持续发展的核心。

“机械加工实训”是一门实践性很强的课程，融入了中国特色高水平高职学校建设教材改革的先进理念。本书根据高职学校的培养目标，按照高职院校教学改革和课程改革的要求，以培养学生职业岗位技能为核心，以机械零件为载体，以情境项目为导向目标，以任务驱动为手段，实现“教、学、做”一体化，通过系统的项目安排，使学生在完成实训任务的过程中得到锻炼，培养其职业能力，为学生在生产实习和顶岗实习阶段，以及学生的可持续发展奠定了良好的基础。目前，国内高职学校机械工程专业都开设了机械加工实训相关课程，多数院校对其理论教学进行了一系列课程改革尝试，而对实训项目的开发研究较少。常见问题有实训案例选取没有针对性、不够系统，实训教学相关内容过于陈旧，没有能广泛适用的合理的实训指导教材。现需结合我院实际教学条件，开发新的适用实训项目，更新并增加实际工程案例，更好地解决理论与实际脱节的问题，使学生通过实训掌握应用车削、铣削加工和磨削加工的方法和技巧，真正地培养学生分析问题、解决问题的能力。

本书由哈尔滨职业技术学院韩东同志、张国艳同志任主编。韩东同志负责确定编制的体例、统稿工作,并负责编写实训项目1中的任务1、实训项目2中的任务1、实训项目3中的任务1。张国艳同志负责编写实训项目1中的任务2、实训项目2中的任务2、实训项目3中的任务2。由哈尔滨职业技术学院杨海峰同志、陈秀同志,黑龙江建筑职业技术学院王子鹏同志任副主编。杨海峰同志负责编写实训项目2中的任务3,并协助主编进行任务书的实践性审核工作。陈秀同志负责编写实训项目4。王子鹏同志负责编写实训项目1中的任务3、实训项目3中的任务3。由哈尔滨电机厂有限责任公司戚亮同志和哈尔滨汽轮机厂叶片分厂史锐同志为全书做出指导。本书在编写过程中还得到哈尔滨职业技术学院陈强、姜东权等同志的大力支持与帮助,在此,谨向他们表示衷心的感谢。

此外,本书在编写过程中参考了大量的文献资料,在此,谨向文献资料的作者表示诚挚的谢意。

由于编者的业务水平和教学经验有限,书中难免有疏漏之处,恳请读者指正。

**编　者**

2024年7月

# 目　　录

# 实训项目 1　车削加工实训

## 【项目目标】

**知识目标**

能够制定车削加工工艺；

能够准确阐述 CA6140 车床的型号及结构组成；

能够阐述常用刀具结构，量具的原理、规格、名称及正确使用方法；

能够阐述车床加工基本操作的方法。

**能力目标**

能够拟定车削加工工艺文件；

能够编制典型零件车削加工工艺流程；

能够操作车床进行车削加工。

**素质目标**

正确执行安全技术操作规程，树立安全意识；

培养学生爱岗敬业精神；

培养学生精益求精的工匠精神。

## 【项目内容】

车削加工实训项目是依据高职高专机电类专业人才培养目标和定位要求，结合以普通车床车削加工工作过程为导向构建的学习领域课程，方便高职学生学习并掌握机械加工相关知识和技能。车削加工情境，融入了中国特色高水平高职学校建设教材改革的先进理念，根据高职学校的培养目标，按照高职学校教学改革和课程改革的要求，以培养学生职业岗位技能为核心，以机械零件为载体，以项目为导向目标，以任务驱动为手段，实现“教、学、做”一体化，通过系统的项目安排，使学生在完成实训任务的工作过程中得到锻炼，培养其职业能力，为学生在生产实习和顶岗实习阶段，以及学生可持续发展奠定了良好的基础。

## 实训任务 1　阶梯轴的车削加工

### 【任务目标】

1. 熟练、规范地操作机床；
2. 粗车、精车外圆柱面；
3. 利用刻度盘手柄进行操作；
4. 车削端面、外圆及倒角等；

5. 完成阶梯轴的车削加工。

## 【任务描述】

完成图 1-1-1 所示阶梯轴的粗车及精车，并学会利用操作刻度盘手柄的方法加工零件。能熟练掌握阶梯轴零件加工工艺编制及车削加工全过程，并对加工后的零件进行检测、评价。

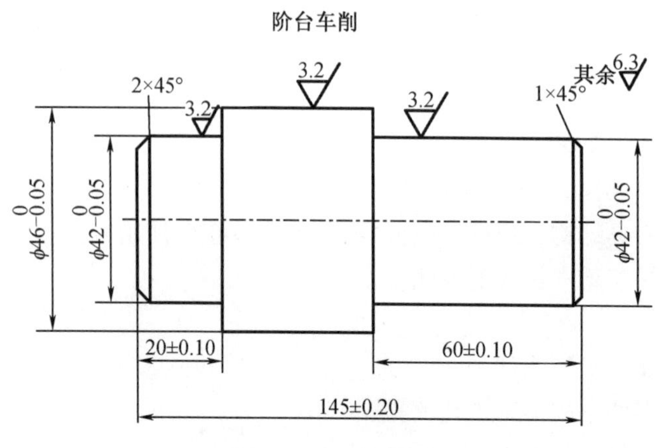


**图 1-1-1　阶梯轴①**

## 【任务分析】

粗车外圆时，在机床功率和工艺系统刚度允许的条件下，要采用尽可能大的背吃刀量去除金属层，使工件接近零件的形状和尺寸。粗车后应留下 0.5~1.0 mm 的加工余量。粗车时背吃刀量和进给量较大，会产生较大的切削力，因此工件装夹必须牢靠，且不宜采用较高的转速。精车是切去余下少量的金属层以获得零件所求的精度和表面粗糙度，因此精车时背吃刀量和进给量都较小，刀具刃要锋利，转速应选得高一些。为了提高工件表面粗糙度，用于精车车刀的前、后刀面应采用油石加机油磨光，刀尖要磨成一个小圆弧。精车外圆时，为了保证径向尺寸，通常要进行试切和试测量。车削时根据工件直径余量的 1/2 做横向进刀，当车刀在纵向外圆上移动 2 mm 左右时，纵向快速退刀（横向不动），然后停车测量，如尺寸符合要求，可进行切削，否则需按上述方法继续进行试切削和试测量。

## 【相关知识】

### 一、安全文明生产要求与操作规程

1. 安全文明生产要求

学生应严格遵守实训室的规章制度，熟悉车床的安全操作规程及车床维护保养流程；牢记“三不伤害”（不伤害自己、不伤害他人、不被他人伤害）原则；正确使用工具及量具，若发现车床出现故障、工具及量具损毁等问题，要及时上报指导教师。

---

① 本书此类图中长度单位均为 mm，表面粗糙度 *Ra* 单位均为 μm。

2. 普通车床操作规程

使用设备时，首先根据四项要求（安全、整齐、清洁、润滑）和交接班日记进行详细检查，即对从传动系统到操作手柄，从油泵（电机）到润滑系统、电气系统等各部件进行全面检查，确认各部件正常并以低速运转 3~5 min 后，达到灵活可靠、准确无误、运转正常，再开始工作。

①开车前，按润滑图表规定进行注油润滑。

②装卡工件要牢固。偏重工件必须加配重以平衡。配重平衡要由工艺部门详细计算，将计算结果经机械员同意后报设备管理部门备案。

③正确安装刀具，合理选择刀具和切削用量，严禁超负荷使用机床。

④装卸及测量工件时，必须使刀具退离工件（需停车进行）。装卸较重的工件和卡盘时，要注意不要碰伤机床，特别要注意保护好导轨面。

⑤用顶尖顶持工件时，尾座套筒的伸出量不得大于套筒直径的两倍。

⑥禁止在机床上对工件进行电焊作业。

⑦禁止在顶尖间或导轨面上校直工件。

⑧禁止操作人员离开开车的机床。

⑨禁止用杠杆加大尾座手轮转矩以进行尾座进给。

⑩禁止在导轨面上旋转任何物件，以免损伤导轨。注意保持导轨面的清洁。

⑪禁止开车时变换转速。主轴转速在 400 r/min 及以上时，不得急速打反车。不得用反车制动方法刹车。

⑫切削螺纹用的丝杠不得做其他用途。

⑬经常注意各部件运转情况，如有异常现象，应立即停车排除故障。

⑭下班前，将各手柄放在空挡位置，将尾座溜板、刀架停放在尾部。

⑮离开机床时必须切断电源。

## 二、车床的认识与操作

1. CA6140 卧式车床型号

（1）机床的型号

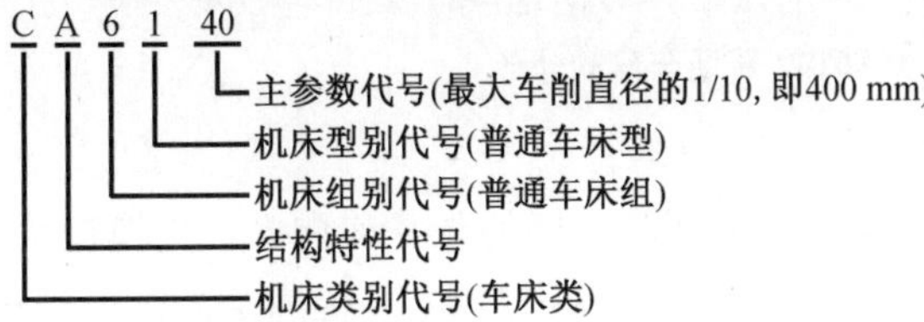


（2）卧式车床的型号

卧式车床用 CA61××来表示，其中 C 为机床分类号，表示车床类机床；A 为结构特性代号；61 为组系代号，表示卧式；其他表示车床的有关参数和改进号。

2. CA6140 卧式车床结构组成

（1）卧式车床的结构

CA6140 普通车床的外形如图 1-1-2 所示。

（2）卧式车床各部分的名称和用途

①主轴箱

主轴箱又称床头箱，内装主轴和变速机构。变速是指通过改变床头箱外面的手柄位置，可使

主轴获得 12 种不同的转速(45~1 980 r/min)。主轴是空心结构,棒料能通过的主轴孔的最大直径是 29 mm。主轴的右端有外螺纹,用以连接卡盘、拨盘等附件。主轴右端的内表面是莫氏 5 号的锥孔,可插入锥套和顶尖。主轴箱的作用是将运动传给进给箱,并可改变进给方向。

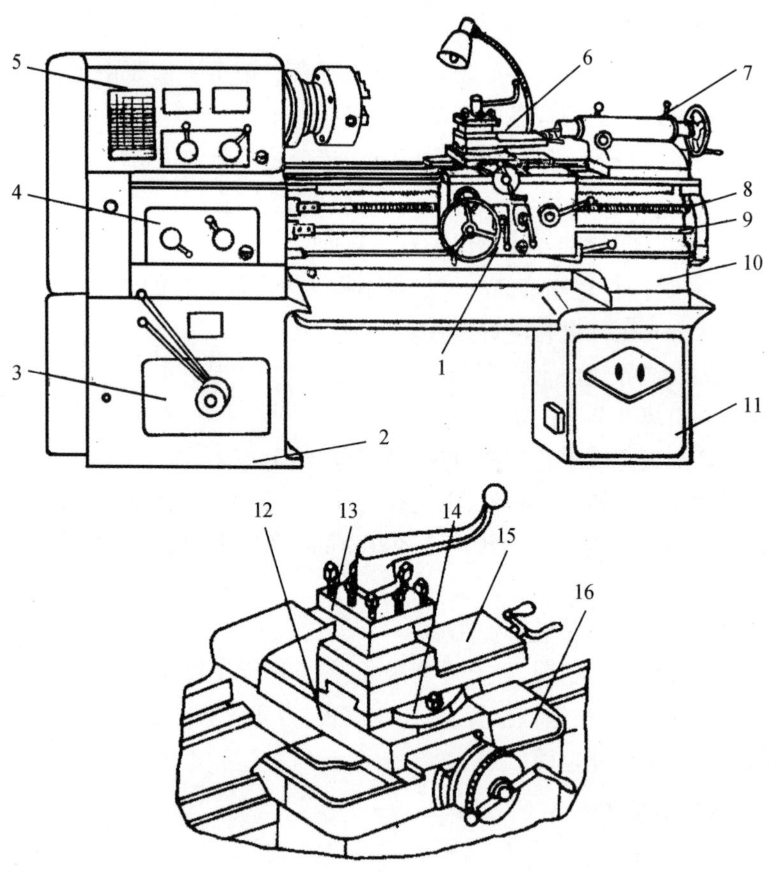


1—溜板箱;2—前床脚;3—变速箱;4—进给箱;5—床头箱;6—刀架;7 —尾架;8—丝杠;9—光杠;10—床身;11—后床脚;12—中刀架;13—方刀架;14—转盘;15—小刀架;16—大刀架。

**图 1-1-2　CA6140 普通车床的外形**

②进给箱

进给箱是进给运动的变速机构。它固定在主轴箱下部的床身前侧面。变换进给箱的手柄位置,可将主轴箱内主轴传递的运动转为进给箱的输出运动,并传递给光杆或丝杆,获得不同的转速,以改变进给量的大小或车削不同螺距的螺纹。

③变速箱

变速箱安装在车床前床脚的内腔中,并由电动机通过联轴器直接驱动变速箱中的齿轮传动轴。变速箱外设有两个长的手柄,分别移动传动轴上的双联滑移齿轮和三联滑移齿轮,通过皮带传动至主轴箱。

④溜板箱

溜板箱又称拖板箱,是进给运动的操纵机构。它使光杠或丝杠旋转运动,通过齿轮和齿条或丝杠和开合螺母,推动车刀做进给运动。溜板箱上有三层滑板,当接通光杠时,可使床鞍带动中滑板、小滑板及刀架沿床身导轨做纵向移动,而中滑板可带动小滑板及刀架沿床鞍上的导轨做横向移动,故刀架可做纵向或横向直线进给运动。溜板箱内设有互锁机构,使光杠、丝杠两者不能同时使用。

⑤刀架

刀架用来装夹车刀,并可做纵向、横向及斜向运动。刀架(图1-1-3)是多层结构,它的组成如下。

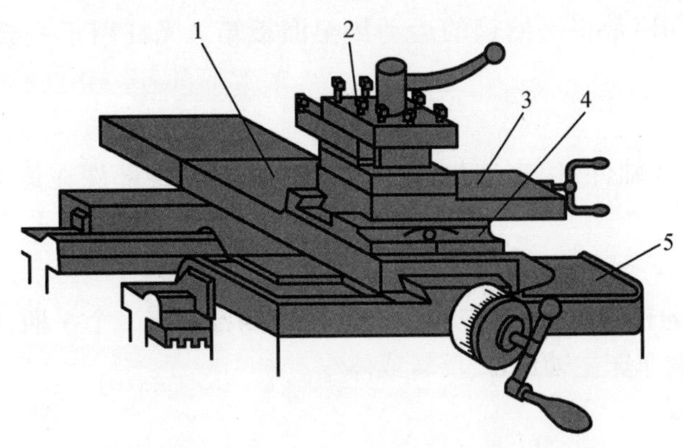


1—中滑板;2—方刀架;3—小滑板;4—转盘;5—床鞍。

**图1-1-3　刀架**

a. 床鞍　它与溜板箱牢固相连,可沿床身导轨做纵向移动。

b. 中滑板　它装置在床鞍顶面的横向导轨上,可做横向移动。

c. 转盘　它固定在中滑板上。松开固定螺母后,可转动转盘,使它和床身导轨成一个所需要的角度,而后再拧紧螺母,以加工圆锥面等。

d. 小滑板　它装在转盘上面的燕尾槽内,可做短距离的进给移动。

e. 方刀架　它固定在小滑板上,可同时装夹四把车刀。松开锁紧手柄,即可转动方刀架,把所需要的车刀更换到工作位置上。

⑥尾座

尾座(图1-1-4)用于安装后顶尖,以支持对较长工件进行加工,或安装钻头、铰刀等刀具进行孔加工。尾座的结构由下列部分组成。

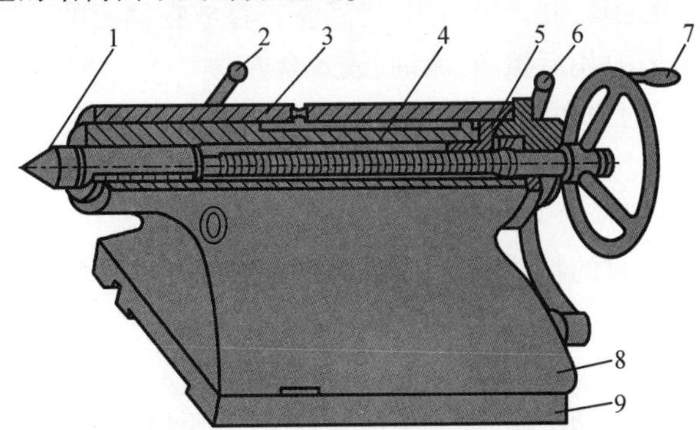


1—顶尖;2—套筒锁紧手柄;3—顶尖套筒;4—丝杆;5—螺母;6—尾座锁紧手柄;7—手轮;8—尾座体;9—底座。

**图1-1-4　尾座**

a. 套筒　其左端有锥孔,用以安装顶尖或锥柄刀具。套筒在尾架体内的轴向位置可用手轮调节,并可用锁紧手柄固定。将套筒退至极右位置时,即可卸出顶尖或刀具。

b. 尾座体　尾座体与底座相连。当松开固定螺钉时,拧动螺杆可使尾座体在底板上做微量横向移动,以便使前后顶尖对准中心或偏移一定距离车削长锥面。

c. 底座　底座直接安装于床身导轨上,用以支承尾座体。

⑦光杠与丝杠

光杠与丝杠的作用是将进给箱的运动传至溜板箱。光杠用于一般车削,丝杠用于车螺纹。

⑧床身

床身是车床的基础件,用来连接各主要部件并保证各部件在运动时有正确的相对位置。

⑨操纵杆

操纵杆是车床的控制机构,其左端和拖板箱右侧各装有一个手柄,操作工人可以很方便地操纵手柄以控制车床主轴正转、反转或停车。

3. 安全操作规程

①工作时应穿紧身工作服,戴防护眼镜。女同志应戴工作帽,头发应塞入帽内。夏季禁止穿裙子、短裤和凉鞋上机操作。

②开车前应检查车床各部分机构及防护设备是否完好。

③不准戴手套操作车床或测量工件。应使用专用铁钩清除切屑,不准用手直接清除。

④装卸工件,安装刀具、变换主轴转速、测量加工表面时,必须先停车。

⑤车床运转时,不准用手抚摸工件表面及车床旋转部分。

⑥多人共用一台车床时,只允许一人操作,其他人必须站在教师指定的位置上。

⑦操作中若出现异常现象,应及时停车检查。

⑧工作完毕后,应及时关闭电源。

4. 安全文明生产要求

①爱护机床和其他设备、设施。

②图纸、工艺卡片应放置在便于阅读的位置,并注意保持其清洁和完整。

③爱护刀具、量具及工具,并正确使用,将其整齐存放在固定的位置。工具箱内应分类摆放物件;量具应保持清洁,用后擦净、涂油、放入盒内。

④车刀磨损后,应及时刃磨,不允许用钝刃车刀继续车削,以免影响工件表面的加工质量和生产效率。

⑤毛坯、半成品和成品应分开放置。

⑥工作完毕后将使用过的物件揩净归位,清理机床、刷去切屑。

⑦按规定加注润滑油。工作地周围应保持清洁、整齐。

5. 注意事项

①使用车床前检查各传动手柄、变速手柄是否灵活、原始位置是否正确。

②使用车床前让主轴空运转 1~2 min,待车床运转正常后才能工作。若发现车床运转不正常,应立即停车。

③工件与车刀必须装夹牢固,以防飞出伤人。

④工件装夹好后，必须随即从卡盘上取下卡盘扳手。

⑤操作车床时，必须集中精力，注意身体和衣服不要靠近回转中的机件。

⑥不允许在卡盘及车床导轨上敲击或校直工件，床面上不准放置工具或工件。

⑦加工过程中严禁离开岗位，不准做与操作内容无关的其他事情。

⑧车床出现故障、事故时应立即切断电源，并及时申报，由专业人员检修，未修复不得使用。

### 三、车床的基本操作

1. 熟悉车削基本概念及其加工范围

车削是在车床上利用工件的旋转运动和刀具的移动来改变毛坯形状和尺寸，将其加工成所需零件的一种切削加工方法。其中工件的旋转为主运动，刀具的移动为进给运动（图 1-1-5）。

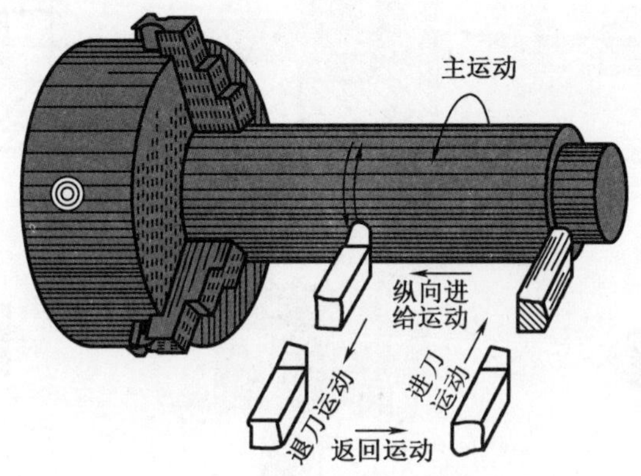


**图 1-1-5　车削运动**

车床主要用于加工回转体表面（图 1-1-6），加工的尺寸公差等级为 IT11～IT6，表面粗糙度为 $Ra$12.5～0.8 μm。车床种类很多，其中卧式车床应用最为广泛。

2. 卧式车床的传动系统

电动机输出的动力经变速箱通过带传动传给主轴。更换变速箱和主轴箱外的手柄位置，可得到不同的齿轮组啮合，从而得到不同的主轴转速。主轴通过卡盘带动工件做旋转运动。同时主轴的旋转运动通过换向机构、交换齿轮、进给箱、光杠（或丝杠）传给溜板箱，使溜板箱带动刀架沿床身做直线进给运动。

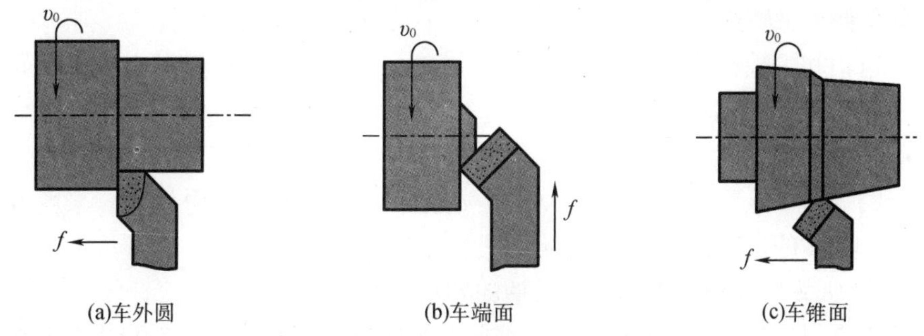


**图 1-1-6　普通车床加工的典型表面**

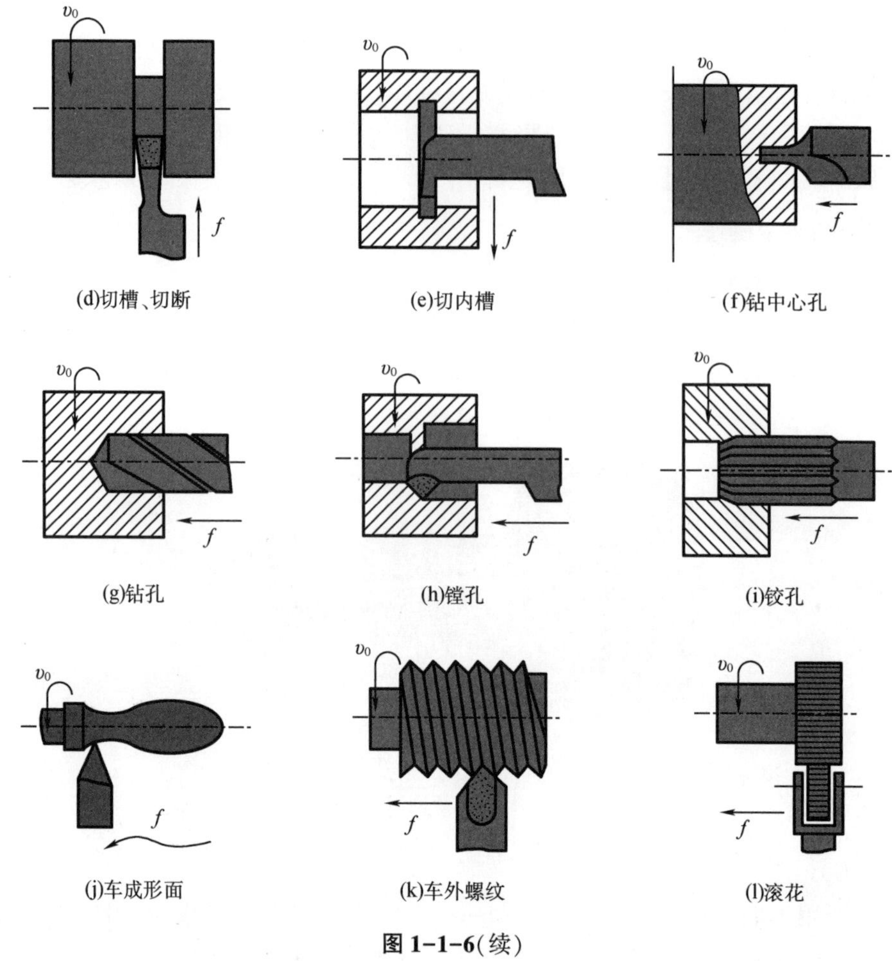


**图 1-1-6**(续)

3. 卧式车床的手柄和基本操作

(1)卧式车床的调整及手柄的使用

CA6140 车床的调整主要是通过变换各自相应的手柄位置进行的,如图 1-1-7 所示。

(2)卧式车床的基本操作方法

①停车练习(主轴正、反转及停止手柄)

a. 正确变换主轴转速

变动变速箱和主轴箱外面的主运动变速手柄 1,2 或 6,可得到相对应的主轴转速。当手柄拨动不顺利时,用手稍转动卡盘即可。

b. 正确变换进给量

按所选的进给量查看进给箱上的标牌,再按标牌上的进给变换手柄位置来变换进给运动变速手柄 3 和 4 的位置,即得到所选定的进给量。

c. 熟悉、掌握纵向和横向手动进给手柄的转动方向

左手握刀架纵向进给手动手轮 17,右手握刀架横向进给手动手柄 7,分别顺时针和逆时针旋转手轮,操纵刀架和溜板箱的移动方向。

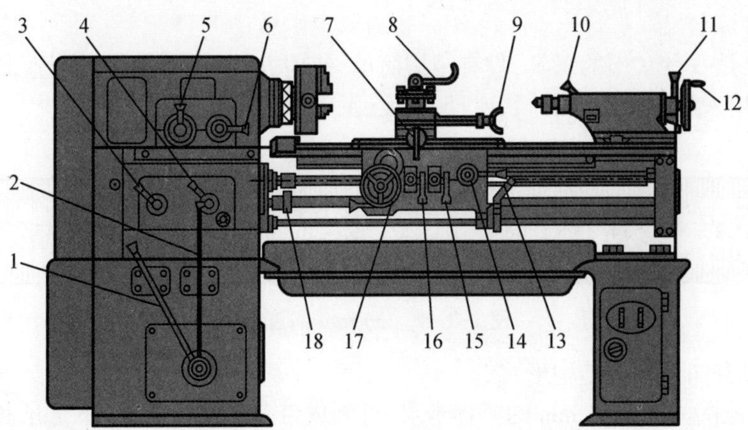


1,2,6—主运动变速手柄;3,4—进给运动变速手柄;5—刀架左右移动的换向手柄;7—刀架横向进给手动手柄;8—方刀架锁紧手柄;9—小刀架移动手柄;10—尾座套筒锁紧手柄;11—尾座锁紧手柄;12—尾座套筒移动手轮;13—主轴正、反转及停止手柄;14—开合螺母的开合手柄;15—刀架横向自动手柄;16—刀架纵向自动手柄;17—刀架纵向进给手动手轮;18—光杠或丝杠接通手柄。

**图 1-1-7　CA6140 车床的调整手柄**

d. 熟悉掌握纵向或横向机动进给的操作

光杠或丝杠接通手柄 18 位于光杠接通位置上,将刀架纵向自动手柄 16 提起即可纵向机动进给,如将刀架横向自动手柄 15 向上提起即可横向机动进给。将二者分别向下扳动则可停止纵、横机动进给。

e. 尾座的操作

尾座靠手动移动,其固定靠螺栓、螺母实现。转动尾座套筒移动手轮 12,可使套筒在尾架内移动。转动尾座锁紧手柄 11,可将套筒固定在尾座内。

②低速开车练习

练习前应先检查各手柄是否处于正确的位置,无误后进行开车练习。

a. 主轴启动—电动机启动—操纵主轴转动—停止主轴转动—关闭电动机。

b. 机动进给—电动机启动—操纵主轴转动—纵、横手动进给—纵、横机动进给—手动退回—机动横向进给—手动退回—停止主轴转动—关闭电动机。

4. 车床操作注意事项

①开车前要检查各手柄是否处于正确位置。机床未完全停止时严禁变换主轴转速,否则会发生严重的主轴箱内齿轮打齿现象,甚至发生机床事故。

②纵向和横向手柄进退方向不能摇错,尤其是快速进、退刀时要千万注意,否则会导致工件报废和发生安全事故。

③当横向进给手动手柄转一格时,刀具横向吃刀为 0.02 mm,其圆柱体直径方向切削量为 0.04 mm。

## 四、常用量具的认识与使用

1. 认识钢直尺

钢直尺是最简单的长度量具,它的长度有 150,300,500 和 1 000 mm 四种规格。图 1-1-8 是常用的 150 mm 钢直尺。

2. 认识游标卡尺

游标卡尺是一种常用的量具，具有结构简单、使用方便、精度中等和测量的尺寸范围大等特点，可以用来测量零件的外径、内径、长度、宽度、厚度、深度和孔距等。

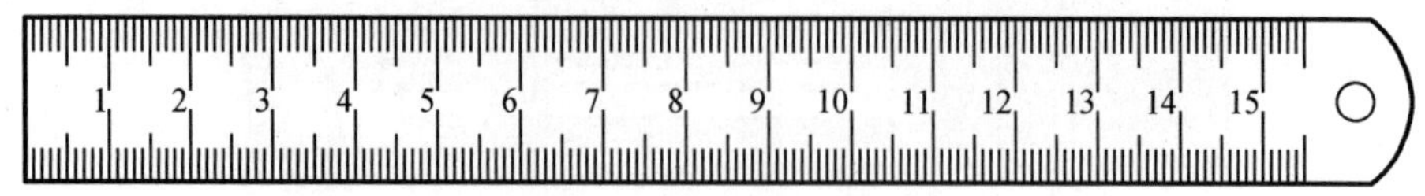


**图 1-1-8　150 mm 钢直尺**

游标卡尺有如下三种结构形式。

(1)测量范围为 0~125 mm 的游标卡尺，可制成带有刀口形的上、下量爪和带有深度尺的形式，如图 1-1-9 所示。

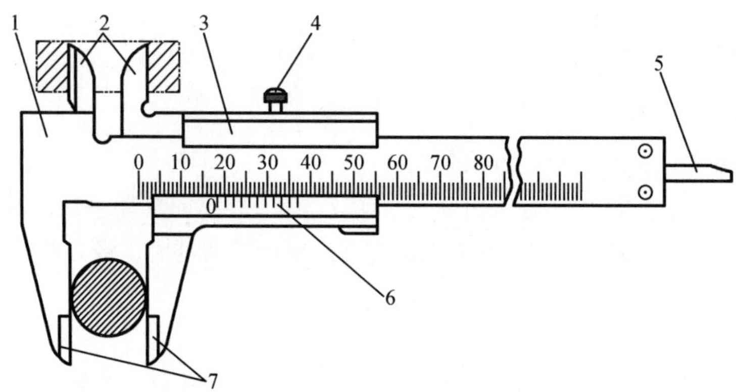


1—尺身；2—上量爪；3—尺框；4—固定螺钉；5—深度尺；6—游标；7—下量爪。

**图 1-1-9　游标卡尺的结构形式之一**

(2)测量范围为 0~200 mm 和 0~300 mm 的游标卡尺，可制成带有内、外测量面的下量爪和带有刀口形的上量爪的形式，如图 1-1-10 所示。

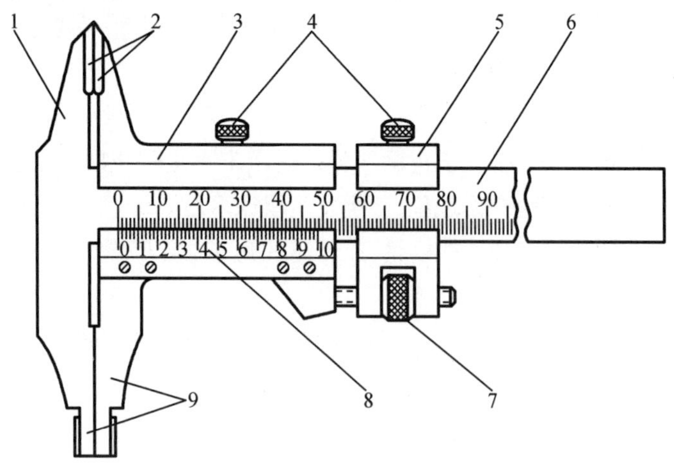


1—尺身；2—上量爪；3—尺框；4—固定螺钉；5—微动装置；6—主尺；7—微动螺母；8—游标；9—下量爪。

**图 1-1-10　游标卡尺的结构形式之二**

也可制成只带有内、外测量面的下量爪的形式。

(3)测量范围大于 300 mm 的游标卡尺,可制成仅带有下量爪的形式,如图 1-1-11 所示。

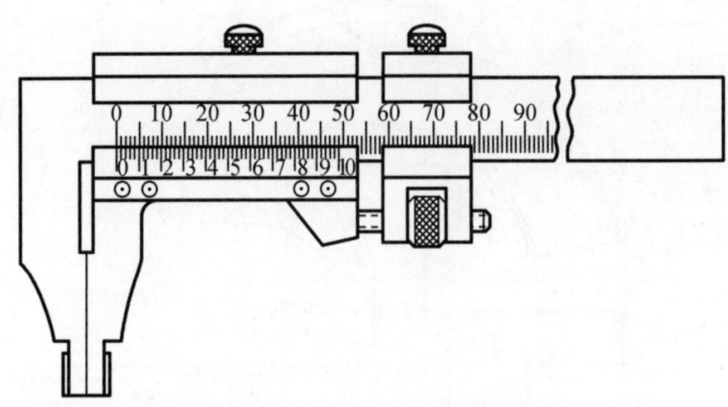


图 1-1-11　游标卡尺的结构形式之三

3. 百分尺

百分尺的种类很多,机械加工车间常用的有:外径百分尺、内径百分尺、深度百分尺、螺纹百分尺和公法线百分尺等,并分别用于测量或检验零件的外径、内径、深度、厚度以及螺纹的中径和齿轮的公法线长度等。

各种百分尺的结构大同小异,常用的外径百分尺的作用是测量或检验零件的外径、凸肩厚度以及板厚或壁厚等 (测量孔壁厚度的百分尺,其量面呈球弧形)。

百分尺由尺架、测微头、测力装置和制动器等组成。图 1-1-12 是测量范围为 0~25 mm 的外径百分尺。

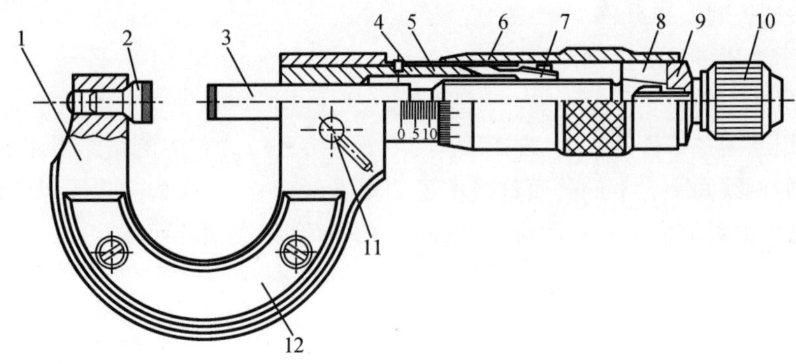


1—尺架;2—固定测砧;3—测微螺杆;4—螺纹轴套;5—固定刻度套筒;6—微分筒;7—调节螺母;
8—接头;9—垫片;10—测力装置;11—锁紧螺钉;12—绝热板。

图 1-1-12　0~25 mm 外径百分尺

4. 万能角度尺

万能角度尺是用来测量精密零件内、外角度或进行角度画线的角度量具,如游标量角器、万能角度尺(图 1-1-13)等。

万能角度尺的读数机构是由刻有基本角度刻线的尺座 1 和固定在扇形板 6 上的游标 3 组成的。扇形板可在尺座上回转移动(有制动器 5),形成和游标卡尺相似的游标读数机构。

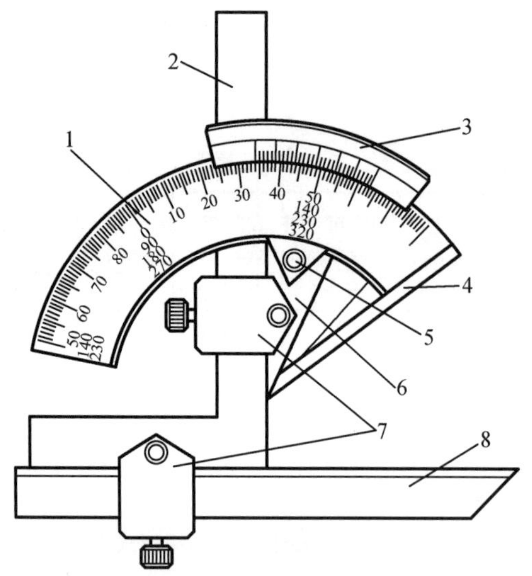


1—尺身;2—角尺;3—游标;4—基尺;5—制动器;6—扇形板;7—卡块;8—直尺。

**图 1-1-13　万能角度尺**

5. 注意事项

①在使用钢直尺的过程中,应注意防止由视差而产生的误差。

②游标卡尺不能测量旋转中的工件。

③禁止把游标卡尺的两个量爪当作扳手或刻线工具使用。

④百分尺的测量精度比游标卡尺高,并且测量比较灵活,因此当加工精度要求较高时多采用百分尺测量。

## 五、量具的正确使用方法

下面介绍常用量具的正确使用方法。

1. 钢直尺

钢直尺用于测量零件的长度、螺矩等尺寸(图 1-1-14)。它的测量结果不太准确,这是由于钢直尺的刻线间距为 1 mm,而刻线本身的宽度就有 0. 1~0. 2 mm,所以测量时读数误差比较大,最小读数值为 1 mm,而对比 1 mm 小的数值,只能估计而得。

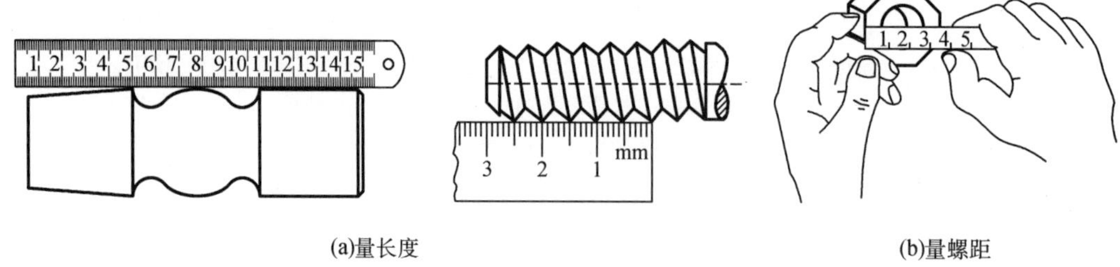


(a)量长度　　(b)量螺距

**图 1-1-14　钢直尺的使用方法**

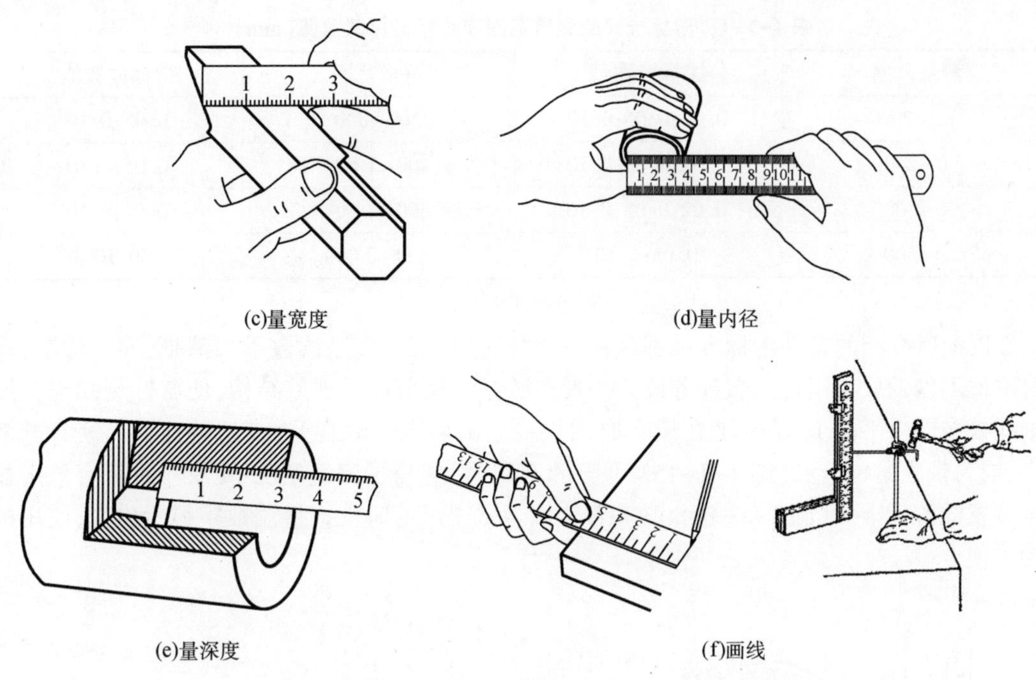


**图 1-1-14**(续)

如果用钢直尺直接去测量零件的直径(轴径或孔径),则测量精度更差。其原因是:除了钢直尺本身的读数误差比较大外,还由于钢直尺无法正好放在零件直径的正确位置上。所以,对零件直径的测量,也可以利用钢直尺和内、外卡钳配合起来进行。

2. 游标卡尺

游标卡尺主要由下列几部分组成。

(1)具有固定量爪的尺身,如图 1-1-9 中的 1 所示。尺身上有类似钢直尺一样的主尺刻度,如图 1-1-10 中的 6 所示。主尺上的刻线间距为 1 mm。主尺的长度取决于游标卡尺的测量范围。

(2)具有活动量爪的尺框,如图 1-1-10 中的 3 所示。尺框上有游标,如图 1-1-10 中的 8 所示,游标卡尺的游标读数值可制成为 0.10,0.05 和 0.02 mm 三种。游标读数值就是指使用这种游标卡尺测量零件尺寸时,卡尺上能够读出的最小数值。

(3)测量范围为 0~125 mm 的游标卡尺还带有测量深度的深度尺,如图 1-1-9 中的 5 所示。深度尺固定在尺框的背面,能随着尺框在尺身的导向凹槽中移动。测量深度时,应把尺身尾部的端面靠紧在零件的测量基准平面上。

(4)测量范围大于或等于 200 mm 的游标卡尺带有随尺框做微动调整的微动装置,如图 1-1-10 中的 5 所示。使用时,先用固定螺钉 4 把微动装置 5 固定在尺身上,再转动微动螺母 7,此时活动量爪就能随同尺框 3 做微量的前进或后退。微动装置的作用是使游标卡尺在测量时用力均匀,便于调整测量压力,减小测量误差。

目前我国生产的游标卡尺的测量范围和游标卡尺读数值见表 1-1-1。

**表 1-1-1　游标卡尺的测量范围和游标卡尺读数值(mm)**

| 测量范围 | 游标读数值 | 测量范围 | 游标读数值 |
|---|---|---|---|
| 0~25 | 0.02;0.05;0.10 | 300~800 | 0.05;0.10 |
| 0~200 | 0.02;0.05;0.10 | 400~1 000 | 0.05;0.10 |
| 0~300 | 0.02;0.05;0.10 | 600~1 500 | 0.05;0.10 |
| 0~500 | 0.05;0.10 | 800~2 000 | 0.10 |

以上所介绍的各种游标卡尺都存在一个共同的问题,就是读数不很清晰,容易读错,有时不得不借助放大镜将读数部分放大。现有游标卡尺采用无视差结构,使游标刻线与主尺刻线处在同一平面上,消除了在读数时因视线倾斜而产生的视差;有的游标卡尺装有测微表,成为带表游标卡尺(图 1-1-15),便于准确读数,提高了测量精度;更有一种带有数字显示装置的游标卡尺(图 1-1-16),在零件表面上量得尺寸时就直接用数字显示出来,使用极为方便。

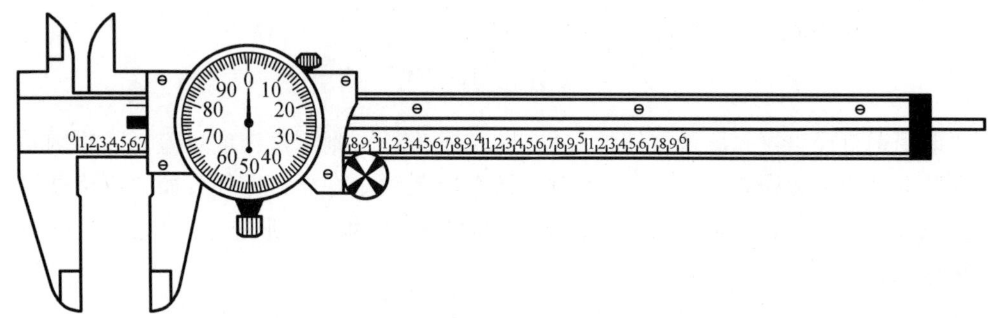


**图 1-1-15　带表游标卡尺**

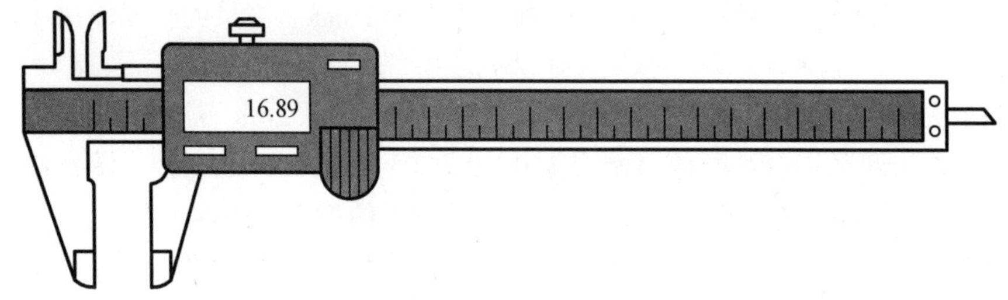


**图 1-1-16　数字显示游标卡尺**

带表游标卡尺的规格见表 1-1-2。数字显示游标卡尺的规格见表 1-1-3。

**表 1-1-2　带表游标卡尺的规格(mm)**

| 测量范围 | 指示表读数值 | 指示表示值误差范围 |
|---|---|---|
| 0~150 | 0.01 | 1 |
| 0~200 | 0.02 | 1;2 |
| 0~300 | 0.05 | 5 |

表 1-1-3　数字显示游标卡尺的规格(mm)

| 名称 | 数字显示游标卡尺 | 数字显示高度尺 | 数字显示深度尺 |
| --- | --- | --- | --- |
| 测量范围/mm | 0~150;0~200<br>0~300;0~500 | 0~300;<br>0~500 | 0~200 |
| 分辨率/mm | 0.01 | | |
| 测量精度/mm | (0~200)0.03;<br>(>200~300)0.04;<br>(>300~500)0.05 | | |
| 测量移动速度/(m/s) | 1.5 | | |
| 使用温度/℃ | 0~40 | | |

3. 百分尺

百分尺测微螺杆的移动量为 25 mm,所以百分尺的测量范围一般为 0~25 mm。为了使百分尺能测量更大范围的尺寸,以满足工业生产的需要,将百分尺的尺架做成各种尺寸,形成测量范围不同的百分尺。目前,国产百分尺测量范围的尺寸分段(单位为 mm)为:0~25;25~50;50~75;75~100;100~125;125~150;150~175;175~200;200~225;225~250;250~275;275~300;300~325;325~350;350~375;375~400;400~425;425~450;450~475;475~500;500~600;600~700;700~800;800~900;900~1 000。

测量上限大于 300 mm 的百分尺,也可把固定测砧做成可调式或可换测砧,从而使此百分尺的测量范围为 0~100 mm。

测量上限大于 1 000 mm 的百分尺,也可将测量范围制成 0~500 mm,目前国产百分尺最大的测量范围为 2 500~3 000 mm。

4. 万能角度尺

万能角度尺尺座上的刻度线每格为 1°。由于游标上刻有 30 格,所占的总角度为 29°,因此两者每格刻度线的度数差是

$$1°-\frac{29°}{30}=\frac{1°}{30}=2'$$

即万能角度尺的精度为 2′。

万能角度尺的读数方法和游标卡尺相同,先读出游标零线前的角度是几度,再从游标上读出角度"分"的数值,两者相加就是被测零件的角度数值。

在万能角度尺(图 1-1-13)上,基尺 4 是固定在尺座上的,角尺 2 是用卡块 7 固定在扇形板 6 上的,直尺 8 是用卡块固定在角尺上的。若把角尺 2 拆下,也可把直尺 8 固定在扇形板 6 上。由于角尺 2 和直尺 8 可以移动和拆换,因此使用万能角度尺可以测量 0°~320°的任何角度。

万能角度尺的尺座上,基本角度的刻线只有 0~90°,如果测量的零件角度大于 90°,则在读数时应加上一个基数(90°、180°、270°)。当零件角度为:>90°~180°时,被测角度=90°+角度尺读数;>180°~270°时,被测角度=180°+角度尺读数;>270°~320°时,被测角度=270°+角度尺读数。

5. 使用常用量具的注意事项

(1)游标卡尺

①测量前应把游标卡尺揩干净,检查游标卡尺的两个测量面和测量刃口是否平直无损,把两个量爪紧密贴合时应无明显的间隙,同时游标和主尺的零位刻线要相互对准。

②移动尺框时,活动要自如,不应过松或过紧,更不能有晃动现象。用固定螺钉固定尺框时,卡尺的读数不应有所改变。在移动尺框时,要适当松开固定螺钉。

③当测量零件的外尺寸时,卡尺两测量面的连线应垂直于被测量表面,不能歪斜。若量爪在图 1-1-17 所示的错误位置上,将使测量结果 $a$ 比实际尺寸 $b$ 要大,此时应先把卡尺的活动量爪张开,使量爪能自由地卡进工件,把零件贴靠在固定量爪上,然后移动尺框接触零件。如卡尺带有微动装置,此时可拧紧微动装置上的固定螺钉,再转动调节螺母,使量爪接触零件并读取尺寸。

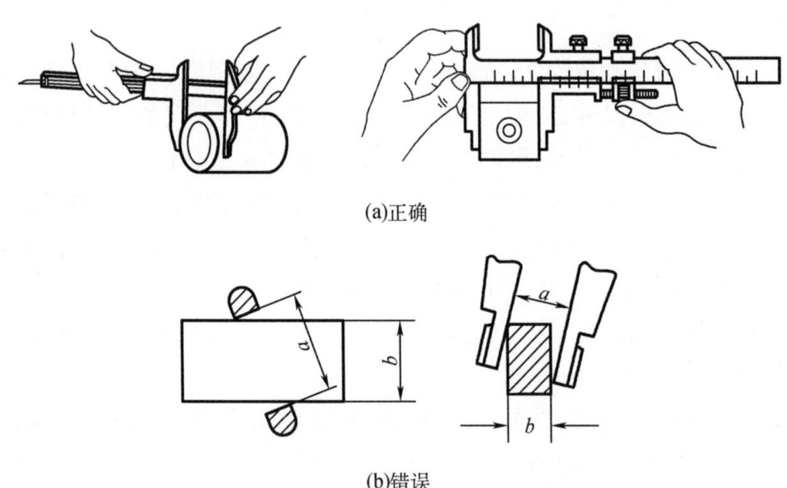


(a)正确

(b)错误

**图 1-1-17　测量外尺寸时正确与错误的位置**

测量沟槽深度时,应用量爪的平面测量刃进行测量,尽量避免用端部测量刃和刀口形量爪去测量外尺寸。而对于圆弧形沟槽尺寸,则应用刃口形量爪进行测量,不应用平面形测量刃进行测量,如图 1-1-18 所示。

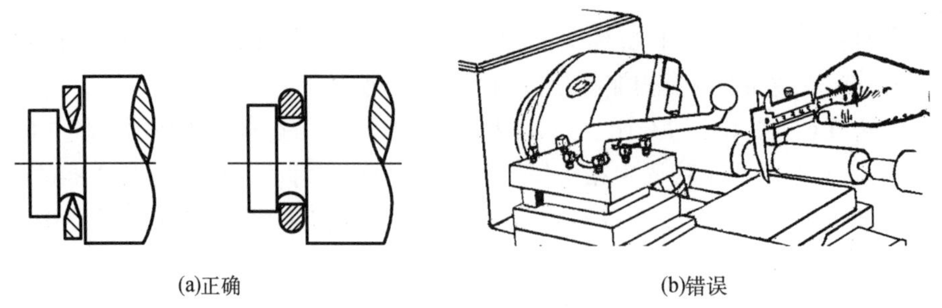

(a)正确　　(b)错误

**图 1-1-18　测量沟槽时正确与错误的位置**

测量沟槽宽度时,也要放正游标卡尺的位置,应使游标卡尺两测量刃的连线垂直于沟槽,不能歪斜。若量爪在图 1-1-19 所示的错误位置上,将使测量结果不准确。

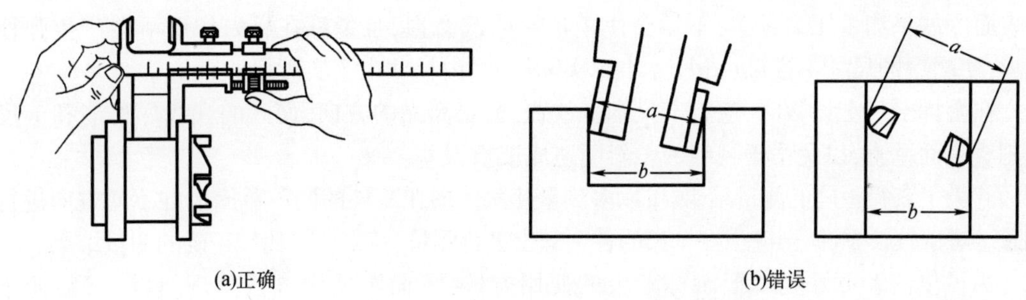

(a)正确　　(b)错误

**图 1-1-19　测量沟槽宽度时正确与错误的位置**

④当测量零件的内尺寸时，如图 1-1-20 所示，要使量爪分开的距离小于所测内尺寸，进入零件内孔后，再慢慢张开并轻轻接触零件内表面，待用固定螺钉固定尺框后，轻轻取出游标卡尺来读数。取出量爪时，用力要均匀，并使游标卡尺沿着孔的中心线方向滑出，不可歪斜，以免使量爪扭伤、变形或受到不必要的磨损，也避免使尺框走动，影响测量精度。

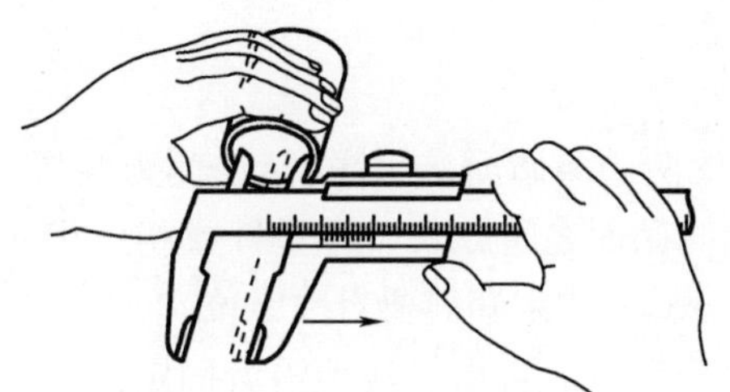

**图 1-1-20　内尺寸的测量方法**

游标卡尺两测量刃应在孔的直径上，不能偏歪。图 1-1-21 所示为带有刀口形量爪和带有圆柱面形量爪的游标卡尺，在测量内孔时正确与错误的位置。当量爪在错误位置时，其测量结果 $a$ 将比实际孔径 $D$ 要小。

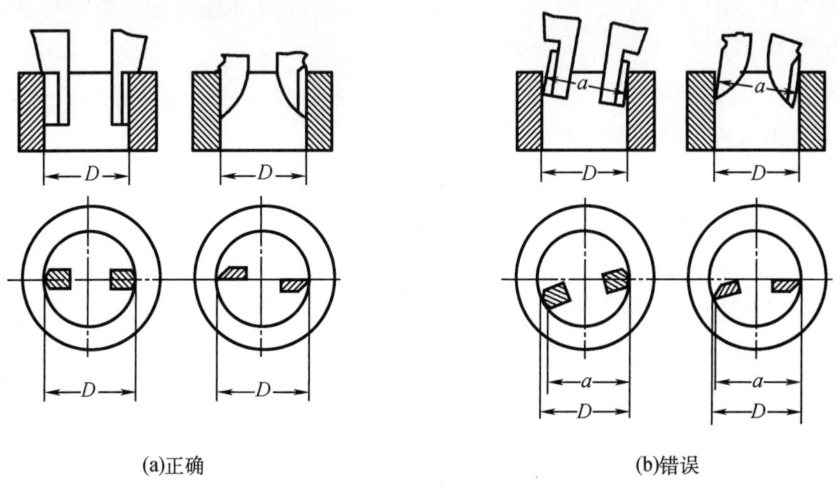

(a)正确　　(b)错误

**图 1-1-21　测量内孔时正确与错误的位置**

⑤用游标卡尺测量零件时，不允许过分施加压力，所用压力应使两个量爪刚好接触零件表面。如果测量压力过大，不但会使量爪弯曲或磨损，且量爪在压力作用下会产生弹性变形，使测得的尺寸不准确(外尺寸小于实际尺寸，内尺寸大于实际尺寸)。

在游标卡尺上读数时，应将卡尺水平放置，朝着亮光的方向，使人的视线尽可能和卡尺的刻线表面垂直，以免由于视线的歪斜而造成读数误差。

⑥为了获得正确的测量结果，可以多测量几次。即在零件的同一截面上的不同方向进行测量。对于较长零件，则应当在全长的各个部位进行测量，获得一个比较正确的测量结果。

为了使读者更好地掌握游标卡尺的使用方法，下面将使用方法整理成顺口溜，便于记忆。

量爪贴合无间隙，主尺游标两对零。

尺框活动能自如，不松不紧不摇晃。

测力松紧细调整，不当卡规用力卡。

量轴防歪斜，量孔防偏歪，

测量内尺寸，爪厚勿忘加。

面对光亮处，读数垂直看。

(2)百分尺

①使用前，应把百分尺的两个测砧面揩干净，转动测力装置，使两个测砧面接触(当测量上限大于 25 mm 时，在两测砧面之间放入校对量杆或相应尺寸的量块)。接触面上应没有间隙和漏光现象，同时微分筒和固定套筒要对准零位。

②转动测力装置时，微分筒应能自由灵活地沿着固定套筒活动，没有任何轧卡和活动不灵活的现象。如有活动不灵活的现象，应及时送计量站检修。

③测量前，应把零件的被测量表面揩干净，以免有脏物存在而影响测量精度。绝对不允许用百分尺测量带有研磨剂的表面，以免损伤测量面的精度。用百分尺测量表面粗糙的零件亦是错误的，这样易使测砧面过早磨损。

④用百分尺测量零件时，应当手握测力装置的转帽来转动测微螺杆，使测砧表面保持标准的测量压力，即听到“嘎嘎”的声音，表示压力合适，并可开始读数。要避免因测量压力不等而产生测量误差。

绝对不允许用力旋转微分筒来增加测量压力，使测微螺杆过分压紧零件表面，致使精密螺纹因受力过大而发生变形，损坏百分尺的精度。有时用力旋转微分筒后，虽因微分筒与测微螺杆间的连接不牢固，对精密螺纹的损坏不严重，但是微分筒打滑后，百分尺的零位走动了，就会造成质量事故。

⑤使用百分尺测量零件时(图 1-1-22)，要使测微螺杆与零件被测量的尺寸方向一致。如测量外径时，测微螺杆要与零件的轴线垂直，不要歪斜。测量时，可在旋转测力装置的同时，轻轻地晃动尺架，使测砧面与零件表面接触良好。

⑥用百分尺测量零件时，最好在零件上进行读数，放松后取出百分尺，这样可减少测砧面的磨损。当必须取下读数时，应用制动器锁紧测微螺杆后再轻轻滑出零件。把百分尺当卡规使用是错误的，会造成测量面过早磨损，甚至使测微螺杆或尺架发生变形而失去精度。

⑦在读取百分尺上的测量数值时，要特别留心不要读错 0.5 mm。

⑧为了获得正确的测量结果，可在同一位置再测量一次。尤其是在测量圆柱形零件

时,应在同一圆周的不同方向多测量几次,以检查零件外圆有没有圆度误差。

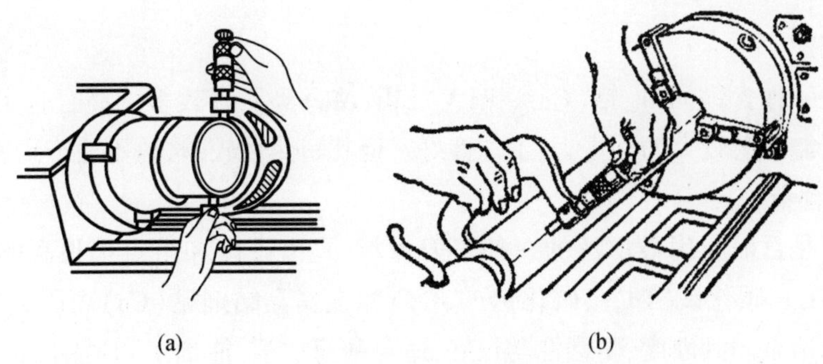

(a)　　(b)

图 1-1-22　在车床上使用外径百分尺的方法

⑨对于超常温的工件,不要进行测量,以免产生读数误差。

⑩用单手使用外径百分尺时,如图 1-1-23(a)所示,可用大拇指和食指或中指捏住活动套筒,用小指勾住尺架并将其压在手掌上,用大拇指和食指转动测力装置就可测量。

用双手测量时,可按图 1-1-23(b)所示的方法进行。

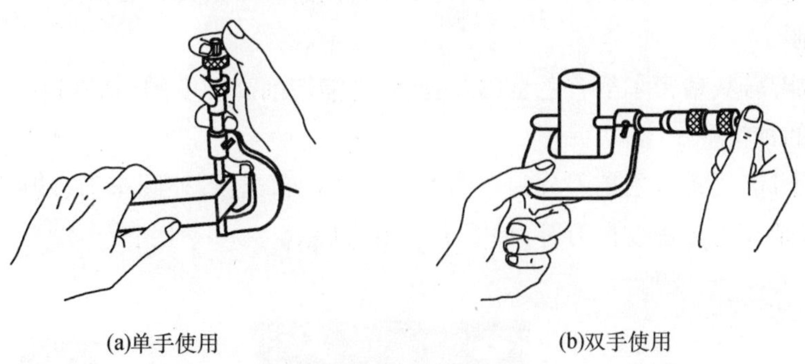

(a)单手使用　　(b)双手使用

图 1-1-23　正确使用

注意以下使用外径百分尺的错误方法,如用百分尺测量旋转运动中的工件很容易使百分尺磨损,测量也不准确;握着微分筒来回转(图 1-1-24) 等也会破坏百分尺的内部结构。

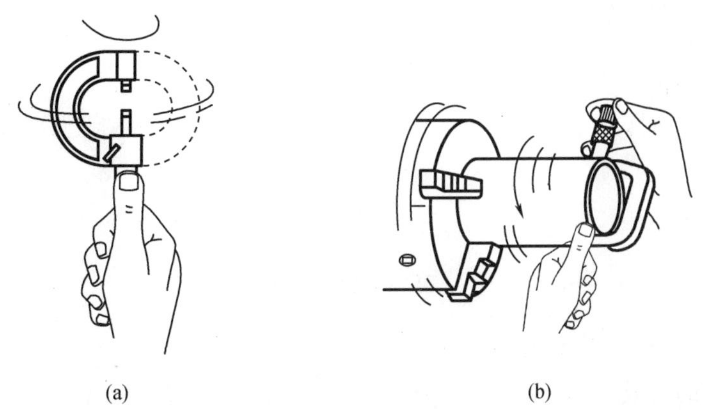

(a)　　(b)

图 1-1-24　错误使用

## 六、认识车刀

1. 刀具材料

(1)高速钢

高速钢是一种含钨(W)、铬(Cr)、钒(V)、钼(Mo)等元素较多的高合金工具钢。其强度高、韧性好,能承受较大的冲击力,工艺性好。但其耐热性较差,故不适于高速切削。

(2)硬质合金

硬质合金是目前应用最广泛的一种车刀材料,是由硬度和熔点都很高的碳化物粉末(如碳化钨(WC)、碳化钛(TiC)、碳化钽(TaC))和金属黏结剂钴(Co)高压成形后,再经高温烧结的粉末冶金。其硬度、耐磨性均很好,适合高速切削,能加工高速钢无法加工的难切削材料。但其抗弯强度和冲击韧性差,制造形状复杂的工件时存在工艺上的困难。

(3)陶瓷

陶瓷的硬度、耐磨性和耐热性均比硬质合金高,故其切削速度高,并能获得较高的表面粗糙度和尺寸稳定性;但缺点是性脆,抗弯强度低、易崩刃。

(5)立方碳化硼

立方碳化硼可以对高温合金、淬硬钢、冷硬铸铁进行半精加工和精加工。

(6)金刚石

金刚石能高速、精密车削有色金属及合金,也能切削高硬度的耐磨材料。

2. 车刀的种类

按用途不同,可将常用车刀分为切槽刀、中心钻、麻花钻、外圆车刀、端面车刀、切断刀、内孔车刀、成形车刀和螺纹车刀等,如图 1-1-25 所示。

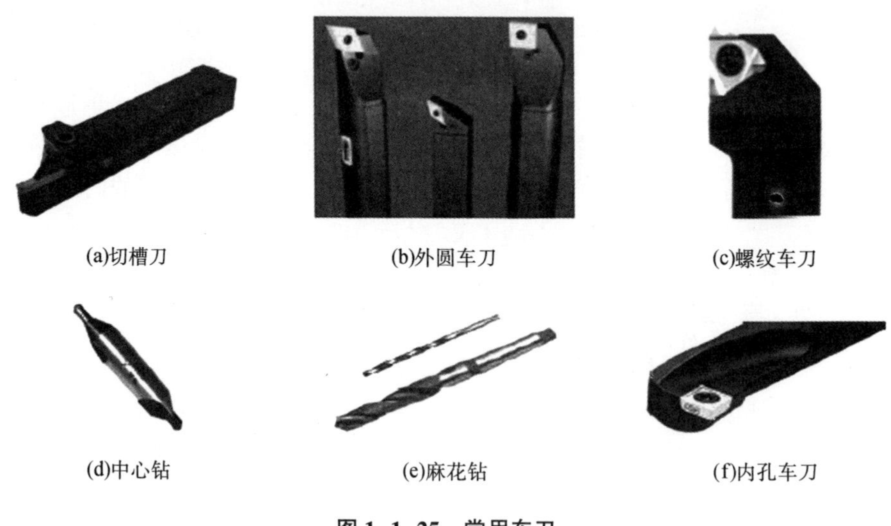
(a)切槽刀　(b)外圆车刀　(c)螺纹车刀
(d)中心钻　(e)麻花钻　(f)内孔车刀

**图 1-1-25　常用车刀**

3. 车刀的构成、角度和功用

(1)车刀的构成

车刀由刀头(切削部分)和刀体(夹持部分)组成。

车刀的切削部分由三面(指的是刀具切削部分的前刀面、主后刀面和副后刀面。这些面共同构成了刀具的切削区域,对切削过程起着重要作用)、二刃(指的是刀具的主切削刃和副切削刃。主切削刃是刀具上直接参与切削工作的主要刃口,负责去除工件上的大部分材料;副切削刃则起辅助切削作用,通常用于形成已加工表面的粗糙度和精度)、一尖(指的是刀具的刀尖,它是刀具切削部分的最前端,也是切削过程中最先接触工件的部分。刀尖的形状和尺寸对切削效果有很大影响,合理的刀尖设计可以提高切削效率、延长刀具寿命并改善加工质量)组成,即一点二线三面(图 1-1-26)。

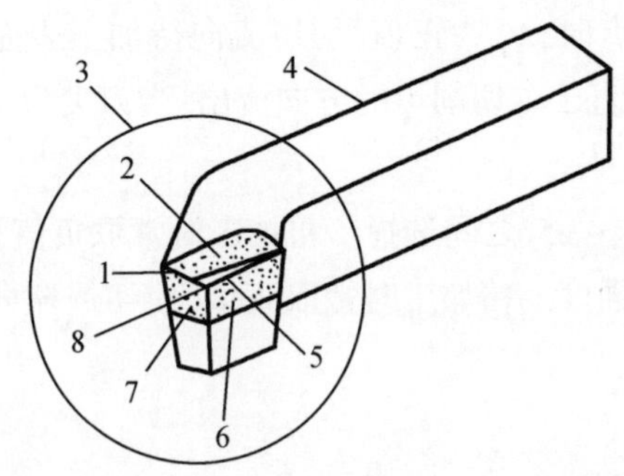


1—副切削刃;2—前刀面;3—刀头;4—刀体;5—主切削刃;6—主后刀面;7—副后刀面;8—刀尖。

**图 1-1-26　车刀的组成**

(2)车刀角度和功用

车刀的主要角度有前角 $\gamma_0$、后角 $\alpha_0$、主偏角 $\kappa_r$、副偏角 $\kappa_r'$和刃倾角 $\lambda_s$。

①前角 $\gamma_0$

前角 $\gamma_0$ 是前刀面与基面之间的夹角,表示前刀面的倾斜程度。前刀面在基面之下则前角为正值,反之为负值,相重合为零。

前角的作用:增大前角,可使刀刃锋利、切削力降低、切削温度降低、刀具磨损减小、表面加工质量提高。但过大的前角会使刃口强度降低,容易造成刃口损坏。

选择原则:用硬质合金车刀加工钢件(塑性材料等)时,一般选取 $\gamma_0=10°\sim20°$;加工灰口铸铁(脆性材料等)时,一般选取 $\gamma_0=5°\sim15°$。精加工时可取较大的前角,粗加工时应取较小的前角。

②后角 $\alpha_0$

后角 $\alpha_0$ 是主后刀面与切削平面之间的夹角,表示主后刀面的倾斜程度。

后角的作用:减小主后刀面与工件之间的摩擦,并影响刃口的强度和锋利程度。

选择原则:一般可取 $\alpha_0=6°\sim8°$。

③主偏角 $\kappa_r$

主偏角 $\kappa_r$ 是主切削刃与进给方向在基面上投影之间的夹角。

主偏角的作用:影响切削刃的工作长度、切深抗力、刀尖强度和散热条件。主偏角越小,则切削刃工作长度越长,散热条件越好,但切深抗力越大。

选择原则:车刀常用的主偏角有 45°、60°、75°、90°四种。工件粗大、刚性好时,选取较小值。车细长轴时，为了减少工件弯曲变形，宜选取较大值。

④副偏角 $\kappa_r'$

副偏角 $\kappa_r'$ 是副切削刃与进给方向在基面上投影之间的夹角。

副偏角的作用：影响已加工表面的表面粗糙度，减小副偏角可使已加工表面光洁。

选择原则：一般取 $\kappa_r'=5°\sim15°$，精车时可取 $5°\sim10°$，粗车时可取 $10°\sim15°$。

⑤刃倾角 $\lambda_s$

刃倾角 $\lambda_s$ 是主切削刃与基面间的夹角，刀尖为切削刃最高点时为正值，反之为负值。

刃倾角的作用：主要影响主切削刃的强度和控制切屑流出的方向。以刀杆底面为基准，当刀尖为主切削刃最高点时，$\lambda_s$ 为正值，切屑流向待加工表面；当主切削刃与刀杆底面平行时，$\lambda_s=0°$，切屑沿着垂直于主切削刃的方向流出；当刀尖为主切削刃最低点时，$\lambda_s$ 为负值，切屑流向已加工表面。

选择原则：一般 $\lambda_s$ 在 $0°\sim\pm5°$ 之间选择。粗加工时常取负值，虽切屑流向已加工表面但无妨，其保证了主切削刃的强度。精加工时常取正值，使切屑流向待加工表面，从而不会划伤已加工表面。

4. 刀具的安装

车刀必须正确、牢固地安装在刀架上，如图 1-1-27 所示。

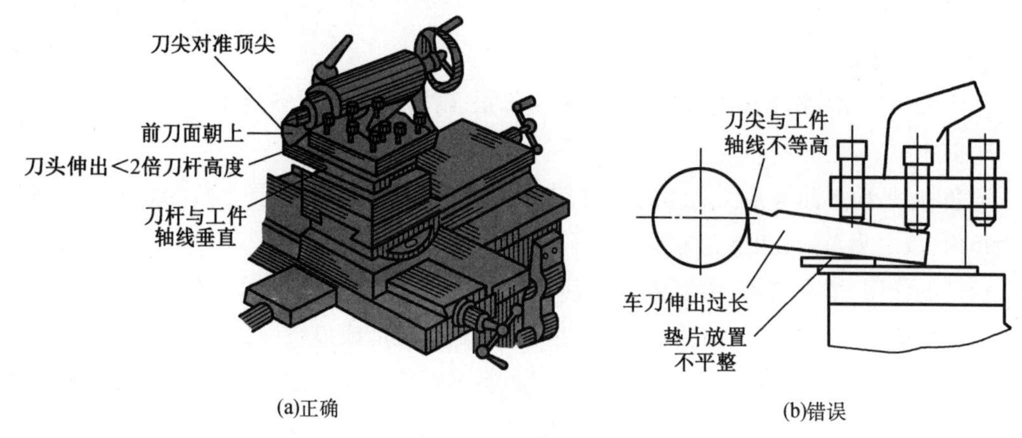


(a)正确　　(b)错误

**图 1-1-27　车刀的安装**

5. 安装车刀的注意事项

①刀头不宜伸出太长，否则切削时容易产生振动，影响工件的加工精度和表面粗糙度。一般刀头伸出长度不超过刀杆厚度的 2 倍。

②刀尖应与车床主轴中心线等高。车刀如果装得太高，后角减小，则车刀的主后面会与工件产生强烈的摩擦；如果装得太低，前角减小，会使刀尖崩碎。刀尖的高低，可根据尾架顶尖高低来调整。

③车刀底面的垫片要平整，调整好刀尖高低后，至少要用两个螺钉交替将车刀拧紧。

## 【任务实施】

### 一、工具材料领用及工作准备(表 1-1-4)

**表 1-1-4　工具材料领用及工作准备表**

| 1. 工具/设备/材料 | | | | |
|---|---|---|---|---|
| 类别 | 名称 | 规格型号 | 单位 | 数量 |
| 工具 | 卡盘扳手 | | 把 | 1 |
| | 刀架扳手 | | 把 | 1 |
| | 加力杆 | | 把 | 1 |
| | 内六角扳手 | | 套 | 1 |
| | 活动扳手 | | 把 | 1 |
| | 垫片 | | 片 | 若干 |
| 量具 | 钢直尺 | 0~300 mm | 把 | 1 |
| | 游标卡尺 | 0~200 mm | 把 | 1 |
| 刀具 | 90°外圆车刀 | | 把 | 1 |
| | 45°外圆车刀 | | 把 | 1 |
| | 切断刀 | 3 mm | 把 | 1 |
| 材料 | 棒料 | $\phi$50 mm×150 mm;铝合金 | 根 | 1 |
| 2. 工作准备 | | | | |
| (1)技术资料:工作任务卡 1 份、教材 | | | | |
| (2)工作场地:有良好的照明、通风和消防设施等条件 | | | | |
| (3)工具、设备:按工具和设备栏目准备相关工具和设备 | | | | |
| (4)建议分组实施教学。每 2~3 人为一组,每组准备一台车床。通过分组讨论完成零件的工艺分析及加工工艺方案设计,通过演示和操作训练完成零件的加工 | | | | |
| (5)劳动保护:穿戴工作服、工作帽等劳保用品 | | | | |

### 二、工艺分析

通常外圆的车削分为粗车和精车,在车削外圆时,既可采用手动进给,也可采用机动进给。

1. 粗车外圆

粗车外圆时,在机床功率和工艺系统刚度允许的条件下,要采用尽可能大的背吃刀量去除金属层,使工件接近零件的形状和尺寸。粗车后应留下 0.5~1.0 mm 的加工余量。粗车时背吃刀量和进给量较大,会产生较大的切削力,因此工件装夹必须牢靠,且不宜采用较高的转速。

2. 精车外圆

精车是指切去余下少量的金属层以获得零件所求的精度和表面粗糙度,因此精车时背吃刀量和进给量都较小,刀具刃要锋利,转速应选得高一些。为了提高工件表面粗糙度,用于精车车刀的前、后刀面应采用油石加机油磨光,刀尖要磨成一个小圆弧。精车外圆时,为了保证径向尺寸,通常要进行试切和试测量。车削时根据工件直径余量的 1/2 做横向进刀,当车刀在纵向外圆上移动 2 mm 左右时，纵向快速退刀（横向不动），然后停车测量，如尺寸符合要求，可进行切削，否则需按上述方法继续进行试切削和试测量，如图 1-1-28 所示。

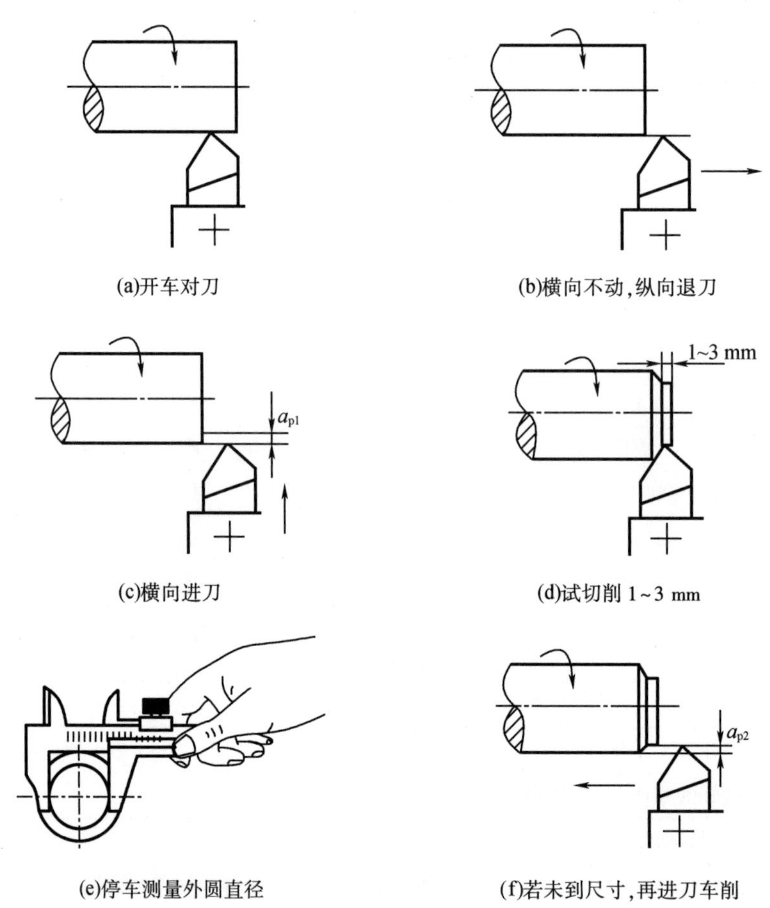


**图 1-1-28　外圆试切削**

3. 手动进给车削外圆

车削外圆时，将床鞍移动至工件右端，用中滑板控制吃刀量，摇动小滑板或床鞍做纵向移动车削外圆。第一次进给完毕后，横向退出车刀，再纵向移动刀架滑板至工件右端进行重复进给车削，直至符合工序图尺寸要求为止。

4. 机动进给车削外圆

机动进给有省力、进给均匀等优点。操作者应熟悉车床手柄的位置，否则紧急情况下容易损坏工件和车床。开动车床后，先进行工件的试切削，检查合格后，再操纵机动进给手柄纵向进给车削外圆。当接近工件长度时，停止机动进给，改用手动进给，车至工件长度时退刀。

5. 刻度盘手柄的操作

为了正确和迅速地确定背吃刀量，通常要利用刻度盘。中滑板的刻度盘装在横向进给的丝杠上。当摇动中滑板上的手柄转一圈时，刻度盘也转一圈，固定在丝杠上的螺母带动中滑板和刀架移动一个导程。

小滑板刻度盘上一般不标注每格尺寸，它每转一格，车刀移动量与中滑板移动量相同，而小滑板转过的刻度值就是轴向尺寸实际改变量。

车削外圆时，手柄顺时针转动，车刀向中心移动，为进刀；手柄逆时针转动，车刀向远离中心方向移动，为退刀。

6. 车削外圆长度方法

通常先用刻痕法，再用测量法。车削前根据需要切削的长度，利用钢直尺、样板、卡钳及刀尖在工件外圆表面上刻画一条刻痕，然后车削至刻痕。

**三、加工**

完成如图 1-1-1 所示阶梯轴 $\phi$50 mm×150 mm 的圆柱面的粗车及精车，并学会利用刻度盘手柄的操作方法加工零件。

**四、检测**

加工完成后对零件的尺寸精度和表面质量做相应的检测，对不合格零件分析原因，避免下次加工再出现类似情况。

**五、注意事项**

①尺寸不正确。原因是：车削时看错尺寸；刻度盘计算错误或操作失误；测量时不仔细、不准确。

②表面粗糙度不符合要求。原因是：车刀刃磨角度不对；刀具安装不正确或刀具磨损，以及切削用量选择不当；车床各部分间隙过大。

③外径有锥度。原因是：吃刀深度过大，刀具磨损；刀具或拖板松动；用小拖板车削时转盘下基准线不对准零线；两顶尖车削时床尾“0”线不在轴心线上；精车时加工余量不足。

## 【阶梯轴的车削加工工作单】

**计划单**

<table>
<tr><td>实训项目1</td><td colspan="2">车削加工实训</td><td>任务1</td><td colspan="2">阶梯轴的车削加工</td></tr>
<tr><td>工作方式</td><td colspan="3">组内讨论、团结协作共同制定计划，小组成员进行工作讨论，确定工作步骤</td><td>计划学时</td><td>1学时</td></tr>
<tr><td>完成人</td><td colspan="5">1.　　2.　　3.　　4.　　5.　　6.</td></tr>
<tr><td colspan="6">计划依据：1. 某凸轮零件图</td></tr>
<tr><td>序号</td><td colspan="3">计划步骤</td><td colspan="2">具体工作内容描述</td></tr>
<tr><td>1</td><td colspan="3">准备工作（准备软件、图纸、工具、量具，谁去做？）</td><td colspan="2"></td></tr>
<tr><td>2</td><td colspan="3">组织分工（成立组织，人员具体都完成什么？）</td><td colspan="2"></td></tr>
<tr><td>3</td><td colspan="3">制定加工过程方案（先设计什么？再设计什么？最后完成什么？）</td><td colspan="2"></td></tr>
<tr><td>4</td><td colspan="3">阶梯轴的车削加工（加工前准备什么？使用哪些工具、量具？如何完成加工？加工过程发现哪些问题？如何解决？）</td><td colspan="2"></td></tr>
<tr><td>5</td><td colspan="3">整理资料（谁负责？整理什么？）</td><td colspan="2"></td></tr>
<tr><td>制定计划说明</td><td colspan="5">（对各人员完成任务提出可借鉴的建议或对计划中的某一方面做出解释）</td></tr>
</table>

**决策单**

| 实训项目 1 | 车削加工实训 | | 任务 1 | 阶梯轴的车削加工 | |
|---|---|---|---|---|---|
| 决策学时 | | | 1 学时 | | |
| 决策目的:阶梯轴加工方案对比分析,比较设计质量、设计时间、设计成本等 | | | | | |
| 设计方案对比 | 组号<br>成员 | 设计的可行性<br>(设计质量) | 设计的合理性<br>(设计时间) | 设计的经济性<br>(设计成本) | 综合评价 |
| | 1 | | | | |
| | 2 | | | | |
| | 3 | | | | |
| | 4 | | | | |
| | 5 | | | | |
| | 6 | | | | |
| | | | | | |
| | | | | | |
| | | | | | |
| | | | | | |
| | | | | | |
| | | | | | |
| | | | | | |
| | | | | | |
| | | | | | |
| | | | | | |
| | | | | | |
| | | | | | |
| | | | | | |
| | | | | | |
| | | | | | |
| | | | | | |
| 决策评价 | 结果:(将自己的设计方案与组内成员的设计方案进行对比分析,对自己的设计方案进行修改并说明修改原因,最后确定一个最佳方案) | | | | |

**检查单**

<table>
<tr><td colspan="2">实训项目 1</td><td>车削加工实训</td><td colspan="2">任务 1</td><td colspan="3">阶梯轴的车削加工</td></tr>
<tr><td colspan="3">评价学时</td><td colspan="2">课内 1 学时</td><td colspan="3">第　组</td></tr>
<tr><td colspan="2">检查目的及方式</td><td colspan="6">在加工过程中,教师对小组的工作情况进行监督、检查,如检查等级为不合格,小组需要整改,并拿出整改说明</td></tr>
<tr><td rowspan="2">序号</td><td rowspan="2">检查项目</td><td rowspan="2">检查标准</td><td colspan="5">检查结果分级<br>(在检查相应的分级框内划“√”)</td></tr>
<tr><td>优秀</td><td>良好</td><td>中等</td><td>合格</td><td>不合格</td></tr>
<tr><td>1</td><td>准备工作</td><td>资源是否已查到、材料是否准备完整</td><td></td><td></td><td></td><td></td><td></td></tr>
<tr><td>2</td><td>分工情况</td><td>安排是否合理、全面,分工是否明确</td><td></td><td></td><td></td><td></td><td></td></tr>
<tr><td>3</td><td>工作态度</td><td>小组工作是否积极主动,是否为全员参与</td><td></td><td></td><td></td><td></td><td></td></tr>
<tr><td>4</td><td>纪律出勤</td><td>是否按时完成负责的工作内容、遵守工作纪律</td><td></td><td></td><td></td><td></td><td></td></tr>
<tr><td>5</td><td>团队合作</td><td>是否相互协作、互相帮助,成员是否听从指挥</td><td></td><td></td><td></td><td></td><td></td></tr>
<tr><td>6</td><td>创新意识</td><td>任务完成是否不照搬照抄,看问题是否具有独到见解与创新思维</td><td></td><td></td><td></td><td></td><td></td></tr>
<tr><td>7</td><td>完成效率</td><td>工作单是否记录完整,是否按照计划完成任务</td><td></td><td></td><td></td><td></td><td></td></tr>
<tr><td>8</td><td>完成质量</td><td>工作单填写是否准确,设计过程、尺寸公差是否达标</td><td></td><td></td><td></td><td></td><td></td></tr>
<tr><td>检查评语</td><td colspan="4"></td><td colspan="3">教师签字:</td></tr>
</table>

**小组工作评价单**

| 实训项目 1 | 车削加工实训 | | 任务 1 | 阶梯轴的车削加工 | | |
|---|---|---|---|---|---|---|
| 评价学时 | | | 课内 1 学时 | | | |
| 班级 | | | 第　　组 | | | |
| 考核情境 | 考核内容及要求 | 分值（100） | 小组自评（10%） | 小组互评（20%） | 教师评价（70%） | 实得分（$\sum$） |
| 汇报展示（20 分） | 演讲资源利用 | 5 | | | | |
| | 演讲表达和非语言技巧应用 | 5 | | | | |
| | 团队成员补充配合程度 | 5 | | | | |
| | 时间与完整性 | 5 | | | | |
| 质量评价（40 分） | 工作完整性 | 10 | | | | |
| | 工作质量 | 5 | | | | |
| | 报告完整性 | 25 | | | | |
| 团队情感（25 分） | 核心价值观 | 5 | | | | |
| | 创新性 | 5 | | | | |
| | 参与率 | 5 | | | | |
| | 合作性 | 5 | | | | |
| | 劳动态度 | 5 | | | | |
| 安全文明生产（10 分） | 工作过程中的安全保障情况 | 5 | | | | |
| | 工具正确使用和保养、放置规范 | 5 | | | | |
| 工作效率（5 分） | 能够在要求的时间内完成，每超时 5 分钟扣 1 分 | 5 | | | | |

**小组成员素质评价单**

<table>
<tr><td colspan="2">实训项目 1</td><td>车削加工实训</td><td colspan="2">任务 1</td><td colspan="4">阶梯轴的车削加工</td></tr>
<tr><td>班级</td><td></td><td>第　组</td><td colspan="2">成员姓名</td><td colspan="4"></td></tr>
<tr><td colspan="2">评分说明</td><td colspan="7">每个小组成员评价分为自评分和小组其他成员评分两部分,取平均值计算,作为该小组成员的任务评价个人分数。评分项目共设计 5 个,依据评分标准给予合理量化打分。小组成员自评分后,要找小组其他成员以不记名方式评分</td></tr>
<tr><td colspan="2">评分项目</td><td colspan="2">评分标准</td><td>自评分</td><td>成员 1 评分</td><td>成员 2 评分</td><td>成员 3 评分</td><td>成员 4 评分</td><td>成员 5 评分</td></tr>
<tr><td colspan="2">核心价值观（20 分）</td><td colspan="2">有无违背社会主义核心价值观的思想及行动</td><td></td><td></td><td></td><td></td><td></td><td></td></tr>
<tr><td colspan="2">工作态度（20 分）</td><td colspan="2">是否按时完成负责的工作内容、遵守纪律,是否积极主动参与小组工作,是否全过程参与,是否吃苦耐劳,是否具有工匠精神</td><td></td><td></td><td></td><td></td><td></td><td></td></tr>
<tr><td colspan="2">交流沟通（20 分）</td><td colspan="2">能否良好地表达自己的观点,能否倾听他人的观点</td><td></td><td></td><td></td><td></td><td></td><td></td></tr>
<tr><td colspan="2">团队合作（20 分）</td><td colspan="2">是否与小组成员合作完成任务,做到相互协作、互相帮助、听从指挥</td><td></td><td></td><td></td><td></td><td></td><td></td></tr>
<tr><td colspan="2">创新意识（20 分）</td><td colspan="2">看问题时能否独立思考、提出独到见解,能否利用创新思维解决遇到的问题</td><td></td><td></td><td></td><td></td><td></td><td></td></tr>
<tr><td colspan="2">最终小组成员得分</td><td colspan="8"></td></tr>
</table>

**课后反思**

<table>
<tr><td colspan="2">实训项目 1</td><td>车削加工实训</td><td>任务 1</td><td>阶梯轴的车削加工</td></tr>
<tr><td>班级</td><td></td><td>第　组</td><td>成员姓名</td><td></td></tr>
<tr><td colspan="2">情感反思</td><td colspan="3">通过对本任务的学习和实训,你认为自己在社会主义核心价值观、职业素养、学习和工作态度等方面有哪些需要提高的部分?</td></tr>
</table>

表(续)

| | |
|---|---|
| 知识反思 | 通过对本任务的学习，你掌握了哪些知识点？请画出思维导图。 |
| 技能反思 | 在完成本任务的学习和实训过程中，你主要掌握了哪些技能？ |
| 方法反思 | 在完成本任务的学习和实训过程中，你主要掌握了哪些分析和解决问题的方法？ |

## 【任务拓展】

1. 任务描述：完成多阶台零件的加工，如图 1-1-29 所示。要求：分析零件加工工艺，并完成该零件的加工。

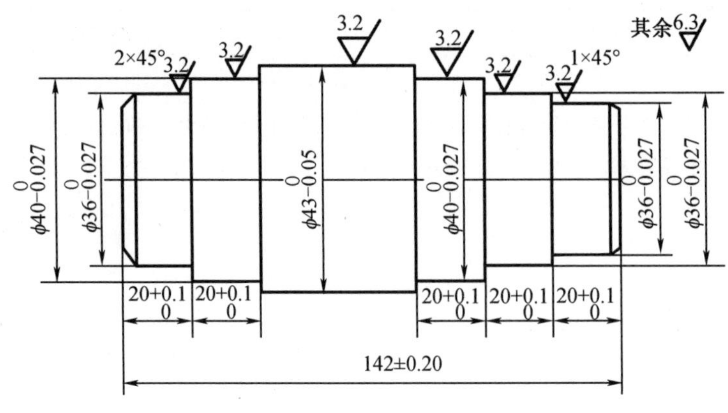


图 1-1-29 多阶台零件

## 【实训报告】

### (一)实训任务书

<table>
<tr><td>课程名称</td><td colspan="2">机械加工实训</td><td>实训项目 1</td><td>车削加工实训</td></tr>
<tr><td>任务 1</td><td colspan="2">阶梯轴的车削加工</td><td>建议学时</td><td>4</td></tr>
<tr><td>班级</td><td></td><td>学生姓名</td><td></td><td>工作日期</td><td></td></tr>
<tr><td>实训目标</td><td colspan="5">1. 掌握车削端面、外圆及倒角等车削方法;<br>2. 熟练规范地进行机床操作;<br>3. 掌握车削加工中的基本操作技能</td></tr>
<tr><td>实训内容</td><td colspan="5">掌握车削端面的方法,掌握车削倒角的方法,熟练地进行 CA6140 车床操作,并对已完成圆柱面加工的图 1-1-1 中的普通阶梯轴进行车削端面及倒角</td></tr>
<tr><td>安全文明生产要求</td><td colspan="5">学生应严格遵守实训室的规章制度,熟悉车床的安全操作规程及车床维护保养;正确使用工具及量具,若发现车床出现故障、工具及量具损毁等问题,要及时上报指导教师</td></tr>
<tr><td>提交成果</td><td colspan="5">实训报告;阶梯轴</td></tr>
<tr><td>对学生的要求</td><td colspan="5">1. 熟悉操作手柄的位置及功用;<br>2. 掌握刀具安装及工件装夹的方法;<br>3. 掌握车床基本操作方法;<br>4. 具备一定的实践动手能力、自学能力、数据计算能力、沟通协调能力、语言表达能力和团队意识;<br>5. 严格遵守课堂纪律,不迟到、不早退,学习态度认真、端正;<br>6. 每位同学必须积极参与小组讨论;<br>7. 完成“阶梯轴的车削加工”实训报告</td></tr>
<tr><td>考核评价</td><td colspan="5">评价内容:车床操作规范性和熟练性评价;车削端面、外圆及倒角等车削方法评价;完成报告的完整性评价、安全文明生产评价和合作性评价等。<br>评价方式:由学生自评(自述、评价,占 10%)、小组评价(分组讨论、评价,占 20%)、教师评价(根据学生学习态度、工作报告及现场抽查知识或技能进行评价,占 70%)构成该学生的任务成绩</td></tr>
</table>

(二)实训准备工作

<table>
<tr><td>课程名称</td><td colspan="2">机械加工实训</td><td>实训项目 1</td><td>车削加工实训</td></tr>
<tr><td>任务 1</td><td colspan="2">阶梯轴的车削加工</td><td>建议学时</td><td>4</td></tr>
<tr><td>班级</td><td></td><td>学生姓名</td><td></td><td>工作日期</td><td></td></tr>
<tr><td>场地准备描述</td><td colspan="5"></td></tr>
<tr><td>设备准备描述</td><td colspan="5"></td></tr>
<tr><td>刀具、夹具、量具、工具准备描述</td><td colspan="5"></td></tr>
<tr><td>知识准备描述</td><td colspan="5"></td></tr>
</table>

（三）实训记录

| 课程名称 | 机械加工实训 | | | 实训项目 1 | 车削加工实训 |
|---|---|---|---|---|---|
| 任务 1 | 阶梯轴的车削加工 | | | 建议学时 | 4 |
| 班级 | | 学生姓名 | | 工作日期 | |
| 实训操作过程 | | | | | |
| 注意事项 | | | | | |
| 改进方法 | | | | | |

(四)考核评价表

| 考核项目 | 技术要求 | 分值 | 学生自评分（10%） | 小组评分（20%） | 教师评分（70%） | 实得分 |
|---|---|---|---|---|---|---|
| 程序及工艺（15分） | 程序正确完整 | 5 | | | | |
| | 切削用量合理 | 5 | | | | |
| | 工艺过程规范合理 | 5 | | | | |
| 机床操作（20分） | 刀具选择安装正确 | 5 | | | | |
| | 对刀及工件坐标系设定正确 | 5 | | | | |
| | 机床操作规范 | 5 | | | | |
| | 工件加工正确 | 5 | | | | |
| 工件质量（40分） | 尺寸精度符合要求 | 30 | | | | |
| | 表面粗糙度符合要求 | 8 | | | | |
| | 无毛刺 | 2 | | | | |
| 安全文明生产（15分） | 安全操作 | 5 | | | | |
| | 机床维护与保养 | 5 | | | | |
| | 工作场所整理 | 5 | | | | |
| 相关知识及职业能力（10分） | 数控加工基础知识 | 2 | | | | |
| | 自学能力 | 2 | | | | |
| | 表达沟通能力 | 2 | | | | |
| | 合作能力 | 2 | | | | |
| | 创新能力 | 2 | | | | |
| 总分（$\sum$） | | 100 | | | | |

# 实训任务2　圆锥面的车削加工

## 【任务目标】

1. 准确阐述轴类零件车削工艺；
2. 利用转动小滑板车削圆锥面；
3. 利用偏移尾座车削方法进行圆锥体车削加工；
4. 能够正确使用游标卡尺对零件进行检测；
5. 能够对所完成的零件超差进行原因分析及修正；
6. 能够严格遵守安全文明生产要求，完成圆锥面的车削加工。

【任务描述】

本任务介绍在车床上，采用三爪自定心卡盘对实训任务 2 的零件装夹定位，用外圆车刀、切槽(断)刀加工图 1-2-1 所示的带有锥体的轴类零件。要求能熟练掌握转动小滑板和偏移尾座车圆锥的车削方法、加工工艺编制及车削加工全过程，并对加工后的零件进行检测、评价。

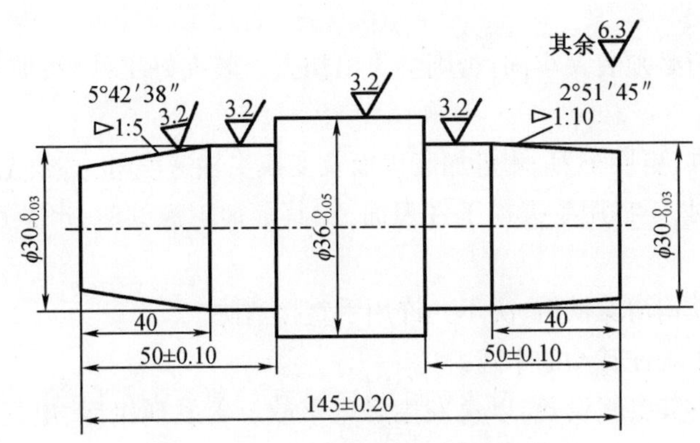


**图 1-2-1　锥体轴零件(单位:mm)**

【任务分析】

锥体轴零件为带有外螺纹的轴类零件，材料为铝合金，其外形上有两个锥面，零件无热处理和硬度要求，单件生产。该零件外形较简单，重点加工部分为两个锥面。

【相关知识】

普通车床是一种常用的机械加工设备。为保障人身和设备安全，车床的操作者必须做到安全文明生产，严格遵守车床的安全操作规程，同时还需要对车床进行定期的维护和保养，以降低故障率，提高车床的利用效率。

**一、安全文明生产和安全操作技术**

1. 安全文明生产

坚持安全文明生产是保障生产工人和设备的安全、防止工伤和设备事故的根本保证，同时也是工厂科学管理的重要手段。它直接影响人身安全、产品质量和生产效率，也影响设备和工、夹、量具的使用寿命以及操作工人技术水平的正常发挥。安全文明生产的一些具体要求是长期生产活动中的实践经验和血的教训总结，同学们必须严格执行。

(1)工作时应戴防护眼镜、穿工作服、戴套袖。女同学应戴工作帽，将长头发塞入帽子里，夏季禁止穿裙子、短裤和凉鞋上机操作。绝对不准戴手套操作。

(2)工作时，头不能离工件太近，以防铁屑崩碎飞溅，所以必须戴防护眼镜。

(3)工作时，必须集中精力，注意身体和衣服不能靠近正在旋转的机器和工件。

(4)工作时，所使用的工、夹、量具以及工件应尽可能靠近和集中在操作者的周围。布置物件时，右手拿的放在右面，左手拿的放在左面，常用的放得近些，不常用的放得远些。物品放置有固定的位置，使用后要放回原处。

（5）工具箱的布置要分类，并保持清洁、整齐。要求小心使用的物品应放置稳妥，重的东西放下面，轻的放上面。

（6）图样、操作卡片应放在便于阅读的位置，并注意保持清洁和完整。

（7）毛坯、半成品和正品分开，并按次序整齐排列以便安放或拿取。半成品和成品应堆放整齐、轻拿轻放，严防碰伤已加工表面。

2. 安全操作技术

（1）工件和车刀必须装夹牢固，否则会飞出伤人。装夹好工件后，卡盘扳手必须随即从卡盘上取下。

（2）凡装卸工件、更换车刀、测量加工表面及变换主轴速度时，必须先停车。

（3）车床运转时，不得用手去摸工件表面，尤其是加工螺纹时，严禁用棉布擦抹转动的工件。

（4）应用专用铁钩清除铁屑，决不允许用手直接清除。

（5）不准用手去刹住转动的卡盘。

（6）不要随意拆装电气设备，以免发生触电事故。若发现机床、电气设备有故障，应及时申报，由专业人员检修，未修复不得使用。

3. 安全文明生产的要求

（1）开车前检查车床各部分机构及防护设备是否完好，各手柄是否灵活、位置是否正确。检查各注油孔，并进行注油润滑，然后使主轴空运转 1~2 min，待车床运行正常后才能工作。若发现车床有问题，应立即停车并申报修理。

（2）主轴变速时必须先停车，变换进给箱手柄要在低速下进行。

（3）正确使用和爱护工具、量具，保持清洁，用后擦净、涂油，放入盒内。量具在使用前必须校验，以保证其精度准确。

（4）不允许在卡盘及床身导轨上敲击或校直工件，床面上不准放置工件或工具。装夹、找正较重工件时，应用木板保护床面。

（5）车刀磨损后，应及时刃磨，不允许用钝刃车刀继续车削，以免增加车床负荷，损坏车床，影响工件表面的加工质量和生产效率。

（6）批量生产的零件，首件应送检，在确认合格后方可继续加工。精车工件要注意做防锈处理。

（7）工作场地周围应保持清洁、整齐，避免杂物堆放，防止绊倒。

（8）工作完毕后，将所用过的物件擦净、归位，清理机床，刷去铁屑，擦净机床各部位的油污，最后把机床周围打扫干净，将床鞍摇至尾座一端，各转动手柄放到空挡位置，关闭电源。

## 二、车床操作规程

为了正确、合理地使用车床，保证机床正常运转，必须制定比较完整的车床操作规程，通常应当做到以下要求。

（1）普通车床由专职人员负责管理，任何人员使用该设备及其工具、量具等时必须服从该设备负责人的管理。未经设备负责人允许,不能任意开动车床。

(2)任何人使用本车床时,必须遵守本操作规程,服从指导人员安排。在实习场地内禁止大声喧哗、嬉戏追逐;禁止吸烟;禁止从事一些未经指导人员同意的工作;不得随意触摸、拨动各种开关。

(3)因车削时有切屑甩出现象,故操作者必须戴护目镜,以防切屑灼伤眼睛。

(4)装夹工件和车刀要停机进行。工件和车刀必须装牢靠,防止飞出伤人。工件装夹好后,卡盘扳手必须随时取下。

(5)在车床主轴上装卸卡盘,一定要停机后进行,不可利用电动机的力量来取下卡盘。

(6)用顶尖装夹工件时,要注意顶尖中心与主轴中心孔应完全一致,不能使用破损或歪斜的顶尖,使用前应将顶尖、中心孔擦干净,尾座顶尖要顶牢。

(7)开车前,必须重新检查各手柄是否在正常位置、卡盘扳手是否取下。

(8)禁止把工具、夹具或工件放在车床床身和主轴变速箱上。

(9)操作时,手和身体不能靠近卡盘和拨盘,应注意保持一定的距离。

(10)运动中严禁变速。变速时必须在停车后待惯性消失再扳动换挡手柄。

(11)车螺纹时,必须把主轴转速设定在最低挡,不准用中速或高速车螺纹。

(12)测量工件时要停机并将刀架移动到安全位置后进行。

(13)需要用砂布打磨工件表面时,应把刀具移到安全位置,并注意不要让手和衣服接触工件表面。磨内孔时,不得用手指持砂布,应使用木棍,同时车速不宜太快。

(14)对切削时产生的带状切屑、螺旋状长切屑,应使用钩子及时清除,严禁用手拉。

(15)任何人在使用设备后,都应把刀具、工具、量具、材料等物品整理好,并做好设备清洁和日常设备维护工作。

## 【任务实施】

### 一、工具材料领用及工作准备(表1-2-1)

**表1-2-1　工具材料领用及工作准备表**

| 1.工具/设备/材料 | | | | |
|---|---|---|---|---|
| 类别 | 名称 | 规格型号 | 单位 | 数量 |
| 工具 | 卡盘扳手 | | 把 | 1 |
| | 刀架扳手 | | 把 | 1 |
| | 加力杆 | | 把 | 1 |
| | 内六角扳手 | | 套 | 1 |
| | 活动扳手 | | 把 | 1 |
| | 垫片 | | 片 | 若干 |
| 量具 | 钢直尺 | 0~300 mm | 把 | 1 |
| | 游标卡尺 | 0~200 mm | 把 | 1 |

表 1-2-1(续)

| 类别 | 名称 | 规格型号 | 单位 | 数量 |
|---|---|---|---|---|
| 刀具 | 90°外圆车刀 | | 把 | 1 |
| | 45°外圆车刀 | | 把 | 1 |
| | 切断刀 | 3 mm | 把 | 1 |
| 材料 | 棒料 | $\phi$40 mm×150 mm;<br>铝合金 | 根 | 1 |
| 2. 工作准备 | | | | |
| (1)技术资料:工作任务卡 1 份、教材 | | | | |
| (2)工作场地:有良好的照明、通风和消防设施等条件 | | | | |
| (3)工具、设备:按工具和设备栏目准备相关工具和设备 | | | | |
| (4)建议分组实施教学。每 2~3 人为一组,每组准备一台车床。通过分组讨论完成零件的工艺分析及加工工艺方案设计,通过演示和操作训练完成零件的加工 | | | | |
| (5)劳动保护:穿戴工作服、工作帽等劳保用品 | | | | |

## 二、工艺分析

确定装夹方案和定位基准:采用三爪自定心卡盘夹紧,能自动定心,工件伸出卡盘 100~110 mm,能够保证 90 mm 车削长度,同时便于切断刀进行切断加工。

## 三、加工

完成如图 1-2-1 所示 $\phi$40 mm×150 mm 铝合金棒料的两个锥面加工,保证加工质量。

将工件车削成圆锥表面的方法称为车圆锥。常用车削锥面的方法有转动小滑板法、尾座偏移法、宽刀法、转动小刀架法和靠模法等几种。这里介绍转动小滑板法和尾座偏移法。

1. 转动小滑板法

(1)方法

当加工锥面不长的工件时,可用转动小刀架法车削。车削时,将小滑板下面的转盘上螺母松开,把转盘转至所需要的圆锥半角 $\alpha/2$ 的刻线上,与基准零线对齐,然后固定转盘上的螺母,如图 1-2-2 所示。

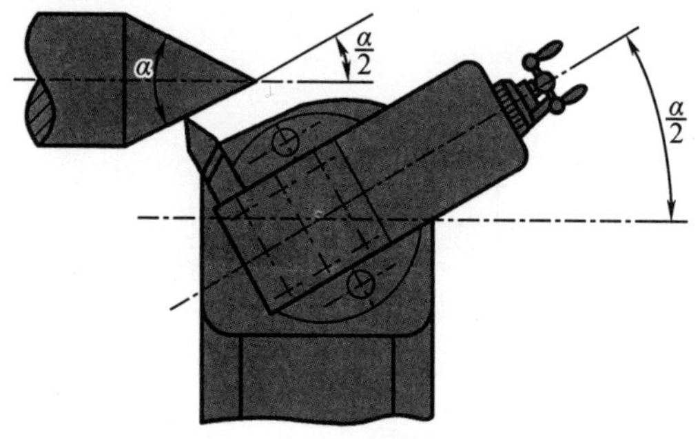


图 1-2-2 转动小滑板法车圆锥

(2)特点

①此法车圆锥操作简单,可以加工任意圆锥角的内、外锥面。

②因受小滑板行程的限制,不能加工较长的锥面。

③需要手动进给,劳动强度较大,表面粗糙度为 $Ra6.3 \sim 1.6$ μm。

(3)应用

此法用于单件小批量生产中,车削精度较低和长度较短的圆锥面。

(4)注意事项

①小滑板转动角度计算错误或小滑板角度调整不当。

②车刀没有固紧。

③小滑板移动时松紧不均。

④车刀刀尖未对准工件轴线。

2. 尾座偏移法

(1)方法

当车削锥度小、锥形部分较长的圆锥面时,可以用偏移尾座的方法。将尾座上滑板横向偏移一个距离 $S$,使偏位后两顶尖连线与原来两顶尖中心线相交一个 $\alpha/2$ 角度,尾座的偏移量与工件的总长有关,如图 1-2-3 所示,尾座偏移量可用下列公式计算:

$$S=\frac{D-d}{2L}L_0$$

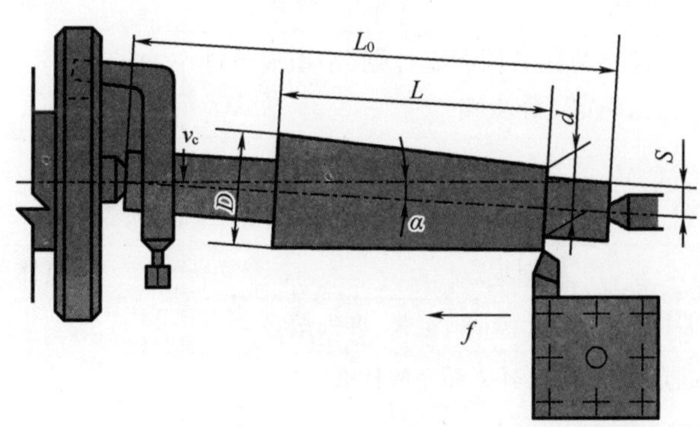


$S$—尾座偏移量;$L$—工件锥体部分长度;$L_0$—工件总长度;$D$、$d$—锥体大头直径和锥体小头直径。

**图 1-2-3　尾座偏移法车圆锥**

床尾的偏移方向由工件的锥体方向决定。当工件的小端靠近床尾处时,床尾应向里移动;反之,床尾应向外移动。

(2)特点

①此法可以加工较长的锥面,并能采用自动进给,表面加工质量较高,表面粗糙度小($Ra6.3 \pm 1.6$ μm)

②因受尾架偏移量的限制,故只能车削工件圆锥角 $\alpha$ 小于 8°的外锥面。

③顶尖在中心孔内是歪斜的,接触不良,磨损不均匀,变得不圆,导致在加工锥度较大的斜面时,影响加工精度。

④最好使用球顶尖,以保持顶尖与中心孔有良好的接触状态。

(3)车圆锥体的质量分析

①锥度不准确。原因是:计算上的误差;小拖板转动角度和床尾偏移量偏移不精确;车刀、拖板、床尾没有固定好,在车削中移动。

②圆锥母线不直(是指锥面不光滑,锥面上产生凹凸现象或是中间低、两头高的情况)。原因是:车刀安装没有对准中心。

③表面粗糙度不合要求。原因是:切削用量选择不当;车刀磨损或刃磨角度不对;用小拖板车削锥面时,手动走刀不均匀。

(4)注意事项

①尾座偏移位置不正确。

②没有正确及时调整吃刀量。

③车刀刀尖未对准工件轴线。

④手动进给不均匀。

**四、检测**

加工完成后对零件的尺寸精度和表面质量做相应的检测,对不合格零件分析原因,避免下次加工再出现类似情况。

## 【圆锥面的车削加工工作单】

**计划单**

| 实训项目 1 | 车削加工实训 | | 任务 2 | 圆锥面的车削加工 |
|---|---|---|---|---|
| 工作方式 | 组内讨论、团结协作共同制定计划,小组成员进行工作讨论,确定工作步骤 | | 计划学时 | 1 学时 |
| 完成人 | 1.　2.　3.　4.　5.　6. | | | |
| 计划依据:1. 锥体轴零件图 | | | | |
| 序号 | 计划步骤 | | 具体工作内容描述 | |
| 1 | 准备工作(准备软件、图纸、工具、量具,谁去做?) | | | |
| 2 | 组织分工(成立组织,人员具体都完成什么?) | | | |
| 3 | 制定加工过程方案(先设计什么?再设计什么?最后完成什么?) | | | |
| 4 | 圆锥面的车削加工(加工前准备什么?使用哪些工具、量具?如何完成加工?加工过程发现哪些问题?如何解决?) | | | |
| 5 | 整理资料(谁负责?整理什么?) | | | |
| 制定计划说明 | (对各人员完成任务提出可借鉴的建议或对计划中的某一方面做出解释) | | | |

**决策单**

<table>
<tr><td>实训项目 1</td><td colspan="2">车削加工实训</td><td colspan="2">任务 2</td><td>圆锥面的车削加工</td></tr>
<tr><td colspan="3">决策学时</td><td colspan="3">1 学时</td></tr>
<tr><td colspan="6">决策目的:圆锥面车削加工方案对比分析,比较设计质量、设计时间、设计成本等</td></tr>
<tr><td rowspan="24">设计方案<br>对比</td><td>组号<br>成员</td><td>设计的可行性<br>(设计质量)</td><td>设计的合理性<br>(设计时间)</td><td>设计的经济性<br>(设计成本)</td><td>综合评价</td></tr>
<tr><td>1</td><td></td><td></td><td></td><td></td></tr>
<tr><td>2</td><td></td><td></td><td></td><td></td></tr>
<tr><td>3</td><td></td><td></td><td></td><td></td></tr>
<tr><td>4</td><td></td><td></td><td></td><td></td></tr>
<tr><td>5</td><td></td><td></td><td></td><td></td></tr>
<tr><td>6</td><td></td><td></td><td></td><td></td></tr>
<tr><td></td><td></td><td></td><td></td><td></td></tr>
<tr><td></td><td></td><td></td><td></td><td></td></tr>
<tr><td></td><td></td><td></td><td></td><td></td></tr>
<tr><td></td><td></td><td></td><td></td><td></td></tr>
<tr><td></td><td></td><td></td><td></td><td></td></tr>
<tr><td></td><td></td><td></td><td></td><td></td></tr>
<tr><td></td><td></td><td></td><td></td><td></td></tr>
<tr><td></td><td></td><td></td><td></td><td></td></tr>
<tr><td></td><td></td><td></td><td></td><td></td></tr>
<tr><td></td><td></td><td></td><td></td><td></td></tr>
<tr><td></td><td></td><td></td><td></td><td></td></tr>
<tr><td></td><td></td><td></td><td></td><td></td></tr>
<tr><td></td><td></td><td></td><td></td><td></td></tr>
<tr><td></td><td></td><td></td><td></td><td></td></tr>
<tr><td></td><td></td><td></td><td></td><td></td></tr>
<tr><td></td><td></td><td></td><td></td><td></td></tr>
<tr><td></td><td></td><td></td><td></td><td></td></tr>
<tr><td>决策评价</td><td colspan="5">结果:(将自己的设计方案与组内成员的设计方案进行对比分析,对自己的设计方案进行修改并说明修改原因,最后确定一个最佳方案)</td></tr>
</table>

**检查单**

| 实训项目 1 | | 车削加工实训 | 任务 2 | | 圆锥面的车削加工 | | |
|---|---|---|---|---|---|---|---|
| 评价学时 | | | 课内 1 学时 | | 第　　组 | | |
| 检查目的及方式 | 在加工过程中,教师对小组的工作情况进行监督、检查,如检查等级为不合格,小组需要整改,并拿出整改说明 | | | | | | |
| 序号 | 检查项目 | 检查标准 | 检查结果分级（在检查相应的分级框内划“√”） | | | | |
| | | | 优秀 | 良好 | 中等 | 合格 | 不合格 |
| 1 | 准备工作 | 资源是否已查到、材料是否准备完整 | | | | | |
| 2 | 分工情况 | 安排是否合理、全面,分工是否明确 | | | | | |
| 3 | 工作态度 | 小组工作是否积极主动,是否为全员参与 | | | | | |
| 4 | 纪律出勤 | 是否按时完成负责的工作内容、遵守工作纪律 | | | | | |
| 5 | 团队合作 | 是否相互协作、互相帮助,成员是否听从指挥 | | | | | |
| 6 | 创新意识 | 任务完成是否不照搬照抄,看问题是否具有独到见解与创新思维 | | | | | |
| 7 | 完成效率 | 工作单是否记录完整,是否按照计划完成任务 | | | | | |
| 8 | 完成质量 | 工作单填写是否准确,设计过程、尺寸公差是否达标 | | | | | |
| 检查评语 | | | | | 教师签字: | | |

小组工作评价单

<table>
<tr><td>实训项目 1</td><td colspan="2">车削加工实训</td><td colspan="2">任务 2</td><td colspan="2">圆锥面的车削加工</td></tr>
<tr><td colspan="3">评价学时</td><td colspan="4">课内 1 学时</td></tr>
<tr><td>班级</td><td colspan="2"></td><td colspan="4">第　　组</td></tr>
<tr><td>考核情境</td><td>考核内容及要求</td><td>分值（100）</td><td>小组自评（10%）</td><td>小组互评（20%）</td><td>教师评价（70%）</td><td>实得分（∑）</td></tr>
<tr><td rowspan="3">汇报展示（20 分）</td><td>演讲表达和非语言技巧应用</td><td>5</td><td></td><td></td><td></td><td></td></tr>
<tr><td>团队成员补充配合程度</td><td>5</td><td></td><td></td><td></td><td></td></tr>
<tr><td>时间与完整性</td><td>5</td><td></td><td></td><td></td><td></td></tr>
<tr><td rowspan="3">质量评价（40 分）</td><td>工作完整性</td><td>10</td><td></td><td></td><td></td><td></td></tr>
<tr><td>工作质量</td><td>5</td><td></td><td></td><td></td><td></td></tr>
<tr><td>报告完整性</td><td>25</td><td></td><td></td><td></td><td></td></tr>
<tr><td rowspan="5">团队情感（25 分）</td><td>核心价值观</td><td>5</td><td></td><td></td><td></td><td></td></tr>
<tr><td>创新性</td><td>5</td><td></td><td></td><td></td><td></td></tr>
<tr><td>参与率</td><td>5</td><td></td><td></td><td></td><td></td></tr>
<tr><td>合作性</td><td>5</td><td></td><td></td><td></td><td></td></tr>
<tr><td>劳动态度</td><td>5</td><td></td><td></td><td></td><td></td></tr>
<tr><td rowspan="2">安全文明生产（10 分）</td><td>工作过程中的安全保障情况</td><td>5</td><td></td><td></td><td></td><td></td></tr>
<tr><td>工具正确使用和保养、放置规范</td><td>5</td><td></td><td></td><td></td><td></td></tr>
<tr><td>工作效率（5 分）</td><td>能够在要求的时间内完成，每超时 5 分钟扣 1 分</td><td>5</td><td></td><td></td><td></td><td></td></tr>
</table>

**小组成员素质评价单**

<table>
<tr><td colspan="2">实训项目 1</td><td colspan="2">车削加工实训</td><td colspan="2">任务 2</td><td colspan="4">圆锥面的车削加工</td></tr>
<tr><td>班级</td><td></td><td colspan="2">第　组</td><td colspan="2">成员姓名</td><td colspan="4"></td></tr>
<tr><td colspan="2">评分说明</td><td colspan="8">每个小组成员评价分为自评分和小组其他成员评分两部分，取平均值计算，作为该小组成员的任务评价个人分数。评分项目共设计 5 个，依据评分标准给予合理量化打分。小组成员自评分后，要找小组其他成员以不记名方式评分</td></tr>
<tr><td colspan="2">评分<br>项目</td><td colspan="2">评分标准</td><td>自评分</td><td>成员 1<br>评分</td><td>成员 2<br>评分</td><td>成员 3<br>评分</td><td>成员 4<br>评分</td><td>成员 5<br>评分</td></tr>
<tr><td colspan="2">核心价值观<br>（20 分）</td><td colspan="2">有无违背社会主义核心价值观的思想及行动</td><td></td><td></td><td></td><td></td><td></td><td></td></tr>
<tr><td colspan="2">工作态度<br>（20 分）</td><td colspan="2">是否按时完成负责的工作内容、遵守纪律，是否积极主动参与小组工作，是否全过程参与，是否吃苦耐劳，是否具有工匠精神</td><td></td><td></td><td></td><td></td><td></td><td></td></tr>
<tr><td colspan="2">交流沟通<br>（20 分）</td><td colspan="2">能否良好地表达自己的观点，能否倾听他人的观点</td><td></td><td></td><td></td><td></td><td></td><td></td></tr>
<tr><td colspan="2">团队合作<br>（20 分）</td><td colspan="2">是否与小组成员合作完成任务，做到相互协作、互相帮助、听从指挥</td><td></td><td></td><td></td><td></td><td></td><td></td></tr>
<tr><td colspan="2">创新意识<br>（20 分）</td><td colspan="2">看问题时能否独立思考、提出独到见解，能否利用创新思维解决遇到的问题</td><td></td><td></td><td></td><td></td><td></td><td></td></tr>
<tr><td colspan="2">最终小组<br>成员得分</td><td colspan="8"></td></tr>
</table>

**课后反思**

<table>
<tr><td colspan="2">实训项目 1</td><td>车削加工实训</td><td>任务 2</td><td>圆锥面的车削加工</td></tr>
<tr><td>班级</td><td></td><td>第　组</td><td>成员姓名</td><td></td></tr>
<tr><td colspan="2">情感反思</td><td colspan="3">通过对本任务的学习和实训，你认为自己在社会主义核心价值观、职业素养、学习和工作态度等方面有哪些需要提高的部分？</td></tr>
</table>

表(续)

| | |
|---|---|
| 知识反思 | 通过对本任务的学习,你掌握了哪些知识点?请画出思维导图。 |
| 技能反思 | 在完成本任务的学习和实训过程中,你主要掌握了哪些技能? |
| 方法反思 | 在完成本任务的学习和实训过程中,你主要掌握了哪些分析和解决问题的方法? |

## 【任务拓展】

1. 加工图 1-2-4 为综合件,是带有阶台和锥面的轴类零件,材料为铝合金,材料规格为 $\phi$32 mm×145 mm。要求:分析零件加工工艺,编制加工程序,并完成该零件加工。

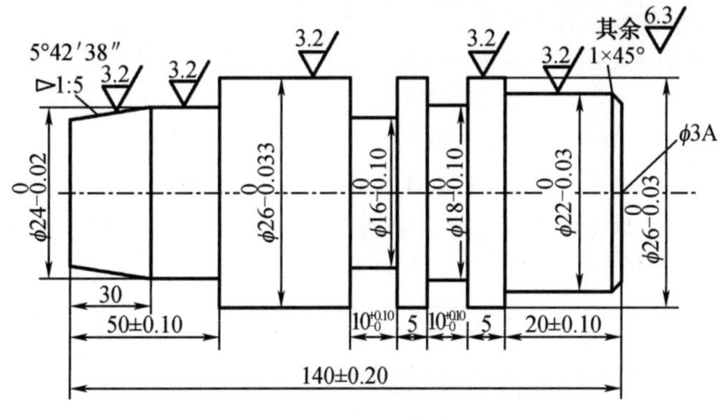


图 1-2-4　综合件

## 【实训报告】

### (一)实训任务书

| 课程名称 | 机械加工实训 | | 实训项目 1 | 车削加工实训 |
|---|---|---|---|---|
| 任务 2 | 圆锥面的车削加工 | | 建议学时 | 4 |
| 班级 | | 学生姓名 | 工作日期 | |
| 实训目标 | 1. 掌握轴类零件车削工艺;<br>2. 掌握转动小滑板车圆锥的车削方法;<br>3. 掌握偏移尾座车削圆锥体的车削方法;<br>4. 掌握轴类零件加工的基本操作技能;<br>5. 能正确使用游标卡尺对零件进行检测;<br>6. 能对所完成零件的超差进行原因分析及修正;<br>7. 严格遵守安全文明生产要求,操作车床并加工带有圆锥面的轴类零件 | | | |
| 实训内容 | 掌握轴类零件车削工艺,掌握转动小滑板法和尾座偏移法车圆锥的车削方法,熟练规范地进行普通车床的操作 | | | |
| 安全文明生产要求 | 操作人员必须熟悉车床使用说明书等有用资料;开机前应对数控车床进行全面细致的检查,确认无误后方可操作;数控车床开始工作前要有预热,认真检查润滑系统工作是否正常,如机床长时间未开动,可先采用手动方式向各部分供油润滑;数控车床通电后,检查各开关、按钮和按键是否正常、灵活,机床有无异常现象,检查电压、油压是否正常 | | | |
| 提交成果 | 实训报告;锥体轴零件 | | | |
| 对学生的要求 | 1. 熟悉操作手柄的位置及功用;<br>2. 掌握刀具安装及工件装夹的方法;<br>3. 掌握车床基本操作方法;<br>4. 具备一定的实践动手能力、自学能力、数据计算能力、沟通协调能力、语言表达能力和团队意识;<br>5. 严格遵守课堂纪律,不迟到、不早退,学习态度认真、端正;<br>6. 每位同学必须积极参与小组讨论;<br>7. 完成“圆锥面的车削加工”实训报告 | | | |
| 考核评价 | 评价内容:车床操作规范性和熟练性评价;偏移尾座车削圆锥体的车削方法评价;完成报告的完整性评价、安全文明生产评价和合作性评价等。<br>评价方式:由学生自评(自述、评价,占 10%)、小组评价(分组讨论、评价,占 20%)、教师评价(根据学生学习态度、工作报告及现场抽查知识或技能进行评价,占 70%)构成该学生的任务成绩 | | | |

## (二)实训准备工作

<table>
<tr><td>课程名称</td><td colspan="2">机械加工实训</td><td>实训项目 1</td><td>车削加工实训</td></tr>
<tr><td>任务 2</td><td colspan="2">圆锥面的车削加工</td><td>建议学时</td><td>4</td></tr>
<tr><td>班级</td><td></td><td>学生姓名</td><td></td><td>工作日期</td><td></td></tr>
<tr><td>场地准备描述</td><td colspan="5"></td></tr>
<tr><td>设备准备描述</td><td colspan="5"></td></tr>
<tr><td>刀具、夹具、量具、工具准备描述</td><td colspan="5"></td></tr>
<tr><td>知识准备描述</td><td colspan="5"></td></tr>
</table>

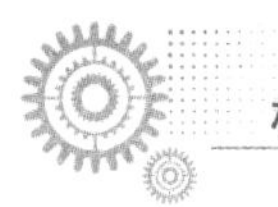



(三)实训记录

| 课程名称 | 机械加工实训 | | | 实训项目 1 | 车削加工实训 |
|---|---|---|---|---|---|
| 任务 2 | 圆锥面的车削加工 | | | 建议学时 | 4 |
| 班级 | | 学生姓名 | | 工作日期 | |
| 实训操作过程 | | | | | |
| 注意事项 | | | | | |
| 改进方法 | | | | | |

（四）考核评价表

| 考核项目 | 技术要求 | 分值 | 学生自评分（10%） | 小组评分（20%） | 教师评分（70%） | 实得分 |
|---|---|---|---|---|---|---|
| 准备工作（15分） | 准备工作完整性 | 6 | | | | |
| | 实训步骤内容描述 | 7 | | | | |
| | 知识掌握完整程度 | 2 | | | | |
| 工作过程（40分） | 加工操作的正确性、规范性 | 10 | | | | |
| | 测量精度评价 | 10 | | | | |
| | 报告完整性 | 20 | | | | |
| 基本操作（20分） | 操作程序正确 | 10 | | | | |
| | 操作符合限差要求 | 10 | | | | |
| 安全文明生产（10分） | 叙述工作过程应注意的安全事项 | 5 | | | | |
| | 工具正确使用和保养、放置规范 | 5 | | | | |
| 完成时间（5分） | 能够在要求的90分钟内完成，每超时5分钟扣1分 | 5 | | | | |
| 合作性（10分） | 独立完成任务得满分 | 10 | | | | |
| | 在组内成员帮助下完成得6分 | | | | | |
| 总分（$\sum$） | | 100 | | | | |

# 实训任务3　螺纹的车削加工

## 【任务目标】

1. 利用砂轮机进行刀具刃磨；
2. 利用小螺距螺纹的安全操作方法进行加工；
3. 掌握加工三角螺纹的正确方法，提高加工效率；
4. 利用正确的测量方法和部分计算知识进行测量；
5. 对完成零件的超差原因进行分析及修正；
6. 严格遵守安全文明生产的要求，完成三角螺纹的车削加工任务。

## 【任务描述】

本任务介绍在普通车床上，采用三爪自定心卡盘对实训任务3的零件进行装夹定位，用外螺纹车刀和3 mm切断刀加工图1-3-1所示的三角螺纹轴类零件，使学生能熟练掌握车削加工三角螺纹轴类零件的加工工艺编制、车削加工全过程。

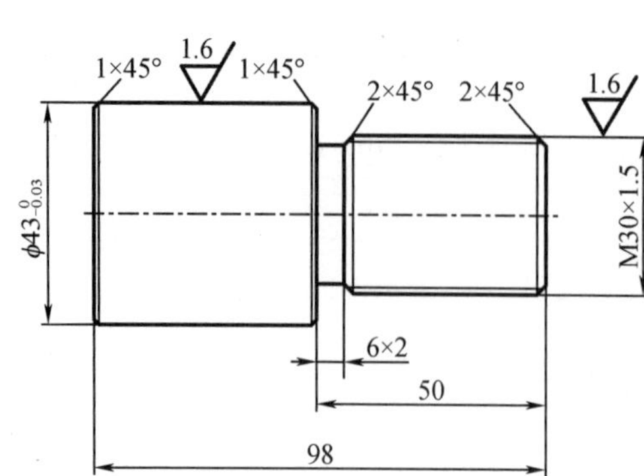


**图 1-3-1 三角螺纹轴类零件**

## 【任务分析】

工件毛坯为 $\phi$45 mm×150 mm 棒料,无热处理和硬度要求,单件生产。该零件为典型的三角螺纹轴类零件,材料为铝合金。零件外形较简单,需要加工外圆、倒角,车螺纹,为一典型的数控车削零件。零件的精度为一般精度要求。

## 【相关知识】

### 一、车刀刃磨

车刀(指整体车刀与焊接车刀)用钝后的重新刃磨是在砂轮机上进行的。磨高速钢车刀用氧化铝砂轮(白色),磨硬质合金刀头用碳化硅砂轮(绿色)。

1. 砂轮的选择

砂轮的特性由磨料、粒度、硬度、结合剂和组织因素决定。

(1)磨料

常用的磨料有氧化物系、碳化物系和高硬磨料系三种。氧化铝砂轮磨粒硬度低(HV2000~HV2400)、韧性大,适合刃磨高速钢车刀。碳化硅砂轮的磨粒硬度比氧化铝砂轮的磨粒高(HV2800 以上),其性脆而锋利,并具有良好导热性和导电性,适合刃磨硬质合金。常用的绿色碳化硅砂轮更适合刃磨硬质合金车刀。

(2)硬度

砂轮的硬度是反映磨粒在磨削力的作用下,从砂轮表面上脱落的难易程度。砂轮硬,表示表面磨粒难以脱落;砂轮软,表示磨粒容易脱落。刃磨高速钢车刀和硬质合金车刀时应选软或中软的砂轮。

应根据刀具材料正确选用砂轮。刃磨高速钢车刀应选用粒度为 46 号到 60 号的软或中软的氧化铝砂轮,刃磨硬质合金车刀应选用粒度为 60 号到 80 号的软或中软的碳化硅砂轮,两者不能搞错。

2. 车刀刃磨的步骤

(1)磨主后刀面,同时磨出主偏角及主后角。

(2)磨副后刀面,同时磨出副偏角及副后角。

(3)磨前面,同时磨出前角。

(4)修磨各刀面及刀尖。

3. 刃磨车刀的姿势及方法

(1)人站立在砂轮机的侧面,以防砂轮碎裂时,碎片飞出伤人。

(2)握刀的两手距离放开,两肘夹紧腰部,以减小磨刀时的抖动。

(3)磨刀时,车刀要放在砂轮的水平中心,刀尖略向上翘 3°~8°。车刀接触砂轮后应做左右方向水平移动。

(4)磨后刀面时,刀杆尾部向左偏过一个主偏角的角度;磨副后刀面时,刀杆尾部向右偏过一个副偏角的角度。

(5)修磨刀尖圆弧时,通常以左手握车刀前端为支点,用右手转动车刀的尾部。

## 二、车削螺纹

将工件表面车削成螺纹的方法称为车螺纹。螺纹按牙型分为三角螺纹、方牙螺纹、梯形螺纹等(图 1-3-2)。其中普通三角螺纹应用最广。

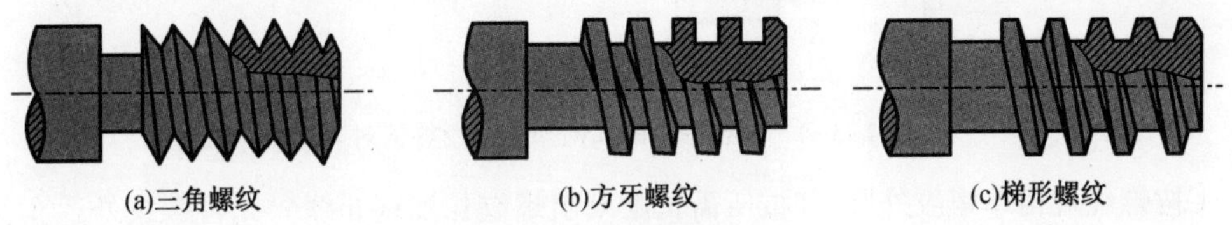


图 1-3-2　螺纹的种类

1. 普通三角螺纹的基本牙型

普通三角螺纹的基本牙型如图 1-3-3 所示。

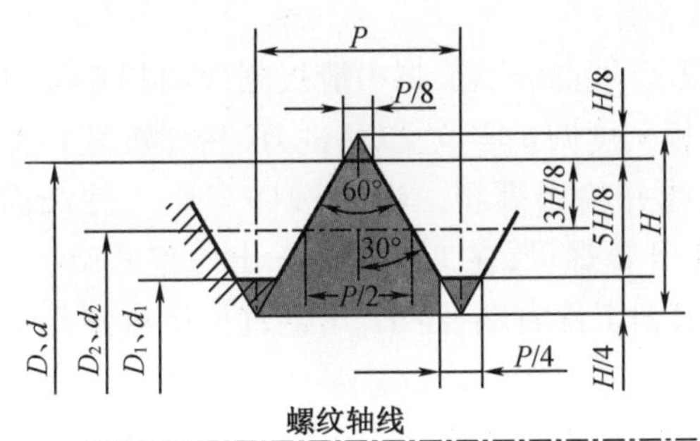


$D$—内螺纹大径(公称直径);$d$—外螺纹大径(公称直径);$D_1$—内螺纹小径;$D_2$—内螺纹中径;
$d_1$—外螺纹小径;$d_2$—外螺纹中径;$P$—螺距;$H$—原始三角形高度。

图 1-3-3　普通三角螺纹的基本牙型

决定螺纹的基本要素有三个:

螺距 $P$:它是沿轴线方向上相邻两牙间对应点的距离。

牙型角 $\alpha$:螺纹轴向剖面内螺纹两侧面的夹角。

螺纹中径 $D_2(d_2)$:它是平螺纹理论高度 $H$ 的一个假想圆柱体的直径。在中径处的螺纹牙厚和槽宽相等。只有内、外螺纹中径都一致时,两者才能很好地配合。

2. 车削外螺纹的方法与步骤

(1)准备工作

安装螺纹车刀时,只有车刀的刀尖角等于螺纹牙型角($\alpha=60°$),其前角 $\gamma_0=0°$时,才能保证工件螺纹的牙型角正确,否则牙型角将产生误差。只有粗加工或螺纹精度要求不高时,其前角才可取 5°~20°。安装螺纹车刀时,刀尖对准工件中心,并用样板对刀,以保证刀尖角的角平分线与工件的轴线相垂直,如图 1-3-4 所示。

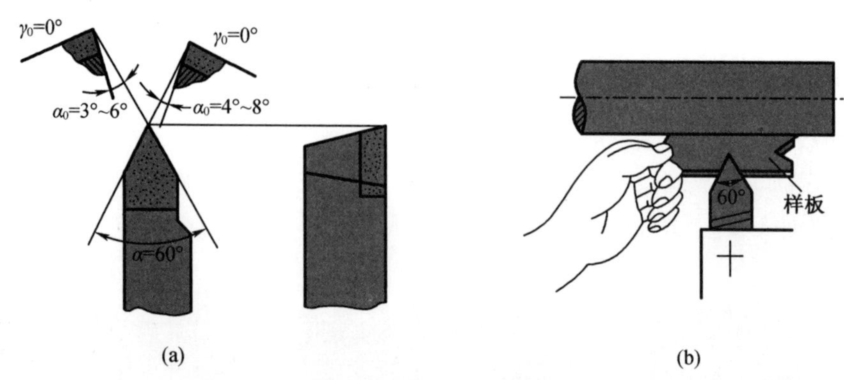


**图 1-3-4　螺纹车刀的几何角度与用样板对刀**

①按螺纹规格车螺纹外圆,并按所需长度刻出螺纹长度终止线。先将螺纹外径车至所需尺寸,然后用刀尖在工件的螺纹终止处刻线,作为车螺纹的退刀标记。

②根据工件的螺距 $P$,查机床上的标牌,然后调整进给箱上手柄位置及配换挂轮箱齿轮的齿数以获得所需要的工件螺距。

③确定主轴转速。初学者应将车床主轴转速调到最低。

(2)车螺纹的方法和步骤

①确定车螺纹切削深度的起始位置,将中滑板刻度调到零位,开车,使刀尖轻微接触工件表面,然后迅速将中滑板刻度调至零位,以便进刀记数,如图 1-3-5(a)所示。

②试切第一条螺旋线并检查螺距。将床鞍摇至离工件端面 8~10 牙处,横向进刀 0.05 mm 左右;开车,合上开合螺母,在工件表面车出一条螺旋线,至螺纹终止线处退出车刀,停车,开反车把车刀退到工件右端;停车,用钢直尺检查螺距是否正确。上述过程如图 1-3-5(b)(c)所示。

③用刻度盘调整背吃刀量,开车切削,如图 1-3-5(d)所示。螺纹的总背吃刀量 $a_p$ 与螺距的关系参考经验公式 $a_p \approx 0.65P$,每次的背吃刀量约 0.1 mm。

④车刀将至终点时,应做好退刀、停车准备,先快速退出车刀,然后停车,再开反车退出刀架,如图 1-3-5(e)所示。

⑤再次横向进刀,继续切削至车出正确的牙型,如图 1-3-5(f)所示。

**三、三角螺纹概述**

1. 螺旋线与螺纹

螺旋线:螺旋线是沿着圆柱或圆锥表面运动的点的轨迹,该点的轴向位移和相应的角位移成正比。

螺纹:螺纹是在圆柱或圆锥表面上,沿着螺旋线所形成的具有规定牙型的连续凸起。

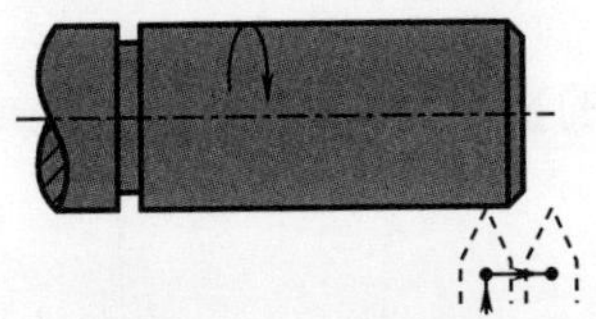

(a)开车，使刀尖与工件表面轻微接触，记下刻度盘读数。向右退出车刀

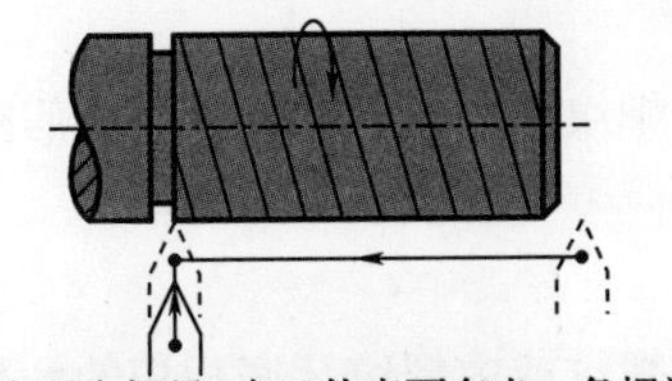

(b)合上开合螺母，在工件表面车出一条螺旋线。至螺纹终止线处退出车刀，停车

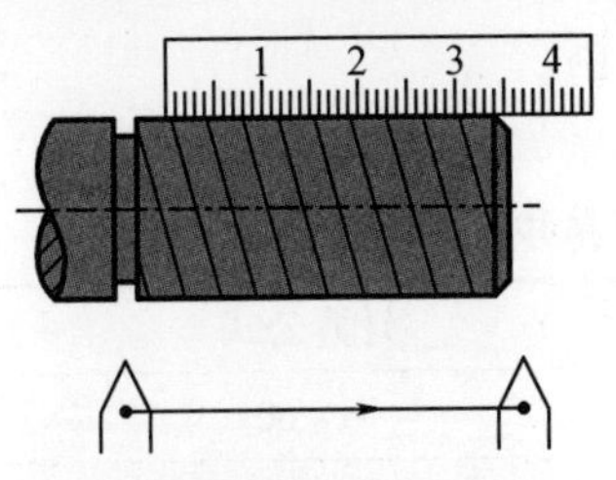


(c)开反车把车刀退到工件右端，停车。用钢直尺检查螺距是否正确

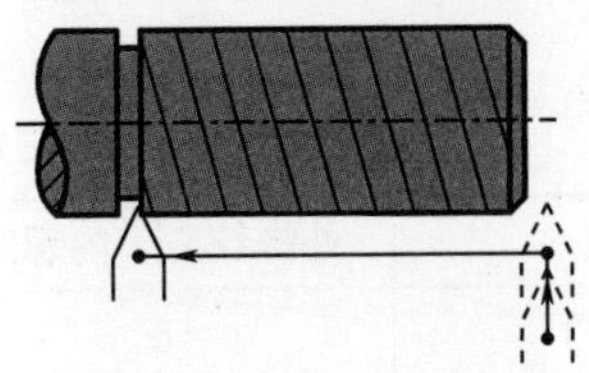

(d)利用刻度盘调整背吃刀量

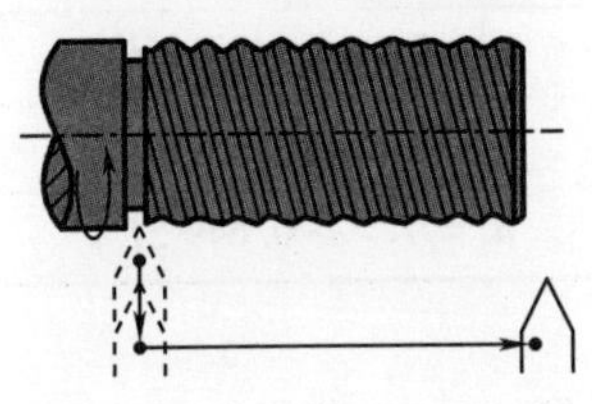

(e)车刀将至终点时应做好退刀、停车准备，先快速退出车刀，然后停车，再开反车退回刀架

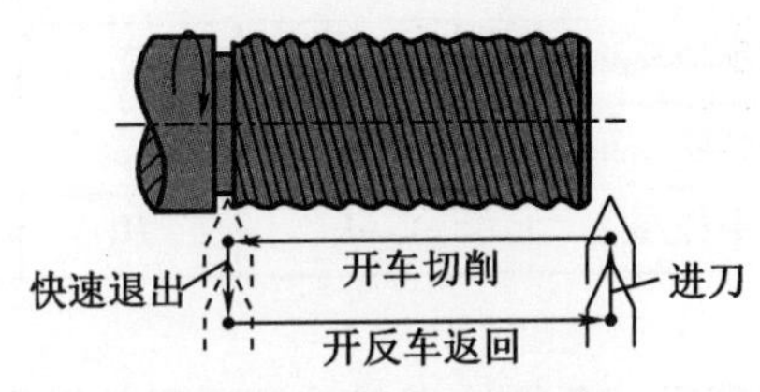


(f)再次横向进刀，继续切削

**图 1-3-5　螺纹切削方法与步骤**

2. 普通螺纹要素及各部分名称

(1)牙型角($\alpha$)

它是在螺纹牙型上，相邻两牙侧间的夹角。

(2)螺距($P$)

它是相邻两牙在中径线上对应两点间的轴向距离。

(3)导程($L$)

它是同一条螺旋线上相邻两牙在中径线上对应两点间的轴向距离。

当螺纹为单线螺纹时，导程与螺距相等($L=P$)；当螺纹为多线时，导程等于螺旋线数($n$)与螺距($P$)的乘积，即 $L=nP$。

(4)螺纹大径($d$、$D$)

它是与外螺纹牙顶或内螺纹牙底相切的假想圆柱或圆锥的直径。外螺纹大径用 $d$ 表示，内螺纹大径用 $D$ 表示。

(5)螺纹小径($d_1$、$D_1$)

它是与外螺纹牙底或内螺纹牙顶相切的假想圆柱或圆锥的直径。

(6)螺纹中径($d_2$、$D_2$)

它是一个假想圆柱或圆锥的直径，该圆柱或圆锥的素线通过牙型上沟槽和凸起宽度相等的地方。该假想圆柱或圆锥称为中径圆柱或中径圆锥。

(7)顶径

它是与外螺纹或内螺纹牙顶相切的假想圆柱或圆锥的直径,即外螺纹的大径或内螺纹的小径。

(8)底径

它是与外螺纹或内螺纹牙底相切的假想圆柱或圆锥的直径,即外螺纹的小径或内螺纹的大径。

3. 普通三角螺纹的尺寸计算和公差计算(表 1-3-1)

**表 1-3-1 普通三角螺纹的尺寸计算和公差计算**

| 基本参数 | 外螺纹 | 内螺纹 | 计算公式 |
|---|---|---|---|
| 牙型角/(°) | $\alpha$ | | $\alpha=60$ |
| 螺纹大径(公称直径)/mm | $d$ | $D$ | $d=D$ |
| 螺纹小径/mm | $d_1$ | $D_1$ | $d_1=D_1=d-1.0825P$ |
| 牙型高度/mm | $h_1$ | | $h_1=0.5413P$ |
| 螺纹中径/mm | $d_2$ | $D_2$ | $d_2=D_2=d-0.6495P$ |

提示:普通三角螺纹进刀总量可用近似公式:进刀总量=1.3$P$获得。

普通三角螺纹公差:

对于外螺纹:上偏差 es　es=基本偏差

下偏差 ei　ei=es−$T$

对于内螺纹:下偏差 EI　EI=基本偏差

上偏差 ES　ES=EI+$T$

式中　$T$——螺纹公差。

4. 螺纹车刀的装夹

(1)装夹车刀时,刀尖位置一般应对准工件中心(可根据尾座顶尖高度检查)。

(2)车刀刀尖角的对称中心线必须与工件轴线垂直,装刀时可用样板来对刀。如果把车刀装歪,就会产生牙型歪斜。

(3)刀头伸出不要过长,一般为 20~25 mm(约为刀杆厚度的 1.5 倍)。

5. 车削三角螺纹的方法

(1)刀尖角(表 1-3-2)

**表 1-3-2 刀尖角**

| 三角螺纹车刀的刀尖角 $\varepsilon_r$ | 60° | 55° |
|---|---|---|
| 可以车削的螺纹 | 普通螺纹、60°密封管螺纹和米制锥螺纹 | 英制螺纹、55°非密封管螺纹和55°密封管螺纹 |

(2)三角螺纹车刀(图1-3-6、图1-3-7)

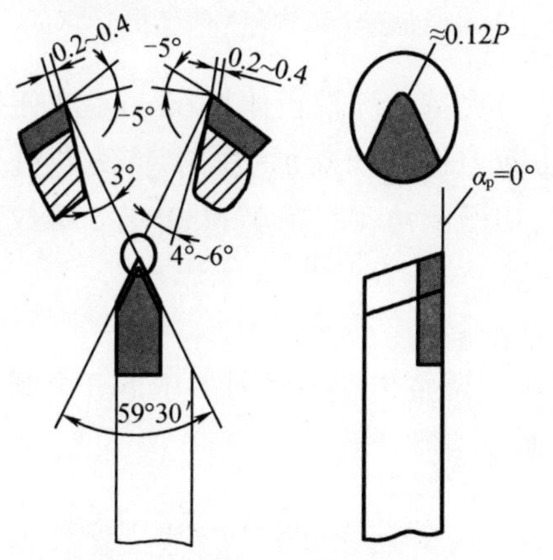


图1-3-6　高速钢三角螺纹车刀

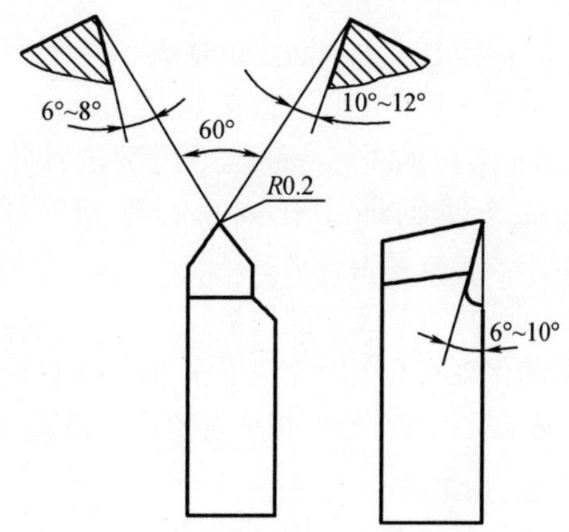


图1-3-7　硬质合金三角螺纹车刀

## 【任务实施】

### 一、工具材料领用及工作准备(表1-3-3)

表1-3-3　工具材料领用及工作准备表

| 1. 工具/设备/材料 | | | | |
|---|---|---|---|---|
| 类别 | 名称 | 规格型号 | 单位 | 数量 |
| 工具 | 卡盘扳手 | | 把 | 1 |
| | 刀架扳手 | | 把 | 1 |
| | 加力杆 | | 把 | 1 |
| | 内六角扳手 | | 套 | 1 |
| | 活动扳手 | | 把 | 1 |
| | 垫片 | | 片 | 若干 |
| 量具 | 钢直尺 | 0~300 mm | 把 | 1 |
| | 游标卡尺 | 0~200 mm | 把 | 1 |
| 刀具 | 90°外圆车刀 | | 把 | 1 |
| | 45°外圆车刀 | | 把 | 1 |
| | 中心钻 | | 把 | 1 |
| | 内(外)螺纹车刀 | | 把 | 1 |
| | 切断刀 | 3 mm | 把 | 1 |
| 材料 | 棒料 | $\phi$45 mm×150 mm;铝合金 | 根 | 1 |
| 2. 工作准备 | | | | |
| (1)技术资料:工作任务卡1份、教材 | | | | |
| (2)工作场地:有良好的照明、通风和消防设施等条件 | | | | |
| (3)工具、设备:按工具和设备栏目准备相关工具和设备 | | | | |
| (4)建议分组实施教学。每2~3人为一组,每组准备一台车床。通过分组讨论完成零件的工艺分析及加工工艺方案设计,通过演示和操作训练完成零件的加工 | | | | |
| (5)劳动保护:穿戴工作服、工作帽等劳保用品 | | | | |

## 二、工艺分析

1. 确定装夹方案和定位基准

采用三爪自定心卡盘夹紧，能自动定心，(外螺纹)夹持毛坯校正伸长 60 mm，光平端面粗、精车滚花 $\phi43^{0}_{-0.05}$ mm 至尺寸要求，同时便于切断刀进行切断加工。夹持滚花处伸长 55 mm，车端面保证总长 98 mm，粗、精车 M30 外圆、切槽倒角，粗、精车 M30×1.5 螺纹至尺寸要求。检查是否合格。

2. 选择刀具及切削用量

为保证在车削时避免安全事故：车削时降低转速→调整传动→对刀→压下开合螺母车削，完工后提起开合螺母→调整传动路线→变换转速。

## 三、加工

1. 三角螺纹的车削方法

(1) 低速车削

低速车削时，使用高速钢螺纹车刀，并分别用粗车刀和精车刀对螺纹进行粗车和精车。低速车削螺纹的精度高、表面粗糙度小，但效率低。低速车削螺纹时应注意根据车床和工件的刚度、螺距大小，选择不同的进刀方法。

(2) 高速车削

用硬质合金车刀高速车削三角螺纹时，切削速度可比低速车削螺纹提高 15~20 倍，而且行程次数可以减少 2/3 以上，如低速车削螺距 $P=2$ mm 的中碳钢材料的螺纹时，一般需 12 个行程左右，而高速车削螺纹仅需 3~4 个行程即可，因此可以大大提高生产效率，在工厂中已被广泛采用。

注意：高速车削螺纹时，为了防止切屑使牙侧起毛刺，不宜采用斜进法和左右切削法，只能用直进法车削。高速切削三角螺纹时，车刀挤压会使外螺纹大径变大。因此，车削螺纹前的外圆直径应比螺纹大径小些。当螺距为 15~35 mm 时，车削螺纹前的外径一般可以减小 0.2~0.4 mm。

2. 螺纹标注

M30×1.5-6g 表示公称直径为 30 mm，螺距为 1.5 mm，公差等级为 6g 的细牙外三角螺纹。

M24-6g-LH 表示公称直径为 24 mm，螺距为 3 mm，公差等级为 6g 的左旋粗牙外三角螺纹。

3. 三角螺纹的检测方法

(1) 大径的测量

螺纹大径的公差较大，一般可用游标卡尺或千分尺测量。

(2) 螺距的测量

螺距可用钢直尺测量。因为普通螺纹的螺距一般较小，在测量时，最好量 10 个螺距的长度，然后把长度除以 10，就得出一个螺距的尺寸。如果螺距较大，那么可以量 2~4 个螺距的长度。细牙螺纹的螺距较小，用钢直尺测量比较困难，这时可用螺距规来测量，测量时把钢片平行轴线方向嵌入牙形中，如果完全符合则说明被测的螺距是正确的。

(3) 中径的测量

精度较高的三角螺纹，可用螺纹千分尺测量，所测得的千分尺读数就是该螺纹中径的实际尺寸。

(4)综合测量

用螺纹环规综合检查三角形外螺纹。首先应对螺纹的直径、螺距、牙型和粗糙度进行检查,然后再用螺纹环规测量外螺纹的尺寸精度。如果环规通端正好拧进去,而止端拧不进,说明螺纹精度符合要求。对精度要求不高的螺纹也可用标准螺母检查(生产中常用),以拧上工件时是否顺利和松动的感觉来确定螺纹是否符合要求。检查有退刀槽的螺纹时,环规应通过退刀槽与台阶平面靠平。螺纹塞规是对三角形内螺纹进行综合测量的,使用方法和螺纹环规一样。

**四、检测**

加工完成后对零件的尺寸精度和表面质量做相应的检测,对不合格零件分析原因,避免下次加工再出现类似情况。

**五、安全及注意事项**

①加工内、外螺纹的车刀不宜过长,否则易产生振动,出现让刀或扎刀现象;

②各滑板间隙应调整好,间隙要小,切削用量要小些,以防避让不及时造成碰撞事故;

③注意力要集中,加工完螺纹后,必须先提起开合螺母,变换光杆运动;

④螺纹车刀应锋利,若中途换刀则应重新对刀;

⑤不允许用手或毛巾与螺纹表面接触,以免发生事故。

## 【螺纹的车削加工工作单】

**计划单**

<table>
<tr><td>实训项目 1</td><td colspan="2">车削加工实训</td><td>任务 3</td><td colspan="2">螺纹的车削加工</td></tr>
<tr><td>工作方式</td><td colspan="3">组内讨论、团结协作共同制定计划,小组成员进行工作讨论,确定工作步骤</td><td>计划学时</td><td>1 学时</td></tr>
<tr><td>完成人</td><td colspan="5">1.　　2.　　3.　　4.　　5.　　6.</td></tr>
<tr><td colspan="6">计划依据:1. 三角螺纹轴零件图</td></tr>
<tr><td>序号</td><td colspan="2">计划步骤</td><td colspan="3">具体工作内容描述</td></tr>
<tr><td>1</td><td colspan="2">准备工作(准备软件、图纸、工具、量具,谁去做?)</td><td colspan="3"></td></tr>
<tr><td>2</td><td colspan="2">组织分工(成立组织,人员具体都完成什么?)</td><td colspan="3"></td></tr>
<tr><td>3</td><td colspan="2">制定加工过程方案(先设计什么?再设计什么?最后完成什么?)</td><td colspan="3"></td></tr>
<tr><td>4</td><td colspan="2">螺纹的车削加工(加工前准备什么?使用哪些工具、量具?如何完成加工?加工过程发现哪些问题?如何解决?)</td><td colspan="3"></td></tr>
<tr><td>5</td><td colspan="2">整理资料(谁负责?整理什么?)</td><td colspan="3"></td></tr>
<tr><td>制定计划说明</td><td colspan="5">(对各人员完成任务提出可借鉴的建议或对计划中的某一方面做出解释)</td></tr>
</table>

**决策单**

| 实训项目 1 | 车削加工实训 | | 任务 3 | 螺纹的车削加工 | |
|---|---|---|---|---|---|
| 决策学时 | | | 1 学时 | | |
| 决策目的:螺纹的车削加工方案对比分析,比较设计质量、设计时间、设计成本等 | | | | | |
| 设计方案对比 | 组号<br>成员 | 设计的可行性<br>(设计质量) | 设计的合理性<br>(设计时间) | 设计的经济性<br>(设计成本) | 综合评价 |
| | 1 | | | | |
| | 2 | | | | |
| | 3 | | | | |
| | 4 | | | | |
| | 5 | | | | |
| | 6 | | | | |
| | | | | | |
| | | | | | |
| | | | | | |
| | | | | | |
| | | | | | |
| | | | | | |
| | | | | | |
| | | | | | |
| | | | | | |
| | | | | | |
| | | | | | |
| | | | | | |
| | | | | | |
| | | | | | |
| | | | | | |
| | | | | | |
| 决策评价 | 结果:(将自己的设计方案与组内成员的设计方案进行对比分析,对自己的设计方案进行修改并说明修改原因,最后确定一个最佳方案) | | | | |

## 检查单

<table>
<tr><td>实训项目 1</td><td colspan="2">车削加工实训</td><td>任务 3</td><td colspan="4">螺纹的车削加工</td></tr>
<tr><td colspan="3">评价学时</td><td>课内 1 学时</td><td colspan="4">第　组</td></tr>
<tr><td>检查目的及方式</td><td colspan="7">在加工过程中,教师对小组的工作情况进行监督、检查,如检查等级为不合格,小组需要整改,并拿出整改说明</td></tr>
<tr><td rowspan="2">序号</td><td rowspan="2">检查项目</td><td rowspan="2">检查标准</td><td colspan="5">检查结果分级<br>(在检查相应的分级框内划“√”)</td></tr>
<tr><td>优秀</td><td>良好</td><td>中等</td><td>合格</td><td>不合格</td></tr>
<tr><td>1</td><td>准备工作</td><td>资源是否已查到、材料是否准备完整</td><td></td><td></td><td></td><td></td><td></td></tr>
<tr><td>2</td><td>分工情况</td><td>安排是否合理、全面,分工是否明确</td><td></td><td></td><td></td><td></td><td></td></tr>
<tr><td>3</td><td>工作态度</td><td>小组工作是否积极主动,是否为全员参与</td><td></td><td></td><td></td><td></td><td></td></tr>
<tr><td>4</td><td>纪律出勤</td><td>是否按时完成负责的工作内容、遵守工作纪律</td><td></td><td></td><td></td><td></td><td></td></tr>
<tr><td>5</td><td>团队合作</td><td>是否相互协作、互相帮助,成员是否听从指挥</td><td></td><td></td><td></td><td></td><td></td></tr>
<tr><td>6</td><td>创新意识</td><td>任务完成是否不照搬照抄,看问题是否具有独到见解与创新思维</td><td></td><td></td><td></td><td></td><td></td></tr>
<tr><td>7</td><td>完成效率</td><td>工作单是否记录完整,是否按照计划完成任务</td><td></td><td></td><td></td><td></td><td></td></tr>
<tr><td>8</td><td>完成质量</td><td>工作单填写是否准确,设计过程、尺寸公差是否达标</td><td></td><td></td><td></td><td></td><td></td></tr>
<tr><td>检查评语</td><td colspan="4"></td><td colspan="3">教师签字:</td></tr>
</table>

**小组工作评价单**

| 实训项目 1 | 车削加工实训 | | 任务 3 | | 螺纹的车削加工 | |
|---|---|---|---|---|---|---|
| 评价学时 | | | 课内 1 学时 | | | |
| 班级 | | | 第　　组 | | | |
| 考核情境 | 考核内容及要求 | 分值（100） | 小组自评（10%） | 小组互评（20%） | 教师评价（70%） | 实得分（∑） |
| 汇报展示（20 分） | 演讲资源利用 | 5 | | | | |
| | 演讲表达和非语言技巧应用 | 5 | | | | |
| | 团队成员补充配合程度 | 5 | | | | |
| | 时间与完整性 | 5 | | | | |
| 质量评价（40 分） | 工作完整性 | 10 | | | | |
| | 工作质量 | 5 | | | | |
| | 报告完整性 | 25 | | | | |
| 团队情感（25 分） | 核心价值观 | 5 | | | | |
| | 创新性 | 5 | | | | |
| | 参与率 | 5 | | | | |
| | 合作性 | 5 | | | | |
| | 劳动态度 | 5 | | | | |
| 安全文明生产（10 分） | 工作过程中的安全保障情况 | 5 | | | | |
| | 工具正确使用和保养、放置规范 | 5 | | | | |
| 工作效率（5 分） | 能够在要求的时间内完成，每超时 5 分钟扣 1 分 | 5 | | | | |

**小组成员素质评价单**

<table>
<tr><td colspan="2">实训项目 1</td><td>车削加工实训</td><td>任务 3</td><td colspan="5">螺纹的车削加工</td></tr>
<tr><td>班级</td><td></td><td>第　组</td><td>成员姓名</td><td colspan="5"></td></tr>
<tr><td colspan="2">评分说明</td><td colspan="7">每个小组成员评价分为自评分和小组其他成员评分两部分，取平均值计算，作为该小组成员的任务评价个人分数。评分项目共设计 5 个，依据评分标准给予合理量化打分。小组成员自评分后，要找小组其他成员以不记名方式评分</td></tr>
<tr><td colspan="2">评分<br>项目</td><td>评分标准</td><td>自评分</td><td>成员 1<br>评分</td><td>成员 2<br>评分</td><td>成员 3<br>评分</td><td>成员 4<br>评分</td><td>成员 5<br>评分</td></tr>
<tr><td colspan="2">核心价值观<br>（20 分）</td><td>有无违背社会主义核心价值观的思想及行动</td><td></td><td></td><td></td><td></td><td></td><td></td></tr>
<tr><td colspan="2">工作态度<br>（20 分）</td><td>是否按时完成负责的工作内容、遵守纪律，是否积极主动参与小组工作，是否全过程参与，是否吃苦耐劳，是否具有工匠精神</td><td></td><td></td><td></td><td></td><td></td><td></td></tr>
<tr><td colspan="2">交流沟通<br>（20 分）</td><td>能否良好地表达自己的观点，能否倾听他人的观点</td><td></td><td></td><td></td><td></td><td></td><td></td></tr>
<tr><td colspan="2">团队合作<br>（20 分）</td><td>是否与小组成员合作完成任务，做到相互协作、互相帮助、听从指挥</td><td></td><td></td><td></td><td></td><td></td><td></td></tr>
<tr><td colspan="2">创新意识<br>（20 分）</td><td>看问题时能否独立思考、提出独到见解，能否利用创新思维解决遇到的问题</td><td></td><td></td><td></td><td></td><td></td><td></td></tr>
<tr><td colspan="2">最终小组<br>成员得分</td><td colspan="7"></td></tr>
</table>

**课后反思**

<table>
<tr><td colspan="2">实训项目 1</td><td>车削加工实训</td><td>任务 3</td><td>螺纹的车削加工</td></tr>
<tr><td>班级</td><td></td><td>第　组</td><td>成员姓名</td><td></td></tr>
<tr><td colspan="2">情感反思</td><td colspan="3">通过对本任务的学习和实训，你认为自己在社会主义核心价值观、职业素养、学习和工作态度等方面有哪些需要提高的部分？</td></tr>
</table>

表(续)

| | |
|---|---|
| 知识反思 | 通过对本任务的学习,你掌握了哪些知识点?请画出思维导图。 |
| 技能反思 | 在完成本任务的学习和实训过程中,你主要掌握了哪些技能? |
| 方法反思 | 在完成本任务的学习和实训过程中,你主要掌握了哪些分析和解决问题的方法? |

## 【任务拓展】

1. 加工图 1-3-8 为带有内螺纹的轴类零件,材料为铝合金,材料规格为 $\phi45$ mm×50 mm。要求:分析零件加工工艺,编制加工程序,并完成该零件加工。

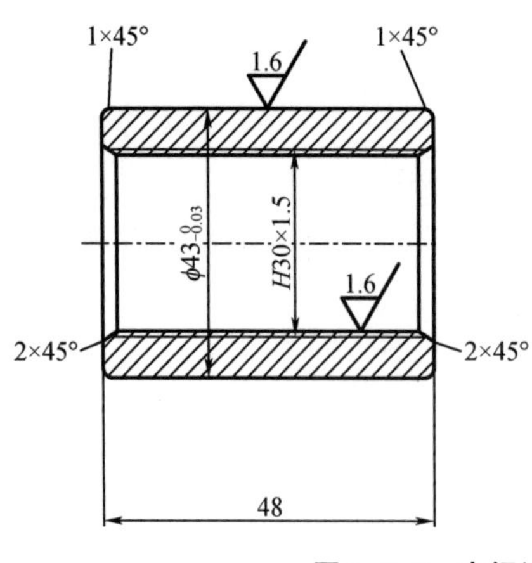


加工注意事项
1.加工内三角螺纹可从10 mm开始，加工次数根据进度计划确定；
2.加工M24、M30内螺纹时应用螺纹环规检测；
3.加工M16的螺纹应用转孔攻丝的方法，螺纹加工的螺距应由小到大；
4.不允许用砂布、锉刀修饰
5.其余 3.2

图 1-3-8　内螺纹轴类零件

## 【实训报告】

### （一）实训任务书

<table>
<tr><td>课程名称</td><td colspan="2">机械加工实训</td><td>实训项目 1</td><td colspan="2">车削加工实训</td></tr>
<tr><td>任务 3</td><td colspan="2">螺纹的车削加工</td><td>建议学时</td><td colspan="2">4</td></tr>
<tr><td>班级</td><td></td><td>学生姓名</td><td></td><td>工作日期</td><td></td></tr>
<tr><td>实训目标</td><td colspan="5">1. 掌握刀具刃磨方法；<br>2. 掌握加工小螺距螺纹的安全操作方法；<br>3. 提高加工三角螺纹的效率；<br>4. 掌握正确的测量方法和部分计算知识；<br>5. 严格遵守安全文明生产要求，操作车床并加工带有三角螺纹的轴类零件；<br>6. 能对所完成零件的超差进行原因分析及修正</td></tr>
<tr><td>实训内容</td><td colspan="5">使用 CA6140 普通车床，完成图 1-3-1 所示的三角螺纹轴类零件的加工，材料为铝合金，毛坯为 $\phi$45 mm×150 mm 的长棒料</td></tr>
<tr><td>安全文明生产要求</td><td colspan="5">学生应严格遵守实训室的规章制度，熟悉车床的安全操作规程及车床维护保养；正确使用工具及量具，若发现车床出现故障、工具及量具损毁等问题，要及时上报指导教师</td></tr>
<tr><td>提交成果</td><td colspan="5">实训报告；加工完毕的工件</td></tr>
<tr><td>对学生的要求</td><td colspan="5">1. 熟悉操作手柄的位置及功用；<br>2. 掌握刀具安装及工件装夹的方法；<br>3. 掌握车床基本操作方法；<br>4. 具备一定的实践动手能力、自学能力、数据计算能力、沟通协调能力、语言表达能力和团队意识；<br>5. 严格遵守课堂纪律，不迟到、不早退，学习态度认真、端正；<br>6. 每位同学必须积极参与小组讨论；<br>7. 完成“螺纹的车削加工”实训报告</td></tr>
<tr><td>考核评价</td><td colspan="5">评价内容：车床操作规范性和熟练性评价；车刀的刃磨评价；螺纹的切削操作评价；正、反转加工法车削螺纹评价；完成报告的完整性评价、安全文明生产评价和合作性评价等。<br>评价方式：由学生自评（自述、评价，占 10%）、小组评价（分组讨论、评价，占 20%）、教师评价（根据学生学习态度、工作报告及现场抽查知识或技能进行评价，占 70%）构成该学生的任务成绩</td></tr>
</table>

(二)实训准备工作

<table>
<tr><td>课程名称</td><td colspan="3">机械加工实训</td><td>实训项目 1</td><td>车削加工实训</td></tr>
<tr><td>任务 3</td><td colspan="3">螺纹的车削加工</td><td>建议学时</td><td>4</td></tr>
<tr><td>班级</td><td></td><td>学生姓名</td><td></td><td>工作日期</td><td></td></tr>
<tr><td>场地准备描述</td><td colspan="5"></td></tr>
<tr><td>设备准备描述</td><td colspan="5"></td></tr>
<tr><td>刀具、夹具、量具、工具准备描述</td><td colspan="5"></td></tr>
<tr><td>知识准备描述</td><td colspan="5"></td></tr>
</table>

(三)实训记录

| 课程名称 | 机械加工实训 | | | 实训项目1 | 车削加工实训 |
|---|---|---|---|---|---|
| 任务3 | 螺纹的车削加工 | | | 建议学时 | 4 |
| 班级 | | 学生姓名 | | 工作日期 | |
| 实训操作过程 | | | | | |
| 注意事项 | | | | | |
| 改进方法 | | | | | |

（四）考核评价表

| 考核项目 | 技术要求 | 分值 | 学生自评分（10%） | 小组评分（20%） | 教师评分（70%） | 实得分 |
|---|---|---|---|---|---|---|
| 程序及工艺（15分） | 程序正确完整 | 5 | | | | |
| | 切削用量合理 | 5 | | | | |
| | 工艺过程规范合理 | 5 | | | | |
| 机床操作（20分） | 刀具选择安装正确 | 5 | | | | |
| | 对刀及工件坐标系设定正确 | 5 | | | | |
| | 机床操作规范 | 5 | | | | |
| | 工件加工正确 | 5 | | | | |
| 工件质量（40分） | 尺寸精度符合要求 | 30 | | | | |
| | 表面粗糙度符合要求 | 8 | | | | |
| | 无毛刺 | 2 | | | | |
| 安全文明生产（15分） | 安全操作 | 5 | | | | |
| | 机床维护与保养 | 5 | | | | |
| | 工作场所整理 | 5 | | | | |
| 相关知识及职业能力（10分） | 数控加工基础知识 | 2 | | | | |
| | 自学能力 | 2 | | | | |
| | 表达沟通能力 | 2 | | | | |
| | 合作能力 | 2 | | | | |
| | 创新能力 | 2 | | | | |
| 总分（$\sum$） | | 100 | | | | |

# 实训项目 2　铣削加工实训

## 【项目目标】

**知识目标**

能够阐述铣床的基本结构及作用；

能够阐述铣床常用夹具的名称及校核方法；

能够描述铣刀材料及装夹方法；

能够描述铣削时工件的装夹方法；

能够描述铣床的操作方法及要求；

能够处理铣削中的常见问题；

能够阐述铣床的安全操作规程。

**能力目标**

能够识读图样文件；

能够根据图样要求进行拟定铣削加工工艺；

能够操作铣床进行铣削加工。

**素质目标**

正确执行安全技术操作规程,树立安全意识；

培养学生爱岗敬业精神；

培养学生精益求精的工匠精神。

## 【项目内容】

铣削加工实训是机械工程专业对接铣床相关岗位的专业基础课程,主要是以机械制造工艺学及机械加工的基本理论为基础,有机融合了金属切削加工的基本知识、常用机床及夹具的基本知识、机械加工工艺规程的制定、典型零部件的铣削加工等内容而建设的一门综合性较强的课程。

通过对该课程的学习,要求学生掌握铣床的基本结构及基本操作技能、典型零件的工艺编制方法,并且能够操作铣床完成典型零部件的铣削加工。高职阶段是学生提升基本技能及职业素养的关键时期。该课程是一门集机械加工基础、零部件的机械加工、机械设备的操作等课程于一体的技能性较强的课程,旨在使学生掌握机械零件加工方面的相关知识及设备操作能力,掌握解决铣削加工中出现的一般性问题的方法及能力。

# 实训任务1　平面的铣削加工

## 【任务目标】

1. 完成平面铣削加工的工艺方案的制定；
2. 熟练操作平面的铣削加工；
3. 将零件正确安装在平口钳上；
4. 正确安装立铣刀；
5. 规范、合理地摆放操作加工所需工具、量具；
6. 正确使用游标卡尺对零件进行检测；
7. 完成零件评价及超差原因分析；
8. 根据操作规范正确使用普通铣床，并完成平面类零件的铣削加工。

## 【任务描述】

本任务在普通铣床上，采用虎钳对零件装夹定位，用立铣刀加工图2-1-1所示的鲁班锁组件六零件。要求学生能熟练掌握平面类零件加工工艺编制和铣削加工全过程。

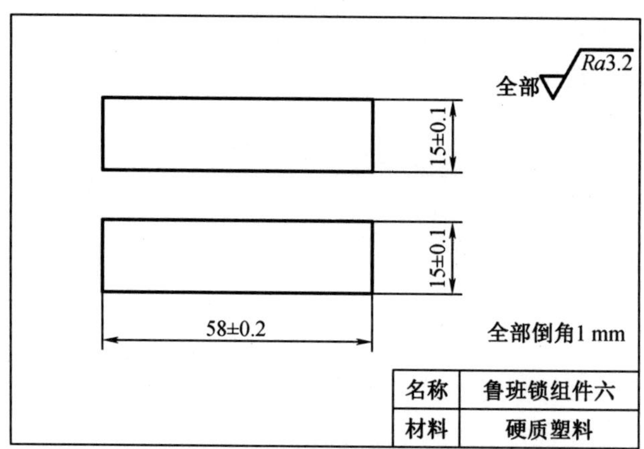


图2-1-1　鲁班锁组件六

## 【任务分析】

零件毛坯为直径 $\phi$30 mm、长度60 mm的铝棒。该零件为典型的平面类零件，外形较简单，为一典型的铣削零件，尺寸精度要求不高，表面粗糙度要求为 $Ra3.2\ \mu m$。

## 【相关知识】

### 一、安全操作规程

(1)进入工作场地时必须穿工作服，操作时不准戴手套，女同学必须戴上工作帽。

(2)开车前，检查机床手柄位置及刀具装夹是否牢固可靠，刀具运动方向与工作台进给方向是否正确。

(3)向各注油孔注油,空转试车(冬季必须先开慢车)2 min 以上,查看油窗等各部位,并听声音是否正常。

(4)切削时先开车,如中途停车则应先停止进给后退刀,之后再停车。

(5)集中精力,坚守岗位。离开时必须停车。机床不许超负荷工作。

(6)工作台上不准堆积过多的铁屑,工作台及道轨面上禁止摆放工具或其他物件,工具应放在指定位置。

(7)切削中,禁止用毛刷在与刀具转向相同的方向清理铁屑或加冷却液。

(8)机床变速、更换铣刀以及测量工件尺寸时,必须停车。

(9)严禁两个方向同时自动进给。

(10)铣刀距离工件 10 mm 内,禁止快速进刀,不得连续点动快速进刀。

(11)通常不采用顺铣,而采用逆铣。若有必要采用顺铣,则应事先调整工作台的丝杆螺母间隙到合适程度方可铣削加工,否则将引起“扎刀”或“打刀”现象。

(12)在加工过程中,若采用自动进给,必须注意行程的极限位置。必须严密注意铣刀与工件夹具间的相对位置,以防发生过铣、撞铣夹具而损坏刀具和夹具。严禁将多余的工件、夹具、刀具、量具等摆在工作台上,以防碰撞、掉落,发生人身、设备事故。中途停车测量工件时,不得用手强行刹住惯性转动着的铣刀主轴。铣后的工件取出后,应及时去毛刺,防止划伤手指或划伤堆放的其他工件。

(13)发生事故时,主要人员应立即切断电源,保护现场,参加事故分析,承担事故中应负的责任。

(14)在机床运行中不得擅离岗位或委托他人看管。不准闲谈、打闹和开玩笑。

(15)两人或多人共同操作一台机床时,必须严格分工分段操作,严禁同时操作一台机床。

(16)经常注意各部位的润滑情况及各运转的连接件,如发现异常情况或有异常声音应立即停车、报告。

(17)工作结束后,将手柄摇到零位,关闭总电源开关,将工具、夹具、量具擦净放好,擦净机床,做到工作场地清洁整齐。收拾好所用的工具、夹具、量具,摆放于工具箱中,将工件交检。

**二、铣床的简介**

1. 铣床的种类

铣床有多种形式,并各有特点,按照结构和用途的不同可分为:卧式升降台铣床、立式升降台铣床(图 2-1-2)、龙门铣床(图 2-1-3)、仿形铣床、工具铣床、数控铣床等。其中,卧式升降台铣床和立式升降台铣床的通用性最强,应用也最广泛。这两类铣床的主要区别在于二者的主轴轴心线相对于工作台分别为水平和垂直安置。

2. 铣床的型号

铣床的型号由表示该铣床所属的系列、结构特征、性能和主要技术规格等的代号组成。

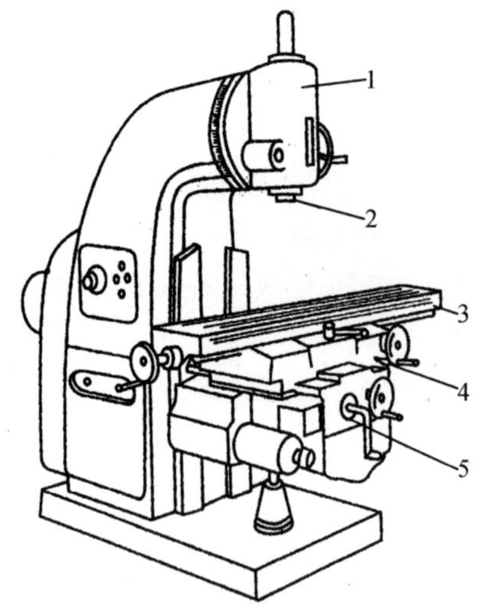

1—立铣头；2—主轴；3—工作台；4—床鞍；5—升降台。

**图 2-1-2　立式升降台铣床**

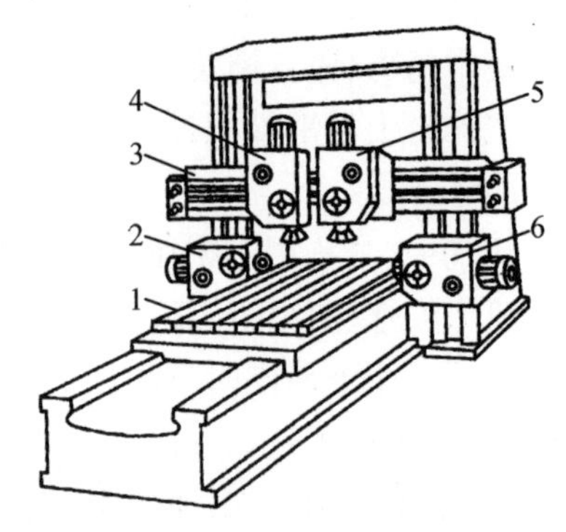

1—工作台；2，6—水平铣头；3—横梁；4，5—垂直铣头。

**图 2-1-3　龙门铣床**

例如：

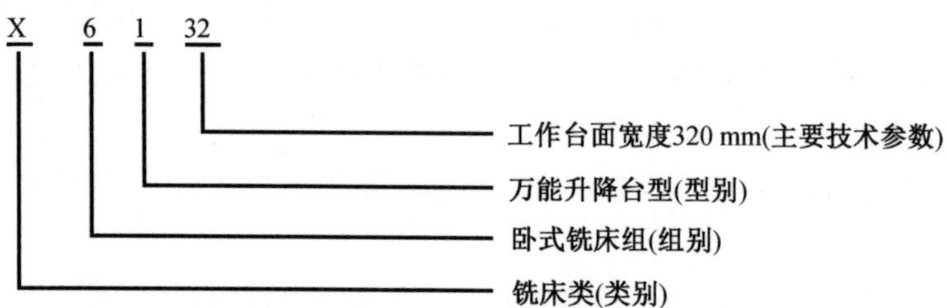


铣床种类虽然很多，但各类铣床的基本结构大致相同。现以 X6132 型万能升降台铣床（图 2-1-4）为例，介绍铣床各部分的名称、功用及操作方法。

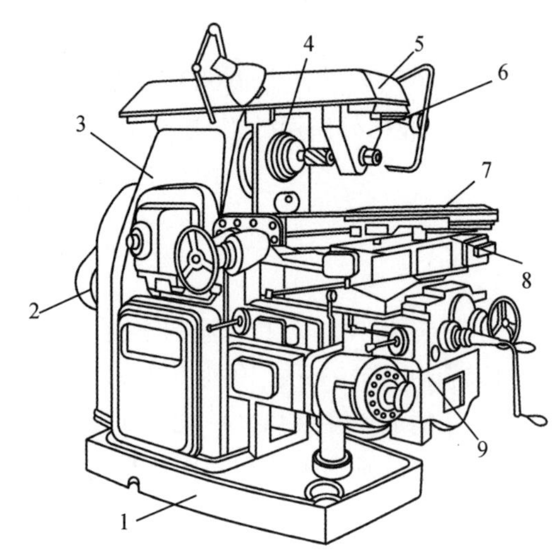

1—底座；2—主传动电动机；3—床身；4—主轴；5—悬梁；6—悬梁支架；
7—纵向工作台；8—横向工作台；9—升降台。

**图 2-1-4　X6132 型万能升降台铣床**

3. 铣床的基本部件

(1)底座

底座是整部机床的支承部件,具有足够的强度和刚度。底座的内腔盛装切削液,供切削时冷却润滑。

(2)床身

床身是铣床的主体,铣床上大部分的部件都安装在床身上。床身的前壁有燕尾形的垂直导轨,升降台可沿导轨上下移动;床身的顶部有水平导轨,悬梁可在导轨上面水平移动;床身的内部装有主轴、主轴变速机构、润滑油泵等。

(3)悬梁与悬梁支架

悬梁的一端装有支架,支架上面有与主轴同轴线的支承孔,用来支承铣刀轴的外端,以增强铣刀轴的刚性。悬梁向外伸出的长度可以根据刀轴的长度进行调节。

(4)主轴

主轴是一根空心轴,前端有锥度为 7:24 的圆锥孔,铣刀刀轴一端就安装在锥孔中。主轴前端面有两键槽,通过键连接传递扭矩。主轴通过铣刀轴带动铣刀做同步旋转运动。

(5)主轴变速机构

由主传动电动机(7.5 kW、1 450 r/min)通过带传动机构、齿轮传动机构带动主轴旋转,操纵床身侧面的手柄和转盘,可使主轴获得 18 种不同的转速。

(6)纵向工作台

纵向工作台用来安装工件或夹具,并带动工件做纵向进给运动。工作台上面有三条 T 形槽,用来安放 T 形螺钉以固定夹具和工件。工作台前侧面有一条 T 形槽,用来固定自动挡铁,控制铣削长度。

(7)床鞍

床鞍(也称横拖板)带动纵向工作台做横向移动。

(8)回转盘

回转盘装在床鞍和纵向工作台之间,用来带动纵向工作台在水平面内做±45°的水平调整,以满足加工的需要。

(9)升降台

升降台装在床身正面的垂直导轨上,用来支撑工作台,并带动工作台上下移动。升降台中下部有丝杠与底座螺母连接;铣床进给系统中的电动机和变速机构等就安装在其内部。

(10)进给变速机构

进给变速机构装在升降台内部,它将进给电动机的固定转速通过其齿轮变速机构,变换成 18 级不同的转速,使工作台获得不同的进给速度,以满足不同的铣削需要。

**三、铣刀的简介**

1. 铣刀切削部分的材料

(1)铣刀切削部分对材料的要求

高的硬度,60HRC 以上;良好的耐磨性;足够的强度和韧性;良好的热硬性;良好的工艺性。

(2)常用的铣刀材料

①高速工具钢 HSS。

②硬质合金钢:钨钴类 K;钨钛类 P;钨钛钽(铌)钴类 M。

2. 铣刀的种类及铣削加工工艺范围

(1)铣刀的种类

铣刀的种类很多,可以用来加工各种平面、沟槽、斜面和成形面。铣刀的分类方法也很多,常用的分类方法如下。

①按铣刀切削部分的材料分类

按铣刀切削部分的材料分类,可分为高速工具钢铣刀和硬质合金铣刀。高速工具钢铣刀一般形状较复杂,有整体和镶齿两种;硬质合金铣刀大都不是整体的,硬质合金铣刀片以焊接或机械夹固的方式镶装在铣刀刀体上,如硬质合金端面铣刀等。

②按铣刀的结构分类

按铣刀的结构分类,可分为整体铣刀、镶齿铣刀和机械夹固式铣刀等类型。

③按铣刀的用途分类

按铣刀的用途分类,可分为平面铣刀、沟槽铣刀、成形面铣刀等类型。平面铣刀主要有端铣刀、圆柱铣刀;沟槽铣刀主要有立铣刀、三面刃铣刀、槽铣刀、锯片铣刀、T 形槽铣刀、燕尾槽铣刀和角度铣刀等;成形面铣刀是根据成形面的形状而专门设计的成形铣刀。

(2)铣削加工工艺范围

一般情况下,铣削加工的精度范围为 IT11~IT8,表面粗糙度为 $Ra12.5 \sim 0.4$ μm。铣削加工效率高,范围广。图 2-1-5 所示为铣床加工的各种典型表面。

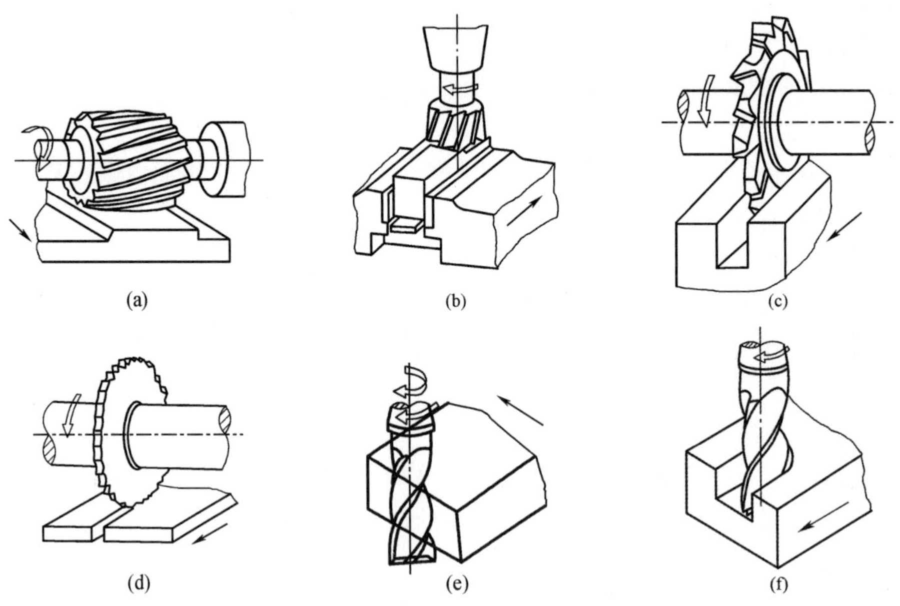


**图 2-1-5 铣床加工的各种典型表面**

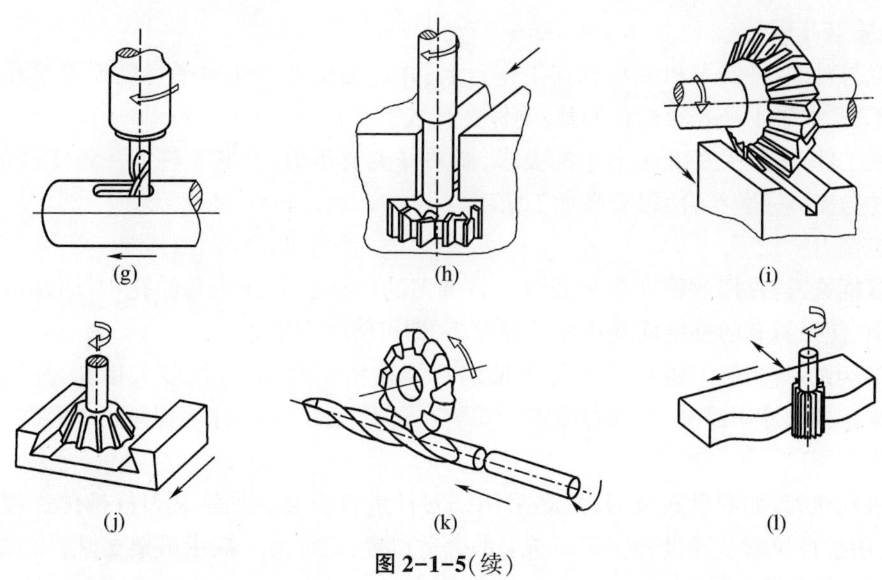

图 2-1-5(续)

3. 铣刀的组成部分及作用

铣刀的组成部分主要包括刀柄、刀体和刀头三部分,各部分的作用如下。

刀柄:刀柄是铣刀的关键部分,它用于将铣刀夹持在机床的弹簧夹头或刀架上,并驱动其旋转。刀柄的直径和形状设计便于夹持和传递切削所需的扭矩和动力。此外,刀柄末端处通常进行倒角处理,以方便装卸铣刀。

刀体:刀体是铣刀的主体部分,它连接刀柄和刀头,并支撑整个切削过程。刀体上可能包含螺旋槽、分屑螺旋槽等结构,这些结构有助于切削过程中的切屑排出,避免切屑过长而卷入刀头或切削刃处,影响铣刀的切削性能。

刀头:刀头是铣刀进行切削工作的部分,它包含切削刃和其他辅助结构。切削刃是刀头的主要工作部分,其形状、数量和角度等设计决定了铣刀的切削性能和加工质量。不同类型的铣刀(如直角立铣刀、圆柱平面铣刀、面铣刀等)具有不同形状和布局的切削刃,以适应不同的加工需求。

铣刀的整体作用是通过高速旋转的刀体上的切削刃,对工件进行铣削加工,以去除工件上的多余材料,形成所需的形状和尺寸。在加工过程中,铣刀能够加工平面、沟槽、成形表面和切断工件等多种工艺,是机械加工中不可或缺的重要工具。

4. 铣刀的安装

铣刀的安装是一个需要细致操作的过程,其步骤和注意事项因铣刀的类型和机床的不同而有所差异。以下是一般性的铣刀安装步骤及注意事项:

(1)准备工作

清洁工作:在安装铣刀前,首先要做好清洁工作,包括清洁工作台、夹具以及铣刀本身,确保表面平整无杂质。

选择合适的铣刀和刀片:根据需要选择合适的铣刀和刀片,确保刀片与铣刀匹配,不能过大或过小。

检查刀片:安装好刀片后,用量规检查刀片的几何尺寸,确保无变形或磨损。

(2)安装步骤

放置与对准:将铣刀和夹具放在工作台上,并对准位置。使用平行度规等工具判断夹具是否平齐,如果不平齐要进行调整,确保夹具水平。

夹紧工件:按照夹具说明书中的要求,调整好夹具压力,夹紧工件。注意工件的位置,要让工件与夹具完美结合,以提高加工精度。

安装铣刀:

①直柄铣刀:常用弹簧夹头来安装。将铣刀的柱柄插入弹簧套的孔中,用螺母压弹簧套的端面,使弹簧套的外锥面受压而孔径缩小,即可将铣刀抱紧。

②锥柄铣刀:当铣刀锥柄尺寸与主轴端部锥孔相同时,可直接装入锥孔,并用拉杆拉紧。如果锥柄尺寸不匹配,可通过变锥套安装在锥度为 7:24 锥孔的刀轴上,再将刀轴安装在主轴上。

③带孔铣刀:如圆盘式铣刀等,多采用铣刀杆进行安装。先将铣刀杆锥体一端插入主轴锥孔,用拉杆拉紧。通过套筒调整铣刀的合适位置,刀杆另一端用吊架支撑。

(3)注意事项

①安全操作:在操作过程中要注意安全,操作人员应佩戴安全帽、手套、护目镜等防护用具,做好各项安全防范措施。

②检查与维护:在铣刀使用过程中,要及时检查刀片的使用状况,发现磨损或其他异常情况要及时更换或进行维修。

③刚性要求:铣刀应尽可能地靠近主轴或吊架,以保证铣刀有足够的刚性。同时,套筒的端面与铣刀的端面必须擦干净,以减小铣刀的端跳。

④调整与紧固:在拧紧刀杆的压紧螺母时,必须先装上吊架,以防刀杆受力弯曲。同时,要确保所有紧固部件都已牢固拧紧。

5. 铣刀安装后的检查

铣刀安装后的检查工作对于确保加工质量和效率至关重要。以下是详细的检查步骤和要点。

(1)外观检查

检查铣刀整体:确保铣刀安装后整体外观无损伤,各部件完整无缺。

检查安装牢固性:用手轻轻摇动铣刀,检查其是否安装牢固,无松动现象。这一步非常重要,因为松动的铣刀在运作时可能会产生振动,影响加工精度和刀具寿命。

检查刀片状况:仔细观察刀片是否完好无损,无明显的裂纹、崩刃或磨损。同时,检查刀片与刀体的配合是否紧密,无间隙。

(2)方向检查

确认旋转方向:启动机床,观察铣刀的旋转方向是否与预定的方向一致。方向错误会导致加工错误,甚至损坏工件和机床。

检查标记点:对于有特殊标记的铣刀(如 Capto 刀具),要确保标记点在同方向上,以确保刀具各部件之间接合正确、合适。

(3)切削液系统检查

检查切削液流动:确保切削液系统能够顺畅地将切削液输送到刀具上,以起到润滑和冷却的作用。切削液的使用对于刀具的使用寿命和加工质量有着重要影响。

检查切削液喷嘴:检查切削液喷嘴是否对准刀具切削部位,确保切削液能够均匀地覆盖到刀具和工件上。

(4)功能测试

启动测试:启动机床,让铣刀在低速下空转一段时间,观察其旋转是否平稳、有无异常声响。

切削测试:在确认铣刀旋转正常后,进行实际的切削测试。观察切削效果、加工质量和刀具的振动情况。振动过大可能意味着刀具安装有问题或者刀具本身存在问题。

(5)安装精度检查

跳动量检查:对于多刃类刀具,要检查各刀刃的径向和轴向跳动。使用专用工具(如百分表)测量跳动量,确保跳动量在允许范围内。跳动量过大会影响加工精度和刀具寿命。

其他精度检查:根据机床和刀具的具体要求,可能还需要进行其他精度检查(如平行度、垂直度等)。

(6)清洁与防锈

清洁工作:在检查和测试过程中,要注意保持机床和刀具的清洁。及时清理切削液、切屑和杂质等。

防锈处理:在刀具安装面、安装孔内喷洒防锈油以防止生锈。特别是对于需要频繁拆装的刀具部位更要做好防锈处理。

**四、铣削运动和铣削用量**

1. 铣削运动

主运动:铣刀的旋转运动。

进给运动:工件的移动或回转、铣刀的移动等。

2. 铣削用量

(1)铣削用量的概念

在铣削过程中所选用的切削用量称为铣削用量。它包括铣削宽度、铣削深度、铣削速度和进给量。

①铣削宽度($a_e$)

它是指工件在一次进给中,铣刀切除工件表层的宽度,通常用符号 $B$ 来表示。

②铣削深度($a_p$)

它是指工件在一次进给中,铣刀切除工件表层的厚度,通常用符号 $a_p$ 来表示。

③铣削速度($V_c$)

它是指主运动的线速度,单位是 m/min。铣削速度即铣刀切削刃上离中心最远点的圆周速度,其计算公式为

$$V_c=\frac{\pi \cdot d_0 \cdot n}{1\ 000}$$

式中 $d_0$——铣刀外径,mm;

$n$——铣刀转速,r/min。

④进给量($f$)

它是指工件相对于铣刀进给的速度,有以下三种表示方法:

每齿进给量($f_z$)——铣刀每转过一齿工件相对于铣刀移动的距离,mm/z;

每转进给量($f_r$)——铣刀每转过一转工件相对于铣刀移动的距离,mm/r;

每分进给量($f_{min}$)——每分钟工件相对于铣刀移动的距离,mm/min。

每齿进给量是选择进给量的依据,而每分进给量则是调整铣床的实用数据。这三种进给量相互关联,关系式为

$$f_{min}=f_r \times n=f_z \times n \times z$$

式中　$n$——铣刀转速,r/min;

$z$——铣刀齿数。

(2)选择铣削用量

选择铣削用量的依据是工件的加工精度、刀具耐用度和工艺系统的刚度。在保证产品质量的前提下,尽量提高生产效率和降低成本。

粗铣时,工件的加工精度不高,选择铣削用量应主要考虑铣刀耐用度、铣床功率、工艺系统的刚度和生产效率。首先应选择较大的铣削深度和铣削宽度,当铣削铸件和锻件毛坯时,应使刀尖避开表面硬层。加工铣削宽度较小的工件时,可适当加大铣削深度。铣削宽度尽量一次铣出,然后再选用较大的每齿进给量和较低的铣削速度。

半精铣适用于工件表面粗糙度 $Ra$6. 3~3. 2 μm。精铣时,为了获得较高的尺寸精度和较小的表面粗糙度,铣削深度应取小些,铣削速度可适当提高,每齿进给量宜取小值。一般情况下,选择铣削用量的顺序是:先选大的铣削深度,再选每齿进给量,最后选择铣削速度。铣削宽度尽量等于工件加工面的宽度。

## 五、切削液

切削液具有冷却和润滑作用,能迅速带走切削区的热量,减小刀具与工件之间的摩擦,降低切削力,提高工件表面质量和刀具耐用度。此外,切削液还具有清洗、防锈作用,能把工件表面碎屑、污物冲走,保持工件表面干净。常用切削液有水溶液、乳化液(水基)和切削油(油基)等。选用切削液主要根据工件材料、刀具材料和加工性质来确定。一般粗加工时,因发热量大,宜选用冷却为主的切削液;精加工时宜选用润滑为主的切削液;当加工铸铁、使用硬质合金刀具时,可不加切削液。硬质合金铣刀做高速切削时一般不用切削液,以免刀片因骤冷而碎裂。

## 六、铣床的夹具

在铣床上,工件必须用夹具装夹才能铣削。最常用的夹具有平口虎钳、压板、万能分度头和回转工作台等。对于中小型工件,一般采用平口虎钳装夹;对于大中型工件,则多用压板来装夹;对于成批大量生产的工件,为提高生产效率和保证加工质量,应采用专用夹具来装夹。

1. 机用虎钳的结构

机用虎钳是铣床上常用的附件。常用的机用虎钳主要有回转式和非回转式两种类型,其结构基本相同,主要由虎钳体、固定钳口、活动钳口、丝杠、螺母和底座等组成,如图 2-1-6 所示。回转式机用虎钳底座设有转盘,可以扳转任意角度,适应范围广;非回转式机

用虎钳底座没有转盘，钳体不能回转，但刚度较好。

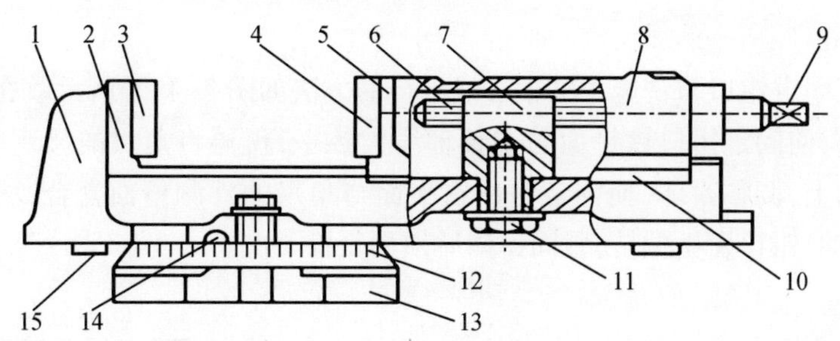


1—虎钳体；2—固定钳口；3，4—钳口铁；5—活动钳口；6—丝杠；7—螺母；8—活动座；9—方头；10—压板；11—固定螺钉；12—回转底盘；13—底座；14—钳座零线；15—定位键。

**图 2-1-6　机用台虎钳的结构**

2. 机用虎钳的规格

机用虎钳有多种规格，其规格和主要参数见表 2-1-1。

**表 2-1-1　机用虎钳规格和主要参数**　　单位：mm

<table>
<tr><td colspan="2">参数</td><td colspan="9">规格</td></tr>
<tr><td colspan="2">钳口宽度 $B$</td><td>63</td><td>80</td><td>100</td><td>125</td><td>160</td><td>200</td><td>250</td><td>315<br>(320)</td><td>400</td></tr>
<tr><td colspan="2">钳口高度 $H$</td><td>20</td><td>25</td><td>32</td><td>40</td><td>50</td><td>63</td><td>63</td><td>80</td><td>80</td></tr>
<tr><td rowspan="2">钳口最大张开度 $L$</td><td>形式Ⅰ</td><td>50</td><td>65</td><td>80</td><td>100</td><td>125</td><td>160</td><td>200</td><td>—</td><td>—</td></tr>
<tr><td>形式Ⅱ</td><td>—</td><td>—</td><td>—</td><td>140</td><td>180</td><td>220</td><td>280</td><td>360</td><td>0</td></tr>
<tr><td rowspan="2">定位键槽宽度 $A$</td><td>形式Ⅰ</td><td colspan="2">12</td><td colspan="2">14</td><td colspan="2">18</td><td>22</td><td>—</td><td>—</td></tr>
<tr><td>形式Ⅱ</td><td>—</td><td>—</td><td>—</td><td>14<br>(12)</td><td>14</td><td colspan="2">18</td><td colspan="2">22</td></tr>
<tr><td rowspan="2">螺栓直径 $d$</td><td>形式Ⅰ</td><td colspan="2">M10</td><td colspan="2">M12</td><td colspan="2">M16</td><td>M20</td><td>—</td><td>—</td></tr>
<tr><td>形式Ⅱ</td><td>—</td><td>—</td><td>—</td><td>M12<br>(M10)</td><td>M12</td><td colspan="2">M16</td><td colspan="2">M20</td></tr>
<tr><td colspan="2">形式Ⅱ螺栓间距 $p$</td><td>—</td><td>—</td><td>—</td><td>—</td><td>160<br>(180)</td><td>200<br>(240)</td><td>250<br>(240)</td><td colspan="2">160<br>(180)</td></tr>
</table>

3. 机用虎钳的校正

铣床上用机用虎钳装夹工件铣平面时，对钳口与主轴的平行度和垂直度要求不高，一般目测即可。但当铣削沟槽等有较高相对位置精度的工件时，钳口与主轴的平行度和垂直度要求较高，这时应对固定钳口进行校正。机用虎钳固定钳口的校正有三种方法。

（1）划针校正

用划针校正固定钳口与铣床主轴轴心线垂直的方法如图 2-1-7 所示。将划针夹持在铣刀柄垫圈间，调整工作台的位置，使划针靠近左面钳口铁平面，然后移动工作台，观察并调整钳口铁平面与划针针尖的距离,使之在钳口全长范围内一致。此方法的校正精度较低。

(2)角尺校正

用角尺校正固定钳口与铣床主轴轴心线平行的方法如图2-1-8所示。在校正时,先松开底座固定螺钉,使固定钳口铁平面与主轴轴线大致平行,再将角尺的尺座底面紧靠在床身的垂直导轨面上,调整钳体,使固定钳口铁平面与角尺的外测量面密合,然后紧固钳体。为避免紧固钳体时钳口发生偏转,紧固钳体后须再复检一次。

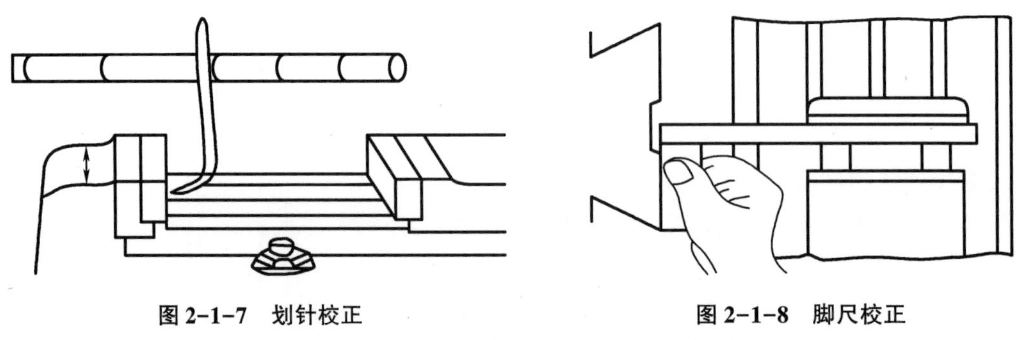

图2-1-7 划针校正　　图2-1-8 脚尺校正

(3)百分表校正

用百分表校正固定钳口与铣床主轴轴心线垂直或平行的方法如图2-1-9所示。

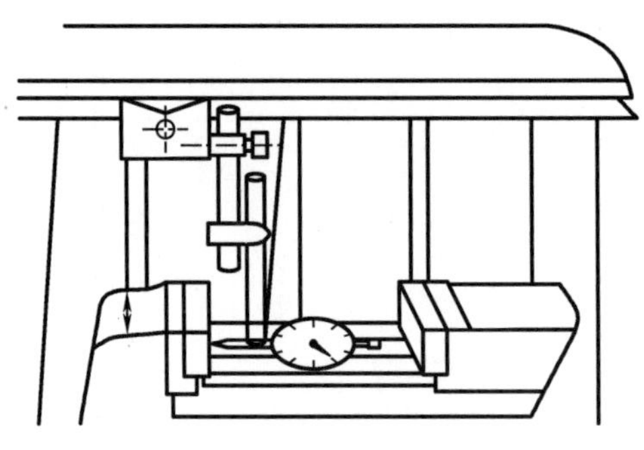

图2-1-9 百分表校正

校正时将磁性表座吸附在铣床横梁导轨面上,安装百分表,使测量杆与固定钳口平面大致垂直,再使测量头接触到钳口铁平面,将测量杆压缩量调整到1 mm左右。然后移动工作台,在钳口平面全长范围内,百分表的读数差值在规定的范围内即可。此方法的校正精度较高。

**七、量具及其使用**

1. 游标量具

游标量具是利用游标读数原理制成的一种常用量具,它具有结构简单、使用方便、测量范围大等特点。下面以游标卡尺为例来介绍游标量具的结构、用法及读数。

游标卡尺的结构如图2-1-10所示,其主要由尺身和游标尺等组成。使用时,松开固定螺钉即可。外测量爪用来测量工件的外径和长度,内测量爪用来测量孔径和槽宽,测深尺用来测量工件的深度和台阶的长度。如图 2-1-10 所示为游标卡尺的用法。

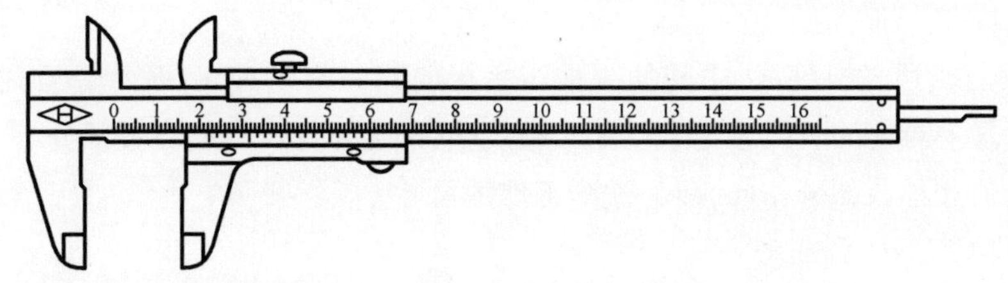

**图 2-1-10　精度为 0.02 mm 的游标卡尺的结构**

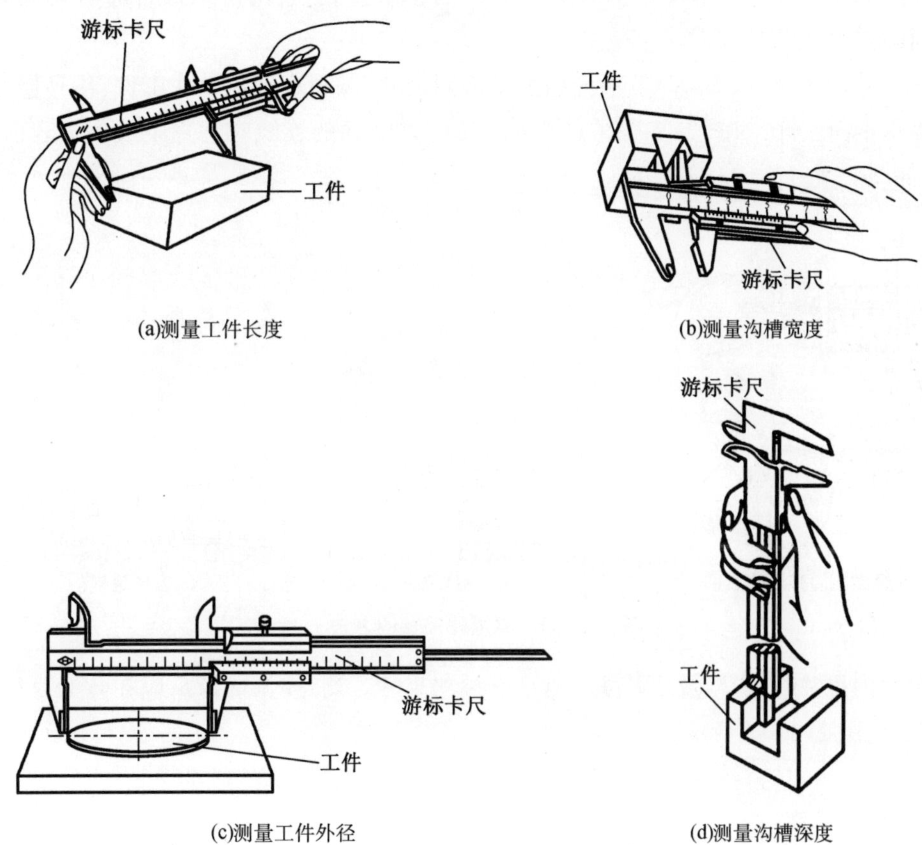


(a)测量工件长度　(b)测量沟槽宽度

(c)测量工件外径　(d)测量沟槽深度

**图 2-1-11　游标卡尺的用法**

2. 游标卡尺的刻线原理和读数

游标卡尺的刻度精度代表测量精度,它的最小刻度值有 0.1 mm、0.05 mm 和 0.02 mm 三种,游标卡尺是以游标尺的零线为基准进行读数的。游标卡尺各种刻度值的读数方法均相同,只是刻度精度有所区别。

下面以精度为 0.02 mm 的游标卡尺为例,介绍其刻线原理及读数方法。主尺上每小格为 1 mm,当两量爪合拢时,主尺上 49 mm 处刚好等于游标尺上的 50 格。因此,游标尺上每小格为(49÷50)mm=0.98 mm。主尺与游标尺每格相差为(1-0.98)mm=0.02 mm。游标卡尺的读数步骤如下:

①确定游标卡尺精度。

②将内(外)测量爪与工件被测表面接触,读出主尺零线与游标尺零线之间的数值(以整毫米数计)。

③在游标上找到三根刻线,中间的一根与主尺的某一刻线对齐,而两旁的刻线偏向中间线。将游标尺上对齐的刻线序号乘以卡尺精度值,即为工件尺寸的小数部分。

④将整数值和小数部分相加,即为被测工件的尺寸。

3. 注意事项

正确使用游标卡尺是为了维护和保证量具本身的精度,使用时应注意以下几点:

①使用前要检查游标卡尺量爪和量爪刃口是否平直无损,两量爪贴合时有无漏光现象,主尺和游标尺的零线是否对齐。

②测量外尺寸时,外测量爪开度应略大于被测尺寸,以固定量爪贴住工件,用轻微压力把活动量爪推向工件,如图 2-1-12(a)所示。卡尺测量面的连线应垂直于被测量表面,不能偏斜,如图 2-1-12(b)(c)所示。

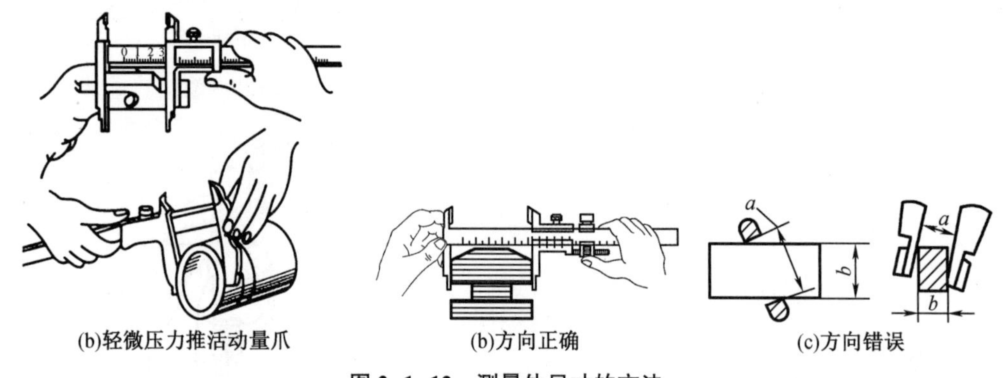

(b)轻微压力推活动量爪　　(b)方向正确　　(c)方向错误

**图 2-1-12　测量外尺寸的方法**

③测量内尺寸时,内测量爪开度应略小于被测尺寸。测量时,两量爪应在孔的直径上,不得倾斜,如图 2-1-13 所示。

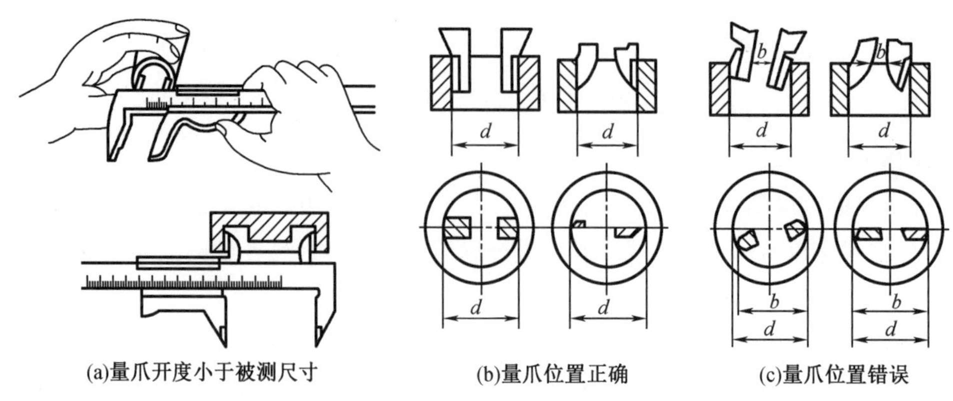

(a)量爪开度小于被测尺寸　　(b)量爪位置正确　　(c)量爪位置错误

**图 2-1-13　测量内尺寸的方法**

④测量孔深时,应使深度尺的测量面紧贴孔底,游标卡尺的端面与被测量工件的表面接触,且深度尺要与孔底平面垂直,不可倾斜,如图 2-1-14 所示。

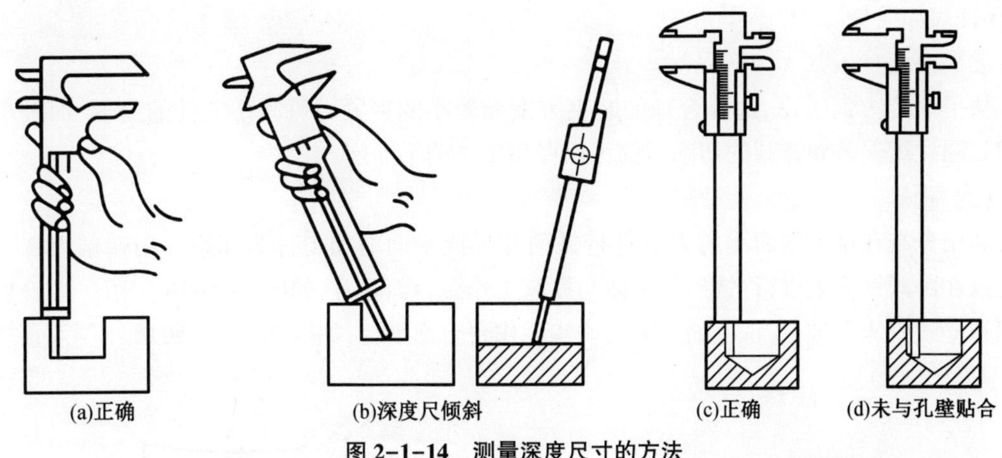

图 2-1-14 测量深度尺寸的方法

⑤读数时,游标卡尺应置于水平位置,视线垂直于刻线表面,避免因视线歪斜而造成读数误差。

⑥测量结束后,应把游标卡尺平放,防止尺身产生弯曲变形,尤其是大尺寸的游标卡尺更应该注意。使用完毕后,要擦净游标卡尺上的油污并涂上防锈油,放入专用盒内保存。

## 八、平面的铣削方法

### 1. 铣削方法

用铣削方法加工工件的平面称为铣平面。铣平面主要有周铣和端铣两种,也可以用立铣刀加工平面。

(1)周铣

利用分布在铣刀圆柱面上的刀刃进行铣削并形成平面的加工称为圆周铣,简称周铣。周铣主要在卧式铣床上进行,铣出的平面与工作台台面平行。圆柱形铣刀的刀齿有直齿与螺旋齿两种,由于螺旋齿刀齿在铣削时是逐渐切入工件的,铣削较平稳,因此铣削平面时均采用螺旋齿圆柱形铣刀,如图 2-1-15 所示。

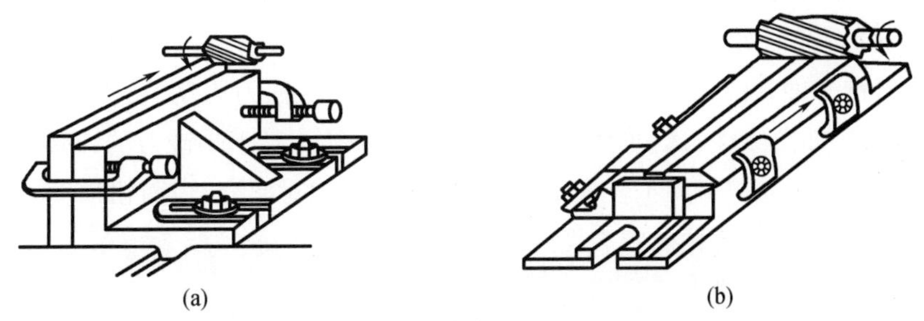

图 2-1-15 用螺旋齿圆柱形铣刀铣平面

周铣时,保证加工平面质量的方法如下:

①表面粗糙度

从表面粗糙度方面考虑,工件的进给速度小些,铣刀的转速高些,可以减小表面粗糙度值,保证表面质量。

②平面度

从平面度方面考虑,选择合理的装夹方案和较小的夹紧力可减小工件的变形,而较小的刀具圆柱度误差和锋利的切削刃都可以提高工件的平面度。

(2)端铣

利用分布在铣刀端面上的刀刃进行铣削并形成平面的加工称为端铣。用端铣刀铣平面可以在卧式铣床上进行,铣出的平面与铣床工作台台面垂直,如图 2-1-16 所示。端铣也可以在立式铣床上进行,铣出的平面与铣床工作台台面平行,如图 2-1-17 所示。

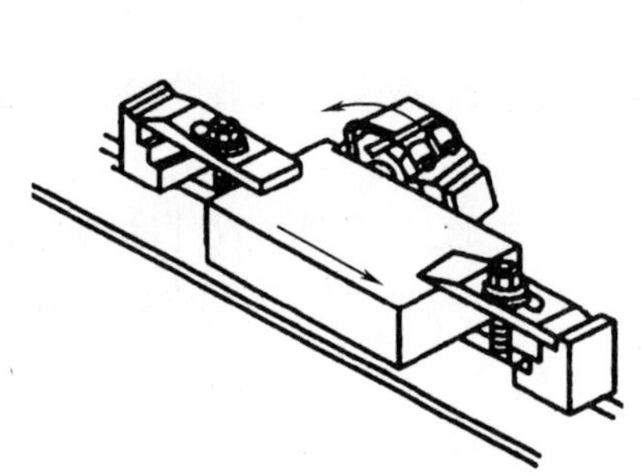

**图 2-1-16　卧式铣床端铣刀加工平面**

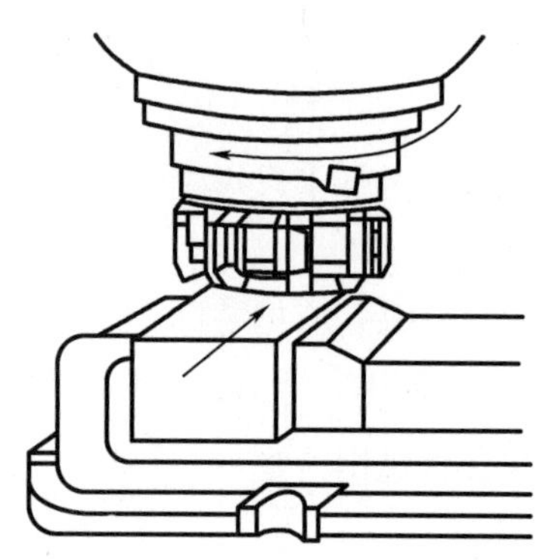

**图 2-1-17　立式铣床端铣刀加工平面**

端铣时,保证加工平面质量的方法如下:

①表面粗糙度

较小的进给速度和较高的铣刀转速等都可以提高表面粗糙度,从而保证工件的表面质量。

②平面度

平面度主要取决于铣床主轴轴线与进给方向的垂直度误差。所以,在用端铣方法加工平面时,应进行铣床主轴轴线与进给方向垂直度的校正。

(3)用立铣刀铣平面

用立铣刀铣平面在立式铣床上进行,用立铣刀的圆柱面刀刃铣削,铣出的平面与铣床工作台台面垂直,如图 2-1-18 所示。由于立铣刀的直径相对于端铣刀的回转直径较小,因此加工效率较低。用立铣刀加工较大平面时有接刀纹,相对而言,表面粗糙度 $Ra$ 较大。但其加工范围广泛,可进行各种内腔表面的加工。

(4)顺铣与逆铣

铣削有顺铣与逆铣两种方式。铣刀对工件的作用力在进给方向上的分力与工件进给方向相同的铣削方式,称为顺铣;铣刀对工件的作用力在进给方向上的分力与工件进给方向相反的铣削方式,称为逆铣。用圆柱形铣刀周铣平面时的铣削方式如图 2-1-19 所示。

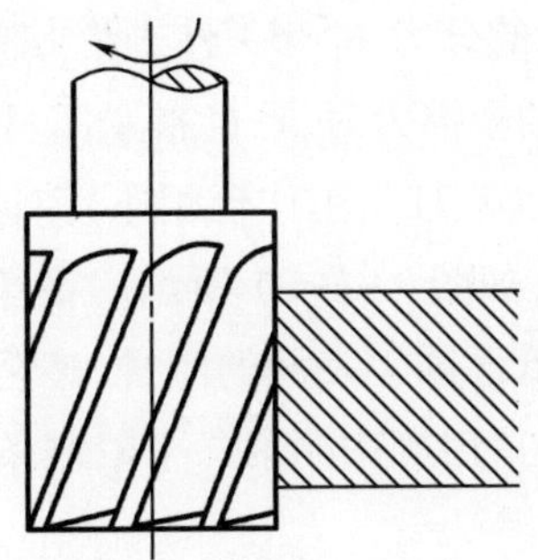

图 2-1-18　用立铣刀加工平面

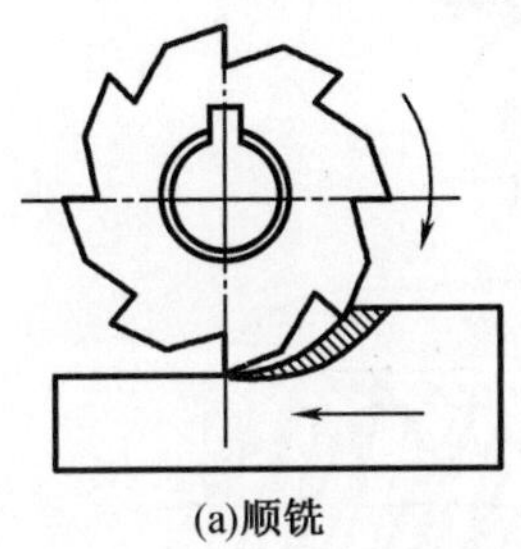

(a)顺铣

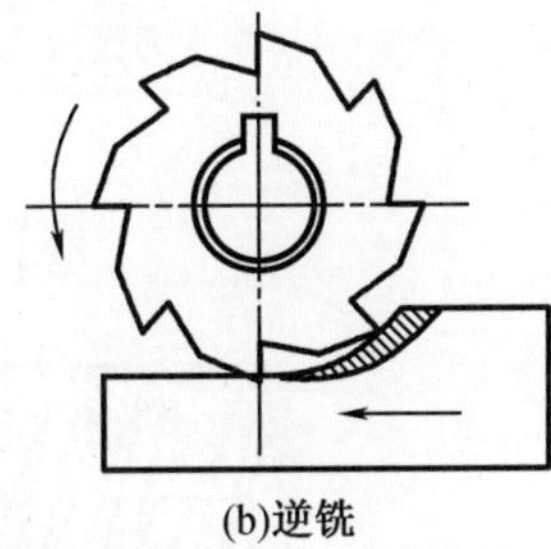

(b)逆铣

图 2-1-19　周铣的铣削方式

①周铣时的顺铣

受力分析：顺铣时，铣刀对工件的作用力 $F_C$ 在垂直方向上的分力 $F_N$ 始终向下，对工件起压紧作用，如图 2-1-20 所示。因此，这一方法铣削平稳，对铣削不易夹紧或细长的薄板形工件尤为适宜。顺铣时，$F_C$ 的水平方向分力 $F_f$ 与工作台进给方向相同。当工作台进给丝杠与螺母间隙较大时，$F_f$ 会拉动工作台，使工作台产生间隙性窜动，导致刀齿折断，刀轴弯曲，工件与夹具产生位移，甚至机床损坏等严重后果。

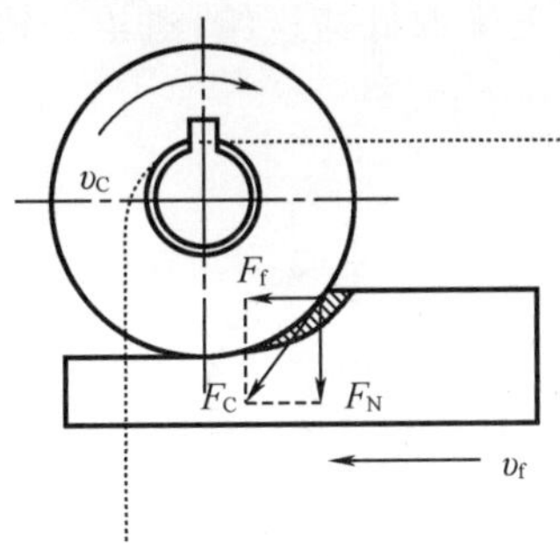


图 2-1-20　周铣时的顺铣

顺铣时，铣刀齿刚开始切入工件时的切削厚度最大，而后逐渐减小，这样避免了逆铣切入时的挤压、滑擦和啃刮现象。而且刀齿的切削距离较短，铣刀磨损较小，寿命比逆铣时高 2~3 倍，已加工表面质量也较好。特别是铣削硬化趋势强的难加工材料时效果更明显，前刀面作用于切削层的垂直分力 $F_N$ 始终向下，因而整个铣刀作用于工件的垂直分力较大，将工件压紧在夹具上，安全可靠。顺铣虽然有明显的优点，但不是在任何情况下都可以采用的。铣刀作用于工件上进给方向的分力 $F_f$ 与工件进给方向相同,同时分力 $F_f$ 又是变化的。当分力 $F_f$ 大过工作台与导轨间的摩擦力时,可能推动工件"自动"进给;而当 $F_f$ 小时又"停止"进给,仍靠螺母回转推动丝杠(丝杠与工作台相连)前进,这样丝杠时而靠紧螺母齿面的左侧,时而靠紧螺母齿面的右侧,如图 2-1-21 所示。在丝杠、螺母机构间隙范围内形成窜动的现象称为爬行现象,这会降低已加工表面的质量,甚至会引起打刀。因此采用顺铣时,首先必须消除进给机构的间隙。采用顺铣的第二个限制条件是工件待加工表面无硬皮,否则刀齿易崩刃损坏。

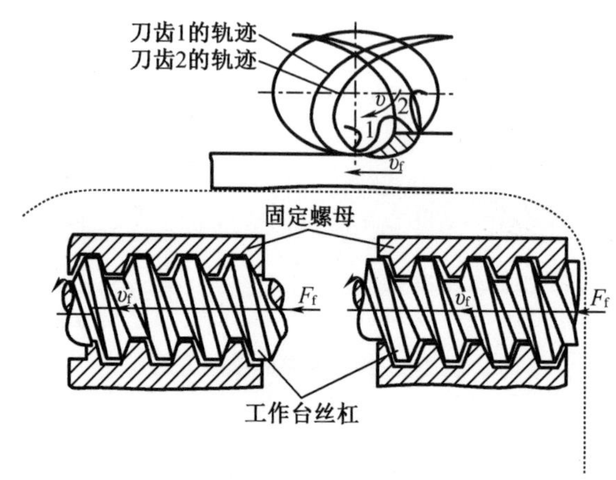


**图 2-1-21 丝杠的窜动**

②周铣时的逆铣

受力分析:如图 2-1-22 所示,逆铣时前刀面给予被切削层的作用力(在垂直方向的分力)是向上的。这个向上的分力有把工件从夹具内拉出来的倾向。特别是开始铣削的一端,开始吃刀时若工件夹紧不牢会使工件翻转,发生事故。为防止事故发生,一是要注意工件夹紧牢靠;二是开始吃刀时可先采取低速进给,进给一段时间后再按正常速度进给。$F_f$ 与工作台进给方向相反,不会拉动工作台。

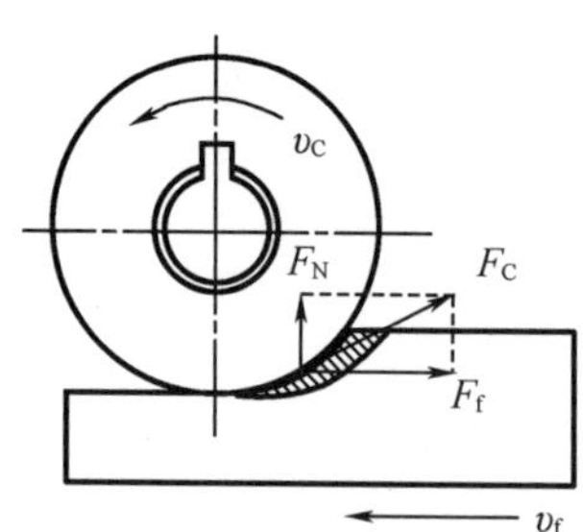


**图 2-1-22 周铣时的逆铣**

逆铣的特点:刀齿切入工件时的切削厚度值为零,随着刀齿的回转,切削厚度值在理论上逐渐增大。但实际上,刀齿并非从一开始接触工件就能切入金属层内,其原因是刀刃并不是前、后刀面的交线,而是有刃口钝圆半径存在的实体,它相当于一个小圆柱的一部分。

钝圆半径的大小与刀具材料和种类，晶粒粗细，前、后面的刃磨质量以及刀具磨损等多种因素有关。新刃磨好的高速钢和硬质合金刀具一般钝圆半径值取 10～26 μm，随着刀具的磨损，钝圆半径值可能进一步增大。根据研究一般认为，当理论切削厚度（计算值）小于刃口钝圆半径时，切屑不易生成；只有当理论切削厚度大约等于（或大于）刃口钝圆半径时，刀齿才能真正切入金属，形成切屑。因此逆铣时，刀齿开始接触工件及以后的一段距离内没有发生铣削，而是刀齿的刃口钝圆部分在工件的被切削表面上挤压、滑擦和啃刮。值得一提的是，这一挤压、滑擦现象是发生在前一刀齿所形成的硬化层内，致使刀具磨损加剧，易产生周期性振动，工件已加工表面粗糙度增大。

综合上述比较，在铣床上进行周铣削时，一般都采用逆铣，只有下列情况才选用顺铣：

①工作台丝杠、螺母传动副有间隙调整机构，并可将轴向间隙调整到足够小（0.03～0.05 mm）。

②$F_C$ 在水平方向的分力 $F_f$ 小于工作台与导轨之间的摩擦力。

③铣削不易夹紧或薄而长的工件。

（5）端铣时的对称铣与不对称铣

端面铣削时，根据铣刀与工件加工面相对位置的不同，可分为对称铣削、不对称逆铣和不对称顺铣三种铣削方式，如图 2-1-23 所示。

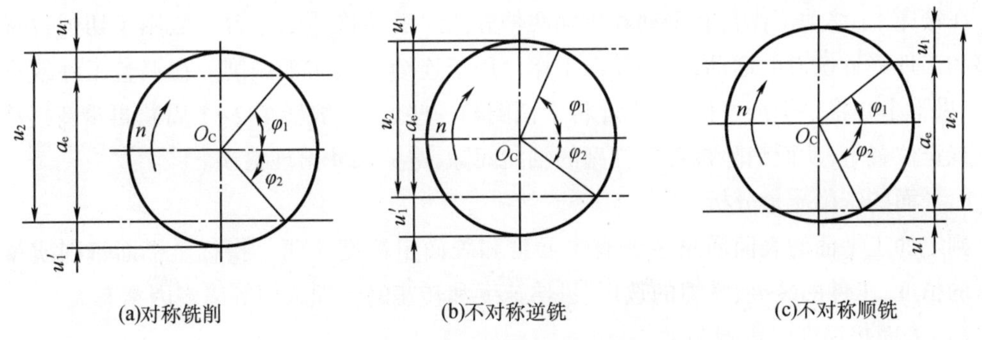


**图 2-1-23　端铣的铣削方式**

①铣刀轴线位于铣削弧长的对称中心位置，或者说铣刀露出工件加工面两侧的距离相等，称为对称铣削。

②铣刀切离工件一侧露出加工面的距离大于切入工件一侧露出加工面的距离，称为不对称逆铣。

③铣刀切离工件一侧露出加工面的距离小于切入工件一侧露出加工面的距离，称为不对称顺铣。

2. 确定铣削方法及刀具

（1）粗铣加工

粗铣加工时应选用粗齿铣刀；铣刀的直径按工件的切削层深度大小而定，切削层深度大，铣刀的直径也应选大些，端铣刀的直径一般应大于工件的加工面宽度的 1.2～1.5 倍；铣刀宽度要大于工件加工面的宽度。

(2)精铣加工

精铣加工时应选用细齿铣刀;铣刀直径应取大些,因为其刀柄直径相应较大,刚性较好,铣削时平稳,能够保证加工表面的质量。

3. 确定工件装夹方案

铣削中小型工件的平面时,一般采用机用虎钳装夹;铣削尺寸较大或不便于用机用虎钳装夹的工件时,可采用压板装夹。装夹应按相应要求和注意事项完成。

4. 确定铣削用量

(1)端铣时的背吃刀量 $a_p$ 和周铣时的侧吃刀量 $a_c$

在粗加工时,若加工余量不大,可一次切除;精铣时,每次的吃刀量要小一些。

(2)端铣时的侧吃刀量 $a_c$ 和周铣时的背吃刀量 $a_p$

端铣时的侧吃刀量和周铣时的背吃刀量一般与工件加工面的宽度相等。

(3)每齿进给量 $f_z$

通常取每齿进给量 $f_z = 0.02 \sim 0.3$ mm/z,粗铣时,每齿进给量要取大一些,精铣时,每齿进给量则应取小一些。

(4)铣削速度 $v_C$ 根据工件材料及铣刀切削刃材料等的不同,所采用的铣削速度也不同。

5. 对刀

在铣床上,移动工作台有手动和机动两种方法。手动移动工作台一般用于切削位置的调整和工件趋近铣刀的运动,机动移动工作台用于连续进给实现铣削。在调整工件或对刀时,如果不小心将手柄摇过位置,则应将手柄倒转一些后(一般转 1/2~1 周),再重新摇动手柄到规定位置上,从而消除螺母丝杠副的轴向间隙,避免尺寸出现错误。

6. 平面的铣削质量分析

判定加工平面的表面质量主要有平面度和表面粗糙度这两个指标。平面铣削质量与铣床的精度、工件的装夹、铣刀的选用、进给速度和转速的合理选用等诸多因素有关。

(1)表面粗糙度的影响因素

①铣削时,切削液选用不合理。

②由于某些原因(如进给量大、切削深度大、工件松动等)使铣削产生振动。

③铣刀磨损,切削刃刃口变钝。

④铣刀的几何参数选择不合理。

⑤铣削时产生积屑瘤或切屑粘刀。

⑥铣削时进给不连续,有停顿,从而产生"深啃"现象。

## 【任务实施】

### 一、工具材料领用及工作准备(表 2-1-2)

表 2-1-2　工具材料领用及工作准备表

| 1. 工具/设备/材料 | | | | |
|---|---|---|---|---|
| 类别 | 名称 | 规格型号 | 单位 | 数量 |
| 工具 | 虎钳扳手 | | 把 | 1 |
| | 等高垫铁 | | 副 | 2 |
| | 锉刀 | | 把 | 1 |
| | 胶木榔头 | | 套 | 1 |
| | 活动扳手 | | 把 | 1 |
| | 油石 | | 片 | 若干 |
| | 卫生清洁工具 | | 套 | 1 |
| 量具 | 钢直尺 | 0~300 mm | 把 | 1 |
| | 游标卡尺 | 0~200 mm | 把 | 1 |
| 刀具 | 立铣刀 | $\phi$14 mm | 把 | 1 |
| | 立铣刀 | $\phi$10 mm | 把 | 1 |
| 材料 | 棒料 | $\phi$30×60 mm | 根 | 按图样 |
| 2. 工作准备 | | | | |
| (1)技术资料:工作任务卡 1 份、教材 | | | | |
| (2)工作场地:有良好的照明、通风和消防设施等条件 | | | | |
| (3)工具、设备:按《工具和设备》栏目准备相关工具和设备 | | | | |
| (4)建议分组实施教学。每 2~3 人为一组,每组准备一台铣床。通过分组讨论完成零件的工艺分析及加工工艺方案设计,通过演示和操作训练完成零件的加工 | | | | |
| (5)劳动保护:穿戴劳保用品、工作服 | | | | |

### 二、工艺分析

1. 确定装夹方案和定位基准

零件毛坯为圆柱形,所以采用机用平口钳装夹,零件伸出钳口 14 mm,如图 2-1-24 所示,用百分表校正机用平口钳。铅垂面定位基准为零件的底面,另一定位基准为零件与固定钳口接触的侧面。

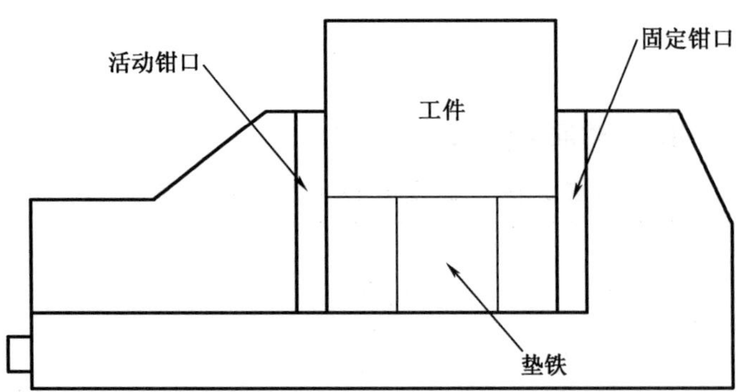


图 2-1-24 机用平口钳装夹示意图

2. 选择刀具及切削用量

立铣刀铣半通槽时,铣刀直径应等于或小于槽的宽度。由于刀的刚性比较差,铣削时容易产生“偏让”现象,加工深度较深的槽时,应分次铣削至要求的深度,再将槽两侧扩铣至槽的宽度。立铣刀铣封闭槽时应先在槽的一端预钻一个落刀孔(孔直径略小于槽的宽度),从落刀孔开始铣削,零件材料为铝合金,刀具材料可选择高速钢。

## 三、实训步骤和方法

①读图、检查工件尺寸;

②安装平口钳,校正固定钳口与工作台纵向进给方向平行;

③选择并安装立铣刀($\phi$14 mm);

④调整切削用量(取 $n$=475 r/min,$V_f$=60 mm/min);

⑤铣长方体,保证对面平行度和相邻面垂直度以及各尺寸精度;

⑥测量、卸下工件;

⑦演示操作铣削平面方法;

⑧学生实际操作完成加工任务。

## 四、检测

加工完成后对零件的尺寸精度和表面质量做相应的检测,分析原因,避免下次加工再出现类似情况。

1. 影响尺寸精度因素

铣刀尺寸不对;铣刀摆差太大;立铣刀扩铣时控制不当;测量不准确;

2. 影响表面粗糙度因素

铣刀变钝;铣刀摆动过大;切削用量选择不当;工作台产生窜动。

3. 影响形位精度因素

用三面刃铣削时,工作台零位不准;平口钳固定钳口未校正;工件底面与工作台不平行,槽深不一致。

## 五、注意事项

①进入工场地必须穿戴工作服,操作时不准戴手套,女同学必须戴上工作帽。

②开车前,检查机床手柄位置及刀具装夹是否牢固可靠,刀具运动方向与工作台进给方向是否正确。

③将各注油孔注油，空转试车(冬季必须先开慢车)2 min 以上，查看油窗等各部位，并听声音是否正常。

④切削时先开车，如中途停车应先停止进给后退刀再停车。

⑤集中精力，坚守岗位，离开时必须停车，机床不许超负荷工作。

⑥必须注意铣床转速不得太快，必须全神贯注。

⑦操作铣床时必须佩戴眼镜。

⑧在铣削工件时要注意铣床控制的协调性。

## 【平面的铣削加工工作单】

**计划单**

<table>
<tr><td>实训项目 2</td><td>铣削加工实训</td><td>任务 1</td><td colspan="2">平面的铣削加工</td></tr>
<tr><td>工作方式</td><td colspan="2">组内讨论、团结协作共同制定计划，小组成员进行工作讨论，确定工作步骤</td><td>计划学时</td><td>1 学时</td></tr>
<tr><td>完成人</td><td colspan="4">1.　　2.　　3.　　4.　　5.　　6.</td></tr>
<tr><td colspan="5">计划依据：1. 鲁班锁组件零件图</td></tr>
<tr><td>序号</td><td colspan="2">计划步骤</td><td colspan="2">具体工作内容描述</td></tr>
<tr><td>1</td><td colspan="2">准备工作(准备软件、图纸、工具、量具，谁去做?)</td><td colspan="2"></td></tr>
<tr><td>2</td><td colspan="2">组织分工(成立组织，人员具体都完成什么?)</td><td colspan="2"></td></tr>
<tr><td>3</td><td colspan="2">制定加工过程方案(先设计什么? 再设计什么? 最后完成什么?)</td><td colspan="2"></td></tr>
<tr><td>4</td><td colspan="2">平面的铣削加工(加工前准备什么? 使用哪些工量、量具? 如何完成加工? 加工过程发现哪些问题? 如何解决?)</td><td colspan="2"></td></tr>
<tr><td>5</td><td colspan="2">整理资料(谁负责? 整理什么?)</td><td colspan="2"></td></tr>
<tr><td>制定计划说明</td><td colspan="4">(对各人员完成任务提出可借鉴的建议或对计划中的某一方面做出解释)</td></tr>
</table>

## 决策单

<table>
<tr><td>实训项目 2</td><td colspan="2">铣削加工实训</td><td colspan="2">任务 1</td><td>平面的铣削加工</td></tr>
<tr><td colspan="3">决策学时</td><td colspan="3">1 学时</td></tr>
<tr><td colspan="6">决策目的:平面的铣削加工方案对比分析,比较设计质量、设计时间、设计成本等</td></tr>
<tr><td rowspan="23">设计方案<br>对比</td><td>组号<br>成员</td><td>设计的可行性<br>(设计质量)</td><td>设计的合理性<br>(设计时间)</td><td>设计的经济性<br>(设计成本)</td><td>综合评价</td></tr>
<tr><td>1</td><td></td><td></td><td></td><td></td></tr>
<tr><td>2</td><td></td><td></td><td></td><td></td></tr>
<tr><td>3</td><td></td><td></td><td></td><td></td></tr>
<tr><td>4</td><td></td><td></td><td></td><td></td></tr>
<tr><td>5</td><td></td><td></td><td></td><td></td></tr>
<tr><td>6</td><td></td><td></td><td></td><td></td></tr>
<tr><td></td><td></td><td></td><td></td><td></td></tr>
<tr><td></td><td></td><td></td><td></td><td></td></tr>
<tr><td></td><td></td><td></td><td></td><td></td></tr>
<tr><td></td><td></td><td></td><td></td><td></td></tr>
<tr><td></td><td></td><td></td><td></td><td></td></tr>
<tr><td></td><td></td><td></td><td></td><td></td></tr>
<tr><td></td><td></td><td></td><td></td><td></td></tr>
<tr><td></td><td></td><td></td><td></td><td></td></tr>
<tr><td></td><td></td><td></td><td></td><td></td></tr>
<tr><td></td><td></td><td></td><td></td><td></td></tr>
<tr><td></td><td></td><td></td><td></td><td></td></tr>
<tr><td></td><td></td><td></td><td></td><td></td></tr>
<tr><td></td><td></td><td></td><td></td><td></td></tr>
<tr><td></td><td></td><td></td><td></td><td></td></tr>
<tr><td></td><td></td><td></td><td></td><td></td></tr>
<tr><td></td><td></td><td></td><td></td><td></td></tr>
<tr><td>决策评价</td><td colspan="5">结果:(将自己的设计方案与组内成员的设计方案进行对比分析,对自己的设计方案进行修改并说明修改原因,最后确定一个最佳方案)</td></tr>
</table>

**检查单**

<table>
<tr><td>实训项目 2</td><td colspan="2">铣削加工实训</td><td>任务 1</td><td colspan="5">平面的铣削加工</td></tr>
<tr><td colspan="3">评价学时</td><td>课内 1 学时</td><td colspan="5">第　　组</td></tr>
<tr><td>检查目的及方式</td><td colspan="8">在加工过程中,教师对小组的工作情况进行监督、检查,如检查等级为不合格,小组需要整改,并拿出整改说明</td></tr>
<tr><td rowspan="2">序号</td><td rowspan="2">检查项目</td><td rowspan="2">检查标准</td><td colspan="5">检查结果分级<br>(在检查相应的分级框内划"√")</td></tr>
<tr><td>优秀</td><td>良好</td><td>中等</td><td>合格</td><td>不合格</td></tr>
<tr><td>1</td><td>准备工作</td><td>资源是否已查到、材料是否准备完整</td><td></td><td></td><td></td><td></td><td></td></tr>
<tr><td>2</td><td>分工情况</td><td>安排是否合理、全面,分工是否明确</td><td></td><td></td><td></td><td></td><td></td></tr>
<tr><td>3</td><td>工作态度</td><td>小组工作是否积极主动,是否为全员参与</td><td></td><td></td><td></td><td></td><td></td></tr>
<tr><td>4</td><td>纪律出勤</td><td>是否按时完成负责的工作内容、遵守工作纪律</td><td></td><td></td><td></td><td></td><td></td></tr>
<tr><td>5</td><td>团队合作</td><td>是否相互协作、互相帮助,成员是否听从指挥</td><td></td><td></td><td></td><td></td><td></td></tr>
<tr><td>6</td><td>创新意识</td><td>任务完成是否不照搬照抄,看问题是否具有独到见解与创新思维</td><td></td><td></td><td></td><td></td><td></td></tr>
<tr><td>7</td><td>完成效率</td><td>工作单是否记录完整,是否按照计划完成任务</td><td></td><td></td><td></td><td></td><td></td></tr>
<tr><td>8</td><td>完成质量</td><td>工作单填写是否准确,设计过程、尺寸公差是否达标</td><td></td><td></td><td></td><td></td><td></td></tr>
<tr><td>检查评语</td><td colspan="4"></td><td colspan="3">教师签字:</td></tr>
</table>

**小组工作评价单**

| 实训项目 2 | 铣削加工实训 | | 任务 1 | 平面的铣削加工 | | |
|---|---|---|---|---|---|---|
| 评价学时 | | | 课内 1 学时 | | | |
| 班级 | | | 第　　组 | | | |
| 考核情境 | 考核内容及要求 | 分值（100） | 小组自评（10%） | 小组互评（20%） | 教师评价（70%） | 实得分（∑） |
| 汇报展示（20 分） | 演讲资源利用 | 5 | | | | |
| | 演讲表达和非语言技巧应用 | 5 | | | | |
| | 团队成员补充配合程度 | 5 | | | | |
| | 时间与完整性 | 5 | | | | |
| 质量评价（40 分） | 工作完整性 | 10 | | | | |
| | 工作质量 | 5 | | | | |
| | 报告完整性 | 25 | | | | |
| 团队情感（25 分） | 核心价值观 | 5 | | | | |
| | 创新性 | 5 | | | | |
| | 参与率 | 5 | | | | |
| | 合作性 | 5 | | | | |
| | 劳动态度 | 5 | | | | |
| 安全文明生产（10 分） | 工作过程中的安全保障情况 | 5 | | | | |
| | 工具正确使用和保养、放置规范 | 5 | | | | |
| 工作效率（5 分） | 能够在要求的时间内完成，每超时 5 分钟扣 1 分 | 5 | | | | |

**小组成员素质评价单**

<table>
<tr><td colspan="2">实训项目 2</td><td>铣削加工实训</td><td colspan="2">任务 1</td><td colspan="4">平面的铣削加工</td></tr>
<tr><td>班级</td><td></td><td>第　组</td><td colspan="2">成员姓名</td><td colspan="4"></td></tr>
<tr><td colspan="2">评分说明</td><td colspan="7">每个小组成员评价分为自评分和小组其他成员评分两部分,取平均值计算,作为该小组成员的任务评价个人分数。评分项目共设计 5 个,依据评分标准给予合理量化打分。小组成员自评分后,要找小组其他成员以不记名方式评分</td></tr>
<tr><td colspan="2">评分项目</td><td>评分标准</td><td>自评分</td><td>成员 1 评分</td><td>成员 2 评分</td><td>成员 3 评分</td><td>成员 4 评分</td><td>成员 5 评分</td></tr>
<tr><td colspan="2">核心价值观（20 分）</td><td>有无违背社会主义核心价值观的思想及行动</td><td></td><td></td><td></td><td></td><td></td><td></td></tr>
<tr><td colspan="2">工作态度（20 分）</td><td>是否按时完成负责的工作内容、遵守纪律,是否积极主动参与小组工作,是否全过程参与,是否吃苦耐劳,是否具有工匠精神</td><td></td><td></td><td></td><td></td><td></td><td></td></tr>
<tr><td colspan="2">交流沟通（20 分）</td><td>能否良好地表达自己的观点,能否倾听他人的观点</td><td></td><td></td><td></td><td></td><td></td><td></td></tr>
<tr><td colspan="2">团队合作（20 分）</td><td>是否与小组成员合作完成任务,做到相互协作、互相帮助、听从指挥</td><td></td><td></td><td></td><td></td><td></td><td></td></tr>
<tr><td colspan="2">创新意识（20 分）</td><td>看问题时能否独立思考、提出独到见解,能否利用创新思维解决遇到的问题</td><td></td><td></td><td></td><td></td><td></td><td></td></tr>
<tr><td colspan="2">最终小组成员得分</td><td colspan="7"></td></tr>
</table>

**课后反思**

<table>
<tr><td colspan="2">实训项目 2</td><td>铣削加工实训</td><td>任务 1</td><td>平面的铣削加工</td></tr>
<tr><td>班级</td><td></td><td>第　组</td><td>成员姓名</td><td></td></tr>
<tr><td colspan="2">情感反思</td><td colspan="3">通过对本任务的学习和实训,你认为自己在社会主义核心价值观、职业素养、学习和工作态度等方面有哪些需要提高的部分?</td></tr>
</table>

表(续)

| | |
|---|---|
| 知识反思 | 通过对本任务的学习,你掌握了哪些知识点?请画出思维导图。 |
| 技能反思 | 在完成本任务的学习和实训过程中,你主要掌握了哪些技能? |
| 方法反思 | 在完成本任务的学习和实训过程中,你主要掌握了哪些分析和解决问题的方法? |

## 【任务拓展】

分析图 2-1-25 鲁班锁组件三零件的加工工艺,编制加工程序并完成加工。材料为直径 $\phi$30 mm、长度 60 mm 的铝棒。

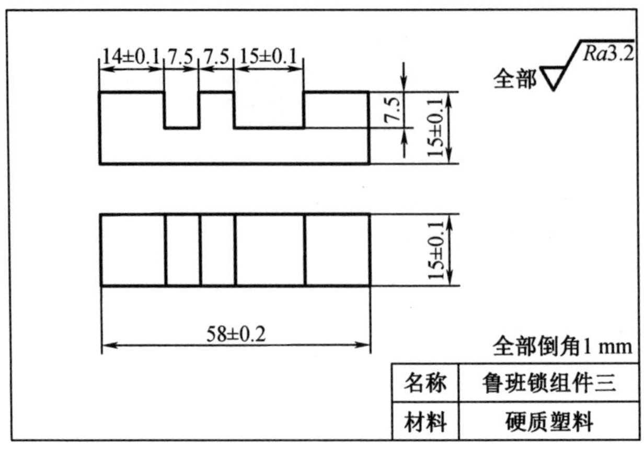


图 2-1-25　鲁班锁组件三

# 【实训报告】

## (一)实训任务书

<table>
<tr><td>课程名称</td><td colspan="3">机械加工实训</td><td>实训项目 2</td><td>铣削加工实训</td></tr>
<tr><td>任务 1</td><td colspan="3">平面的铣削加工</td><td>建议学时</td><td>4</td></tr>
<tr><td>班级</td><td></td><td>学生姓名</td><td></td><td>工作日期</td><td></td></tr>
<tr><td>实训目标</td><td colspan="5">1. 掌握平面的铣削加工工艺制定方案;<br>2. 掌握平面的铣削加工方法;<br>3. 能将零件正确安装在平口钳上;<br>4. 能进行立铣刀的正确安装;<br>5. 规范合理摆放操作加工所需工具、量具;<br>6. 能按操作规范正确使用普通铣床,并完成平面类零件的铣削加工;<br>7. 能正确使用游标卡尺对零件进行检测;<br>8. 能对所完成的零件进行评价及超差原因分析</td></tr>
<tr><td>实训内容</td><td colspan="5">制定平面的铣削加工工艺方案;平面的铣削加工方法;正确将零件安装在平口钳上;正确安装立铣刀;规范合理摆放操作加工所需工具、量具;完成平面类零件的铣削加工;正确使用游标卡尺对零件进行检测;对完成的零件进行评价及超差原因分析;完成鲁班锁组件六零件加工任务</td></tr>
<tr><td>安全文明生产要求</td><td colspan="5">学生听从指导教师的安排及指挥,不在实训室打闹、吃东西,严格遵守实训室管理制度;固定座位,爱护公共设备,如发现设备缺失、损坏及时上报指导教师;保持实训室卫生</td></tr>
<tr><td>提交成果</td><td colspan="5">实训报告;鲁班锁组件六零件</td></tr>
<tr><td>对学生的要求</td><td colspan="5">1. 按任务要求完成实训任务;<br>2. 牢记学生实训安全守则;<br>3. 遵守铣工安全操作规程;<br>4. 严格遵守课堂纪律,不迟到、不早退,学习态度端正;<br>5. 每位同学必须积极参与小组讨论,并进行操作演示;<br>6. 具备一定的自学能力、资料查询能力,同时具备一定的沟通协调能力、语言表达能力和团队合作意识;<br>7. 认真填写实训报告</td></tr>
<tr><td>考核评价</td><td colspan="5">评价内容:<br>1. 企业管理模式的适应性;<br>2. 完成报告的完整性评价;<br>3. 掌握学生实训安全守则熟练程度等;<br>4. 在实际加工过程中能否遵守铣工安全操作规程。<br>评价方式:由学生自评(自述、评价,占 10%)、小组评价(分组讨论、评价,占 20%)、教师评价(根据学生学习态度、实训报告及上机实操技能评估,占 70%)构成该学生的任务成绩</td></tr>
</table>

（二）实训准备工作

<table>
<tr><td>课程名称</td><td colspan="3">机械加工实训</td><td>实训项目 2</td><td>铣削加工实训</td></tr>
<tr><td>任务 1</td><td colspan="3">平面的铣削加工</td><td>建议学时</td><td>4</td></tr>
<tr><td>班级</td><td></td><td>学生姓名</td><td></td><td>工作日期</td><td></td></tr>
<tr><td>场地准备描述</td><td colspan="5"></td></tr>
<tr><td>设备准备描述</td><td colspan="5"></td></tr>
<tr><td>刀具、夹具、量具、工具准备描述</td><td colspan="5"></td></tr>
<tr><td>知识准备描述</td><td colspan="5"></td></tr>
</table>

（三）实训记录

<table>
<tr><td>课程名称</td><td colspan="2">机械加工实训</td><td>实训项目 2</td><td>铣削加工实训</td></tr>
<tr><td>任务 1</td><td colspan="2">平面的铣削加工</td><td>建议学时</td><td>4</td></tr>
<tr><td>班级</td><td>学生姓名</td><td></td><td>工作日期</td><td></td></tr>
<tr><td>实训操作过程</td><td colspan="4"></td></tr>
<tr><td>注意事项</td><td colspan="4"></td></tr>
<tr><td>改进方法</td><td colspan="4"></td></tr>
</table>

(四)考核评价表

| 考核项目 | 技术要求 | 分值 | 学生自评分(10%) | 小组评分(20%) | 教师评分(70%) | 实得分 |
|---|---|---|---|---|---|---|
| 程序及工艺(15分) | 程序正确完整 | 5 | | | | |
| | 切削用量合理 | 5 | | | | |
| | 工艺过程规范合理 | 5 | | | | |
| 机床操作(20分) | 刀具选择安装正确 | 5 | | | | |
| | 对刀及工件坐标系设定正确 | 5 | | | | |
| | 机床操作规范 | 5 | | | | |
| | 工件加工正确 | 5 | | | | |
| 工件质量(40分) | 尺寸精度符合要求 | 30 | | | | |
| | 表面粗糙度符合要求 | 8 | | | | |
| | 无毛刺 | 2 | | | | |
| 安全文明生产(15分) | 安全操作 | 5 | | | | |
| | 机床维护与保养 | 5 | | | | |
| | 工作场所整理 | 5 | | | | |
| 相关知识及职业能力(10分) | 数控加工基础知识 | 2 | | | | |
| | 自学能力 | 2 | | | | |
| | 表达沟通能力 | 2 | | | | |
| | 合作能力 | 2 | | | | |
| | 创新能力 | 2 | | | | |
| 总分($\sum$) | | 100 | | | | |

## 实训任务 2 连接面的铣削加工

【任务目标】

1. 准确阐述常用铣床(以 XA5032 型卧式万能升降台铣床为代表)的主要结构、传动系统、操作使用、日常调整和维护保养方法;
2. 合理选择和正确使用夹具、刀具和量具,描述其使用方法和维护保养方法;
3. 查阅有关技术手册和资料,完成铣削过程中的相关计算;
4. 合理选择铣削用量和切削液;
5. 合理选择工件的定位基准,掌握工件定位、夹紧的基本原理和方法;
6. 吸收和应用较先进的工艺和技术,完成中等复杂程度零件铣削工艺的制定;
7. 完成零件评价及超差原因分析;

8. 根据连接面的铣削加工方法，完成连接面的铣削加工任务。

【任务描述】

本任务介绍在铣床上，采用虎钳对零件装夹定位，加工连接面类零件。如图 2-2-1 所示长方体零件，已知材料为铝，毛坯为 $\phi$30 mm×60 mm。要求根据图纸要求制定零件加工工艺，编写零件加工程序，最后在铣床上进行实际操作加工，并对加工后的零件进行检测、评价。

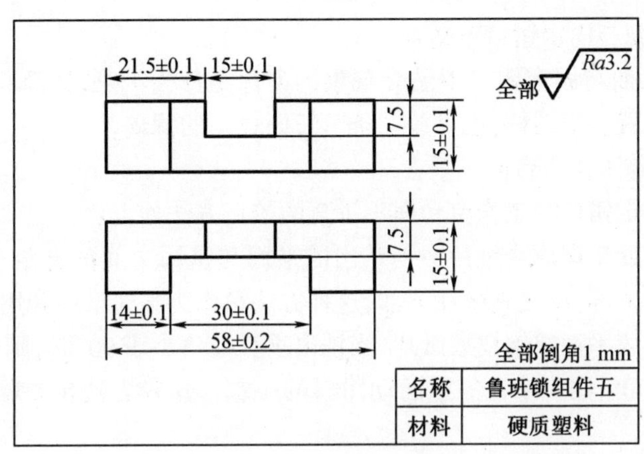


图 2-2-1　鲁班锁组件五

【任务分析】

零件毛坯为直径 $\phi$30 mm、长度 60 mm 的铝棒。在鲁班锁组件六长方体铝件基础上进行鲁班锁组件五台阶面的铣削加工。连接面有较高的位置度和平行度要求，也是常用的零件铣削加工方式。该零件为典型的台阶面类零件，该零件外形较简单，为一典型的铣削零件，尺寸精度要求不高，表面粗糙度 *Ra*3.2 μm。

【相关知识】

### 一、连接面的铣削方法

连接面是指垂直面或平行面。典型的加工是铣削矩形工件，它是铣工与镗工必须掌握的一项基本技能，在多数情况下，都要将毛坯进行平行六面体加工处理，俗称“归方”，为后续加工做好准备。如图 2-2-2 所示，矩形工件由六个平面组成，要求工件顶面与底面平行，侧面分别与底面垂直。由此可知，底面是各连接面的基准。所以，应当先加工底面，其他各面的加工以底面为基准面。

1. 周铣加工垂直面

铣削基准面比较宽而加工面比较窄的工件时，在卧式铣床上用角铁装夹铣削垂直面。在立式铣床上用立铣刀加工垂直面，如图 2-2-2 所示。与基准面垂直的面称为垂直面。在卧式铣床上加工垂直面（用机用虎钳装夹），产生垂直度误差的原因及保证垂直度的方法如下。

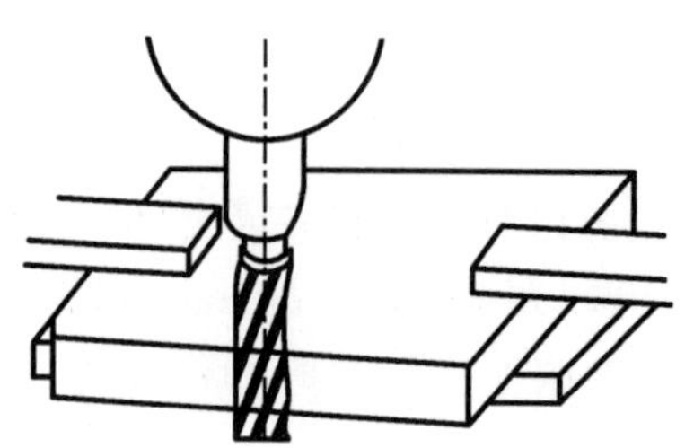

图 2-2-2　用立铣刀铣垂直面

(1)工件基准面与固定钳口不贴合

避免工件基准面与固定钳口不贴合现象的方法是修去毛刺,擦净固定钳口和基准面,再在活动钳口处安置一根圆棒,也可放一条窄长而较厚的铜皮。

(2)固定钳口与工作台台面不垂直

机用虎钳的固定钳口与工作台台面不垂直的校正方法如下:

①在固定钳口处垫铜皮或纸片。当铣出的平面与基面之间的夹角小于90°时,铜皮或纸片应垫在钳口的上部,反之则垫在下部,这种方法只作为临时措施和用于单件生产。

②在机用虎钳底平面垫铜皮或纸片,当铣出垂直夹角小于90°时,则应垫在靠近固定钳口的一端;若大于90°,则应垫在靠近活动钳口的一端。这种方法也是临时措施,但加工一批工件只需垫一次。

③校正固定钳口,先利用百分表检查钳口的误差,然后用百分表读数的差值乘以钳口铁的高度再除以百分表的移动距离,把此数值厚度的铜皮垫在固定钳口和钳口铁之间。若上面的百分表读数大,则应垫在上面,反之则垫在下面,也可把钳口铁拆下并按误差的数值磨准。把钳口铁垫准或磨准后,还需再做检查,直到准确为止。用于检查的平行垫铁要紧贴固定钳口的检查面,且固定钳口的检查面必须光洁平整。若钳口铁是光整平面,且高度方向尺寸较大时,可用百分表直接校正钳口铁。

④夹紧力太大会使固定钳口变形而向外倾斜,从而产生垂直度误差,特别是在精加工时,夹紧力更不能太大,所以不能使用较长的手柄夹紧工件。

2. 周铣加工平行面

与基准面平行的平面称为平行面。在卧式铣床上加工平行面(用机用虎钳装夹),产生平行度误差的原因及保证平行度的方法如下:

(1)工件基准面与机用虎钳导轨面不平行

①垫铁的厚度不相等。应把两块平行垫铁在平面磨床上同时磨出。

②平行垫铁的上下表面与工件和导轨之间有杂物,应用干净的棉布擦去杂物。

③当活动钳口夹紧工件而受力时,会使活动钳口上翘,工件靠近活动钳口的一边向上抬起。因此在铣平面时,工件夹紧后,须用铜锤或木榔头轻轻敲击工件顶面,直到两块平行垫铁的四端都没有松动现象为止。

④工件上和固定钳口相对的平面与基准面不垂直,夹紧时应使该平面与固定钳口紧密贴合。

(2)机用虎钳的导轨面与工作台面不平行

机用虎钳的导轨面与工作台台面不平行的原因是机用虎钳底面与工作台台面之间有

杂物,以及导轨面本身不准。因此,应注意剔除毛刺和切屑,必要时,需检查导轨面与工作台台面的平行度。

(3)铣刀圆柱度不准

在铣平面时,无论机用虎钳装夹的方向是与主轴平行还是垂直,若铣刀的圆柱度不准,都会影响平行面的平行度,所以周铣平面时要选择圆柱度较高的铣刀。

(4)加工大型矩形工件的注意事项

加工大型矩形工件时,不采用机用虎钳装夹,而是利用工件自重并用压板夹紧的方式装夹加工。保证大型矩形工件平行度、垂直度的措施一般是采用垫等高垫铁并用百分表找正。

3. 端铣加工垂直面和平行面

(1)端铣加工垂直面

在立式铣床上端铣垂直面(用机用虎钳装夹)与在卧式铣床上周铣垂直面的方法基本相同,不同之处如下:

①用端铣刀端铣垂直面时,影响加工面与基准面之间垂直度的主要原因是铣床主轴轴线与进给方向的垂直度误差。

②如果立铣头的“零位”不准确,加工平面会出现倾斜的现象;如果在不对称端铣纵向进给时,加工的平面会出现略带凹且不对称的现象。

(2)在卧式铣床上端铣垂直面

在卧式铣床上端铣垂直面(用压板装夹)的方法适用于铣削较大尺寸的垂直面,如图2-2-3所示。当采用升降台做垂直方向进给时,由于不受工作台“零位”准确性的影响,因此精度很高。

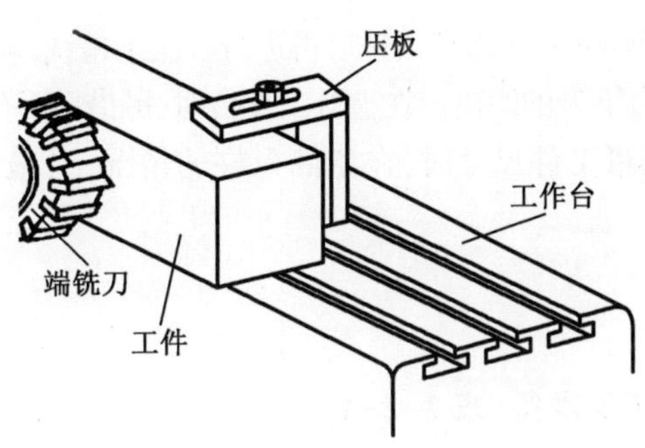


**图2-2-3 在卧式铣床上用端铣刀铣垂直面**

4. 端铣加工平行面

(1)在立式铣床上端铣平行面

如果端铣中、小型工件上的平行面,可选用机用虎钳装夹,须将工件基准面紧贴机用虎钳钳体导轨面或平行垫铁上;如果端铣的平行面尺寸较大或在工件上有台阶,可选用直接用压板装夹,需将其基准面与工作台台面贴合,如图2-2-4所示。

(2)在卧式铣床上端铣平行面

在卧式铣床上端铣平行面适用于加工尺寸较大、两侧面有较高平行度要求的工件。这样的工件应先以加工后的底面为基准,铣削工件的一侧面(与底面垂直),然后再以这一侧面作为平行面的基准。最后,在工作台T形槽里装上定位键,使工件基准面靠向定位键侧

面后夹紧,再用端铣刀加工侧面的平行面,如图 2-2-5 所示。

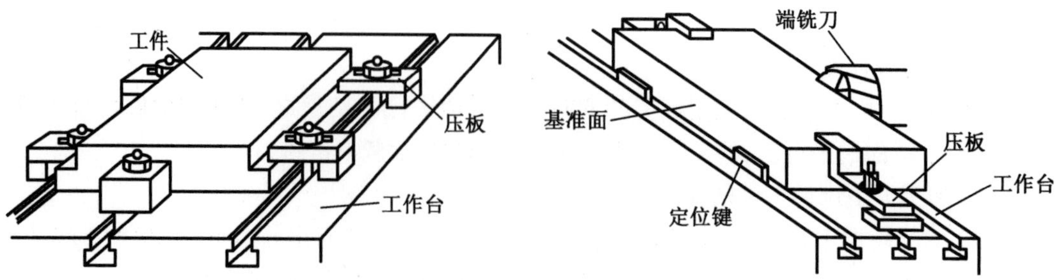


图 2-2-4　在立式铣床上端铣平行面　　图 2-2-5　在卧式铣床上端铣平行面

5. 保证垂直面和平行面加工质量的注意事项

影响垂直面和平行面加工质量的因素有垂直面的垂直度、平行面的平行度、平行面之间的尺寸精度。

(1)保证垂直度和平行度的注意事项

①夹紧力不能过大,不然会造成工件变形,使加工平面与基准面不垂直或不平行。

②端铣时要注意机用虎钳固定钳口的校正,不然会影响加工端面与基准面的垂直度。

③周铣时要注意铣刀本身的形状误差或平行垫铁是否平行,不然会影响加工平面与基准面的垂直度或平行度。

(2)保证平行面之间尺寸精度的注意事项

①工件在单件生产时,一般都采用"铣削→测量→铣削"循环进行,一直到尺寸准确为止。需要注意的是,在粗铣时对铣刀抬起或偏让量与精铣时不相等,在控制尺寸时要考虑这个因素。

②当尺寸精度的要求较高时,则需在粗铣后再进行一次半精铣,余量以 0.5 mm 左右为宜,再根据余量决定精铣时工作台上升的距离。在上升工作台时,可借助百分表来控制移动量。

③粗铣或半精铣后测量工件尺寸时,在条件允许的情况下,最好不把工件拆下,而在工作台上测量。

## 【任务实施】

### 一、工具材料领用及工作准备(表 2-2-1)

表 2-2-1　工具材料领用及工作准备表

| 1. 工具/设备/材料 | | | | |
|---|---|---|---|---|
| 类别 | 名称 | 规格型号 | 单位 | 数量 |
| 工具 | 虎钳扳手 | | 把 | 1 |
| | 等高垫铁 | | 副 | 2 |
| | 锉刀 | | 把 | 1 |
| | 胶木榔头 | | 套 | 1 |
| | 活动扳手 | | 把 | 1 |
| | 油石 | | 片 | 若干 |
| | 卫生清洁工具 | | 套 | 1 |

表 2-2-1(续)

| 类别 | 名称 | 规格型号 | 单位 | 数量 |
|---|---|---|---|---|
| 量具 | 钢直尺 | 0~300 mm | 把 | 1 |
| | 游标卡尺 | 0~200 mm | 把 | 1 |
| 刀具 | 立铣刀 | $\phi$14 mm | 把 | 1 |
| | 立铣刀 | $\phi$6 mm | 把 | 1 |
| 材料 | 棒料 | $\phi$30 mm×60 mm | 根 | 按图样 |
| 2. 工作准备 | | | | |
| (1)技术资料:工作任务卡1份、教材 | | | | |
| (2)工作场地:有良好的照明、通风和消防设施等条件 | | | | |
| (3)工具、设备:按工具和设备栏目准备相关工具和设备 | | | | |
| (4)建议分组实施教学。每2~3人为一组,每组准备一台铣床。通过分组讨论完成零件的工艺分析及加工工艺方案设计,通过演示和操作训练完成零件的加工 | | | | |
| (5)劳动保护:穿戴工作服、工作帽等劳保用品 | | | | |

## 二、工艺分析

1. 确定装夹方案和定位基准

(1)零件毛坯为圆柱形,所以采用机用平口钳装夹,零件伸出钳口14 mm,如图2-2-6所示,用百分表校正机用平口钳。铅垂面定位基准为零件的底面,另一定位基准为零件与固定钳口接触的侧面。

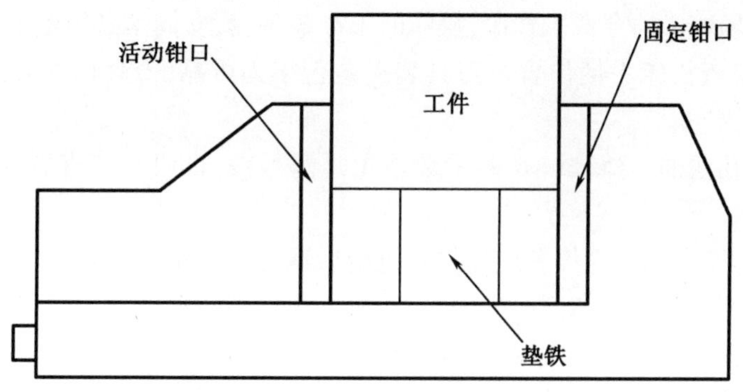


图 2-2-6　机用平口钳装夹示意图

(2)将毛坯件加工成长方体工件后,再进行连接面的铣削加工,仍采用机用平口钳装夹,零件伸出钳口8 mm,如图2-1-6所示,用百分表校正机用平口钳。铅垂面定位基准为零件的底面,另一定位基准为零件与固定钳口接触的侧面。

2. 选择刀具及切削用量

立铣刀铣半通槽时,铣刀直径应等于或小于槽的宽度。由于刀的刚性比较差,铣削时容易产生“偏让”现象,加工深度较深的槽时,应分次铣削至要求的深度,再将槽两侧扩铣至槽的宽度。立铣刀铣封闭槽时应先在槽的一端预钻一个落刀孔(孔直径略小于槽的宽度),

从落刀孔开始铣削,零件材料为铝合金,刀具材料可选择高速钢。

**三、实训步骤和方法**

①读图、检查工件尺寸;

②安装平口钳,校正固定钳口与工作台纵向进给方向平行;

③选择并安装立铣刀($\phi$14 mm、$\phi$6 mm);

④调整切削用量(取 $n=475$ r/min,$V_f=60$ mm/min);

⑤铣 7.5 mm、15 mm 两个槽,保证两个槽位置精度,同时保证深度 7.5 mm;

⑥测量、卸下工件;

⑦演示操作铣削平面方法;

⑧学生实际操作完成加工任务。

**四、检测**

加工完成后对零件的尺寸精度和表面质量做相应的检测,分析原因,避免下次加工再出现类似情况。

1. 影响尺寸精度因素

铣刀尺寸不对;铣刀摆差太大;立铣刀扩铣时控制不当;测量不准确。

2. 影响表面粗糙度因素

铣刀变钝;铣刀摆动过大;切削用量选择不当;工作台产生窜动。

3. 影响形位精度因素

用三面刃铣削时,工作台零位不准;平口钳固定钳口未校正;工件底面与工作台不平行,槽深不一致。

**五、注意事项**

①进入工作场地必须穿戴工作服,操作时不准戴手套,女同学必须戴上工作帽。

②开车前,检查机床手柄位置及刀具装夹是否牢固可靠,刀具运动方向与工作台进给方向是否正确。

③将各注油孔注油,空转试车(冬季必须先开慢车)2 min 以上,查看油窗等各部位,并听声音是否正常。

④切削时先开车,如中途停车应先停止进给后退刀再停车。

⑤集中精力,坚守岗位,离开时必须停车,机床不许超负荷工作。

⑥必须注意铣床转速不得太快,必须全神贯注。

⑦操作铣床时必须佩戴眼镜。

⑧在铣削工件时要注意铣床控制的协调性。

## 【连接面的铣削加工工作单】

**计划单**

| 实训项目2 | 铣削加工实训 | 任务2 | 连接面的铣削加工 | |
|---|---|---|---|---|
| 工作方式 | 组内讨论、团结协作共同制定计划,小组成员进行工作讨论,确定工作步骤 | | 计划学时 | 1学时 |
| 完成人 | 1.　2.　3.　4.　5.　6. | | | |

计划依据:1. 鲁班锁组件零件图

| 序号 | 计划步骤 | 具体工作内容描述 |
|---|---|---|
| 1 | 准备工作(准备软件、图纸、工具、量具,谁去做?) | |
| 2 | 组织分工(成立组织,人员具体都完成什么?) | |
| 3 | 制定加工过程方案(先设计什么?再设计什么?最后完成什么?) | |
| 4 | 连接面的铣削加工(加工前准备什么?使用哪些工具、量具?如何完成加工?加工过程发现哪些问题?如何解决?) | |
| 5 | 整理资料(谁负责?整理什么?) | |
| 制定计划说明 | (对各人员完成任务提出可借鉴的建议或对计划中的某一方面做出解释) | |

**决策单**

| 实训项目 2 | 铣削加工实训 | | 任务 2 | 连接面的铣削加工 | |
|---|---|---|---|---|---|
| 决策学时 | | | 1 学时 | | |
| 决策目的:连接面的铣削加工方案对比分析,比较设计质量、设计时间、设计成本等 | | | | | |
| 设计方案对比 | 组号<br>成员 | 设计的可行性<br>(设计质量) | 设计的合理性<br>(设计时间) | 设计的经济性<br>(设计成本) | 综合评价 |
| | 1 | | | | |
| | 2 | | | | |
| | 3 | | | | |
| | 4 | | | | |
| | 5 | | | | |
| | 6 | | | | |
| | | | | | |
| | | | | | |
| | | | | | |
| | | | | | |
| | | | | | |
| | | | | | |
| | | | | | |
| | | | | | |
| | | | | | |
| | | | | | |
| | | | | | |
| | | | | | |
| | | | | | |
| | | | | | |
| | | | | | |
| | | | | | |
| 决策评价 | 结果:(将自己的设计方案与组内成员的设计方案进行对比分析,对自己的设计方案进行修改并说明修改原因,最后确定一个最佳方案) | | | | |

**检查单**

| 实训项目 2 | | 铣削加工实训 | 任务 2 | 连接面的铣削加工 | | | | |
|---|---|---|---|---|---|---|---|---|
| 评价学时 | | | 课内 1 学时 | 第　组 | | | | |
| 检查目的及方式 | 在加工过程中,教师对小组的工作情况进行监督、检查,如检查等级为不合格小组需要整改,并拿出整改说明 | | | | | | | |
| 序号 | 检查项目 | 检查标准 | 检查结果分级（在检查相应的分级框内划“√”） | | | | | |
| | | | 优秀 | 良好 | 中等 | 合格 | 不合格 | |
| 1 | 准备工作 | 资源是否已查到、材料是否准备完整 | | | | | | |
| 2 | 分工情况 | 安排是否合理、全面,分工是否明确 | | | | | | |
| 3 | 工作态度 | 小组工作是否积极主动,是否为全员参与 | | | | | | |
| 4 | 纪律出勤 | 是否按时完成负责的工作内容、遵守工作纪律 | | | | | | |
| 5 | 团队合作 | 是否相互协作、互相帮助,成员是否听从指挥 | | | | | | |
| 6 | 创新意识 | 任务完成是否不照搬照抄,看问题是否具有独到见解与创新思维 | | | | | | |
| 7 | 完成效率 | 工作单是否记录完整,是否按照计划完成任务 | | | | | | |
| 8 | 完成质量 | 工作单填写是否准确,设计过程、尺寸公差是否达标 | | | | | | |
| 检查评语 | | | | 教师签字： | | | | |

**小组工作评价单**

| 实训项目 2 | 铣削加工实训 | | 任务 2 | 连接面的铣削加工 | | |
|---|---|---|---|---|---|---|
| 评价学时 | | | 课内 1 学时 | | | |
| 班级 | | | 第　　组 | | | |
| 考核情境 | 考核内容及要求 | 分值（100） | 小组自评（10%） | 小组互评（20%） | 教师评价（70%） | 实得分（∑） |
| 汇报展示（20 分） | 演讲资源利用 | 5 | | | | |
| | 演讲表达和非语言技巧应用 | 5 | | | | |
| | 团队成员补充配合程度 | 5 | | | | |
| | 时间与完整性 | 5 | | | | |
| 质量评价（40 分） | 工作完整性 | 10 | | | | |
| | 工作质量 | 5 | | | | |
| | 报告完整性 | 25 | | | | |
| 团队情感（25 分） | 核心价值观 | 5 | | | | |
| | 创新性 | 5 | | | | |
| | 参与率 | 5 | | | | |
| | 合作性 | 5 | | | | |
| | 劳动态度 | 5 | | | | |
| 安全文明生产（10 分） | 工作过程中的安全保障情况 | 5 | | | | |
| | 工具正确使用和保养、放置规范 | 5 | | | | |
| 工作效率（5 分） | 能够在要求的时间内完成，每超时 5 分钟扣 1 分 | 5 | | | | |

**小组成员素质评价单**

<table>
<tr><td colspan="2">实训项目 2</td><td>铣削加工实训</td><td colspan="2">任务 2</td><td colspan="4">连接面的铣削加工</td></tr>
<tr><td>班级</td><td></td><td>第 组</td><td colspan="2">成员姓名</td><td colspan="4"></td></tr>
<tr><td colspan="2">评分说明</td><td colspan="7">每个小组成员评价分为自评分和小组其他成员评分两部分,取平均值计算,作为该小组成员的任务评价个人分数。评分项目共设计 5 个,依据评分标准给予合理量化打分。小组成员自评分后,要找小组其他成员以不记名方式评分</td></tr>
<tr><td colspan="2">评分项目</td><td>评分标准</td><td>自评分</td><td>成员 1 评分</td><td>成员 2 评分</td><td>成员 3 评分</td><td>成员 4 评分</td><td>成员 5 评分</td></tr>
<tr><td colspan="2">核心价值观<br>(20 分)</td><td>有无违背社会主义核心价值观的思想及行动</td><td></td><td></td><td></td><td></td><td></td><td></td></tr>
<tr><td colspan="2">工作态度<br>(20 分)</td><td>是否按时完成负责的工作内容、遵守纪律,是否积极主动参与小组工作,是否全过程参与,是否吃苦耐劳,是否具有工匠精神</td><td></td><td></td><td></td><td></td><td></td><td></td></tr>
<tr><td colspan="2">交流沟通<br>(20 分)</td><td>能否良好地表达自己的观点,能否倾听他人的观点</td><td></td><td></td><td></td><td></td><td></td><td></td></tr>
<tr><td colspan="2">团队合作<br>(20 分)</td><td>是否与小组成员合作完成任务,做到相互协作、互相帮助、听从指挥</td><td></td><td></td><td></td><td></td><td></td><td></td></tr>
<tr><td colspan="2">创新意识<br>(20 分)</td><td>看问题时能否独立思考、提出独到见解,能否利用创新思维解决遇到的问题</td><td></td><td></td><td></td><td></td><td></td><td></td></tr>
<tr><td colspan="2">最终小组成员得分</td><td colspan="7"></td></tr>
</table>

**课后反思**

<table>
<tr><td colspan="2">实训项目 2</td><td>铣削加工实训</td><td>任务 2</td><td>连接面的铣削加工</td></tr>
<tr><td>班级</td><td></td><td>第 组</td><td>成员姓名</td><td></td></tr>
<tr><td colspan="2">情感反思</td><td colspan="3">通过对本任务的学习和实训,你认为自己在社会主义核心价值观、职业素养、学习和工作态度等方面有哪些需要提高的部分?</td></tr>
</table>

表(续)

| | |
|---|---|
| 知识反思 | 通过对本任务的学习,你掌握了哪些知识点?请画出思维导图。 |
| 技能反思 | 在完成本任务的学习和实训过程中,你主要掌握了哪些技能? |
| 方法反思 | 在完成本任务的学习和实训过程中,你主要掌握了哪些分析和解决问题的方法? |

## 【任务拓展】

分析图 2-2-7 鲁班锁组件一零件的加工工艺,编制加工程序并完成加工。材料为直径 $\phi$30 mm、长度 60 mm 的铝棒。

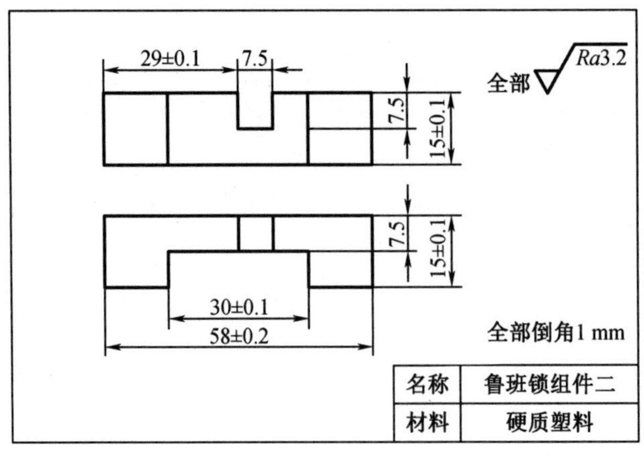


图 2-2-7　鲁班锁组件一

## 【实训报告】

### (一)实训任务书

<table>
<tr><td>课程名称</td><td colspan="3">机械加工实训</td><td>实训项目 2</td><td>铣削加工实训</td></tr>
<tr><td>任务 2</td><td colspan="3">连接面的铣削加工</td><td>建议学时</td><td>4</td></tr>
<tr><td>班级</td><td></td><td>学生姓名</td><td></td><td>工作日期</td><td></td></tr>
<tr><td>实训目标</td><td colspan="5">1. 掌握平面的铣削加工工艺制定方案;<br>2. 掌握平面的铣削加工方法;<br>3. 能将零件正确安装在平口钳上;<br>4. 能进行立铣刀的正确安装;<br>5. 规范合理摆放操作加工所需工具、量具;<br>6. 能按操作规范正确使用普通铣床,并完成连接面的铣削加工;<br>7. 能正确使用游标卡尺对零件进行检测;<br>8. 能对所完成的零件进行评价及超差原因分析</td></tr>
<tr><td>实训内容</td><td colspan="5">制定平面的铣削加工工艺方案;平面的铣削加工方法;正确将零件安装在平口钳上;正确安装立铣刀;规范合理摆放操作加工所需工具、量具;完成平面类零件的铣削加工;正确使用游标卡尺对零件进行检测;对完成的零件进行评价及超差原因分析;完成鲁班锁组件五零件加工任务</td></tr>
<tr><td>安全与<br>文明要求</td><td colspan="5">学生听从指导教师的安排及指挥,不在实训室打闹、吃东西,严格遵守实训室管理制度;固定座位,爱护公共设备,如发现设备缺失、损坏及时上报指导教师;保持实训室卫生</td></tr>
<tr><td>提交成果</td><td colspan="5">实训报告;鲁班锁组件五零件</td></tr>
<tr><td>对学生的要求</td><td colspan="5">1. 按任务要求完成实训任务;<br>2. 牢记学生实训安全守则;<br>3. 遵守铣工安全操作规程;<br>4. 严格遵守课堂纪律,不迟到、不早退,学习态度端正;<br>5. 每位同学必须积极参与小组讨论,并进行操作演示;<br>6. 具备一定的自学能力、资料查询能力,同时具备一定的沟通协调能力、语言表达能力和团队合作意识;<br>7. 认真填写实训报告</td></tr>
<tr><td>考核评价</td><td colspan="5">评价内容:<br>1. 企业管理模式的适应性;<br>2. 完成报告的完整性评价;<br>3. 掌握学生实训安全守则熟练程度等;<br>4. 在实际加工过程中能否遵守铣工安全操作规程。<br>评价方式:由学生自评(自述、评价,占 10%)、小组评价(分组讨论、评价,占 20%)、教师评价(根据学生学习态度、实训报告及上机实操技能评估,占 70%)构成该学生的任务成绩</td></tr>
</table>

(二)实训准备工作

| 课程名称 | 机械加工实训 | | 实训项目 2 | 铣削加工实训 |
| --- | --- | --- | --- | --- |
| 任务 2 | 连接面的铣削加工 | | 建议学时 | 4 |
| 班级 | | 学生姓名 | 工作日期 | |
| 场地准备描述 | | | | |
| 设备准备描述 | | | | |
| 刀具、夹具、量具、工具准备描述 | | | | |
| 知识准备描述 | | | | |

（三）实训记录

<table>
<tr><td>课程名称</td><td colspan="3">机械加工实训</td><td>实训项目2</td><td>铣削加工实训</td></tr>
<tr><td>任务2</td><td colspan="3">连接面的铣削加工</td><td>建议学时</td><td>4</td></tr>
<tr><td>班级</td><td></td><td>学生姓名</td><td></td><td>工作日期</td><td></td></tr>
<tr><td>实训操作过程</td><td colspan="5"></td></tr>
<tr><td>注意事项</td><td colspan="5"></td></tr>
<tr><td>改进方法</td><td colspan="5"></td></tr>
</table>

(四)考核评价表

| 考核项目 | 技术要求 | 分值 | 学生自评分（10%） | 小组评分（20%） | 教师评分（70%） | 实得分 |
|---|---|---|---|---|---|---|
| 程序及工艺（15分） | 程序正确完整 | 5 | | | | |
| | 切削用量合理 | 5 | | | | |
| | 工艺过程规范合理 | 5 | | | | |
| 机床操作（20分） | 刀具选择安装正确 | 5 | | | | |
| | 对刀及工件坐标系设定正确 | 5 | | | | |
| | 机床操作规范 | 5 | | | | |
| | 工件加工正确 | 5 | | | | |
| 工件质量（40分） | 尺寸精度符合要求 | 30 | | | | |
| | 表面粗糙度符合要求 | 8 | | | | |
| | 无毛刺 | 2 | | | | |
| 安全文明生产（15分） | 安全操作 | 5 | | | | |
| | 机床维护与保养 | 5 | | | | |
| | 工作场所整理 | 5 | | | | |
| 相关知识及职业能力（10分） | 数控加工基础知识 | 2 | | | | |
| | 自学能力 | 2 | | | | |
| | 表达沟通能力 | 2 | | | | |
| | 合作能力 | 2 | | | | |
| | 创新能力 | 2 | | | | |
| 总分（$\sum$） | | 100 | | | | |

## 实训任务 3　台阶的铣削加工

【任务目标】

1. 准确阐述常用铣床(以 XA5032 型卧式万能升降台铣床为代表)的主要结构、传动系统、操作使用、日常调整和维护保养方法;
2. 合理选择和正确使用夹具、刀具和量具,描述其使用方法和维护保养方法;
3. 查阅有关技术手册和资料,完成铣削过程中的相关计算;
4. 合理选择铣削用量和切削液;
5. 合理选择工件的定位基准,掌握工件定位、夹紧的基本原理和方法;
6. 吸收和应用较先进的工艺和技术,完成中等复杂程度零件铣削工艺的制定;
7. 完成零件评价及超差原因分析;

8. 根据台阶的铣削加工方法，完成台阶的铣削加工任务。

## 【任务描述】

本任务介绍在铣床上，采用虎钳对零件装夹定位，加工台阶类零件，如图 2-3-1 所示长方体，已知材料为铝，毛坯为 $\phi30$ mm×60 mm。要求根据图纸要求制定零件加工工艺，编写零件加工程序，最后在铣床上进行实际操作加工，并对加工后的零件进行检测、评价。

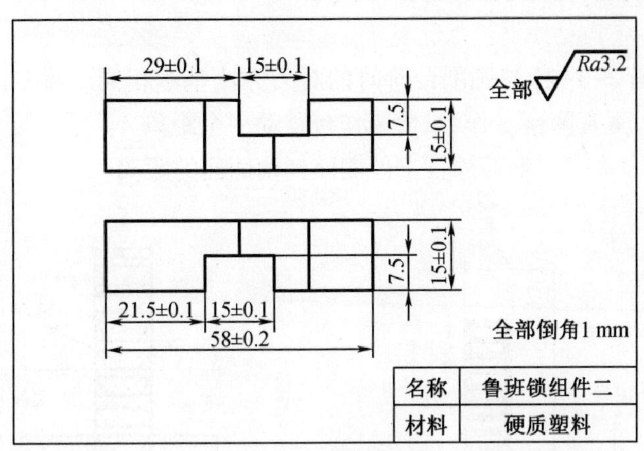


图 2-3-1　鲁班锁组件二

## 【任务分析】

零件毛坯为直径 $\phi30$ mm、长度 60 mm 的铝棒。在鲁班锁组件六长方体铝件基础上进行鲁班锁组件二台阶面的铣削加工。台阶面有较高的位置度和平行度要求，也是常用的零件铣削加工方式。该零件为典型的台阶面类零件，该零件外形较简单，为一典型的铣削零件，尺寸精度要求不高，表面粗糙度要求为 $Ra3.2$ μm。

## 【相关知识】

### 一、直角沟槽的铣削方法

1. 直角沟槽形式

直角沟槽分为通槽、半通槽和封闭槽三种形式。

直角通槽主要用三面刃铣刀铣削，也可用立铣刀、槽铣刀、合成铣刀来铣削。半通槽则采用立铣刀或键槽铣刀铣削。

2. 铣削方法

(1) 三面刃铣刀铣削直角通槽

该方法适用于加工宽度较窄、深度较深的通槽。

①铣刀选择

$$D>d+2H$$

$$L\leqslant B$$

式中，$D$ 为铣刀直径；$d$ 为刀轴垫圈直径；$H$ 为沟槽深度；$L$ 为刀宽；$B$ 为槽宽。

对于槽宽精度要求较高的沟槽选择 $L<B$ 的三面刃铣刀。

②工件装夹

工件采用平口钳装夹。

③对刀方法

a. 划线对刀法

在工件加工部位划出直角通槽的尺寸、位置线,装夹校正工件后,使刀侧面刀刃对准工件上所划的宽度线,分次进给铣削出直角通槽。

b. 侧面对刀法

侧面对刀法(图 2-3-2)与铣削台阶时的对刀方法基本相同。将三面刃铣刀的侧面刀刃轻擦工件侧面后,垂直降落工作台,使工作台移动一个距离 $A$:

$$A=\text{刀宽}+\text{工件侧面到槽侧面的距离}$$

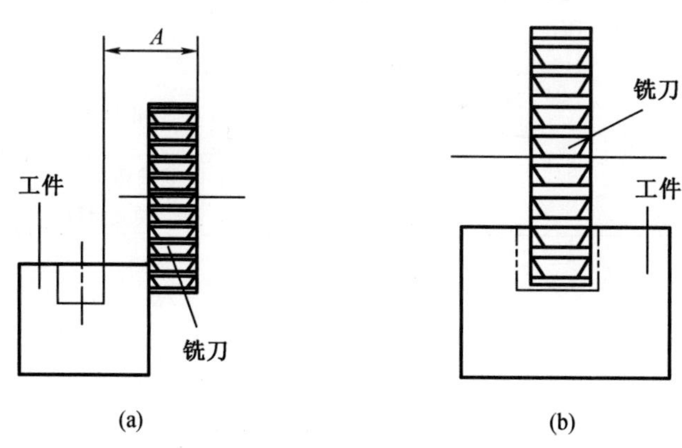


**图 2-3-2　侧面对刀法**

(2)立铣刀铣半通槽和封闭槽

①用立铣刀铣封闭槽时,因为立铣刀的端面刃不能全部通过刀具中心,不能垂直进刀切削工件,所以铣削前应在工件上划出沟槽的尺寸位置线,并在所划沟槽长度线的一端预钻一个小于槽宽的落刀小孔,以便由此孔落刀切削工件。落刀孔的深度略大于沟槽的深度,其直径小于所铣槽宽度的 0.5~1 mm。铣削时,应分几次进给,每次进给都由落刀孔一端铣向另一端,槽深达到要求后,再扩铣两侧。铣削时,不使用的进给机构应紧固(如使用纵向铣削时,应锁紧横向进给机构;反之,则锁紧纵向进给机构),扩铣两侧时应避免顺铣。

②用立铣刀铣削半封闭槽时,由于立铣刀刚度较差,铣削时易产生偏让,受力过大使铣刀折断,故在加工较深的沟槽时,应分几次铣削,以达到要求的深度。铣削时只能由沟槽的外端铣向沟槽深度,槽深铣好后,再扩铣沟槽两侧,扩铣时应避免顺铣,以免损坏铣刀,啃伤工件。

(3)键槽铣刀铣半通槽和封闭槽

用键槽铣刀加工精度较高、深度较浅的半通槽和封闭槽,键槽铣刀的端面刀刃能在垂直进给时切削工件,因此用键槽铣刀铣削穿通的封闭槽,可不必预钻落刀孔。

3. 直角沟槽的测量

直角沟槽的长度、宽度和深度的测量一般使用游标卡尺、深度游标卡尺,尺寸精度较高的槽可用极限量规(塞规)检查。直角沟槽的对称度可用游标卡尺或杠杆百分表检测。用杠杆百分表检测对称度时,工件分别以侧面 $A$、$B$ 为基准面,放在检验平板上,然后使表的触头触在槽的侧面上,移动工件检测,指针读数的最大差值即为对称度误差。

## 【任务实施】

### 一、工具材料领用及工作准备(表 2-3-1)

表 2-3-1　工具材料领用及工作准备表

| 1. 工具/设备/材料 | | | | |
|---|---|---|---|---|
| 类别 | 名称 | 规格型号 | 单位 | 数量 |
| 工具 | 虎钳扳手 | | 把 | 1 |
| | 等高垫铁 | | 副 | 2 |
| | 锉刀 | | 把 | 1 |
| | 胶木榔头 | | 套 | 1 |
| | 活动扳手 | | 把 | 1 |
| | 油石 | | 片 | 若干 |
| | 卫生清洁工具 | | 套 | 1 |
| 量具 | 钢直尺 | 0~300 mm | 把 | 1 |
| | 游标卡尺 | 0~200 mm | 把 | 1 |
| 刀具 | 立铣刀 | $\phi$14 mm | 把 | 1 |
| | 立铣刀 | $\phi$6 mm | 把 | 1 |
| 材料 | 棒料 | $\phi$30 mm×60 mm | 根 | 按图样 |
| 2. 工作准备 | | | | |
| (1)技术资料:工作任务卡 1 份、教材 | | | | |
| (2)工作场地:有良好的照明、通风和消防设施等条件 | | | | |
| (3)工具、设备:按工具和设备栏目准备相关工具和设备 | | | | |
| (4)建议分组实施教学。每 2~3 人为一组,每组准备一台铣床。通过分组讨论完成零件的工艺分析及加工工艺方案设计,通过演示和操作训练完成零件的加工 | | | | |
| (5)劳动保护:穿戴工作服、工作帽等劳保用品 | | | | |

### 二、工艺分析

1. 确定装夹方案和定位基准

(1)零件毛坯为圆柱形,所以采用机用平口钳装夹,零件伸出钳口 14 mm,如图 2-3-3 所示,用百分表校正机用平口钳。铅垂面定位基准为零件的底面,另一定位基准为零件与固定钳口接触的侧面。

(2)将毛坯件加工成长方体工件后,再进行连接面的铣削加工,仍采用机用平口钳装夹,零件伸出钳口 8 mm,如图 2-3-3 所示,用百分表校正机用平口钳。铅垂面定位基准为零件的底面,另一定位基准为零件与固定钳口接触的侧面。

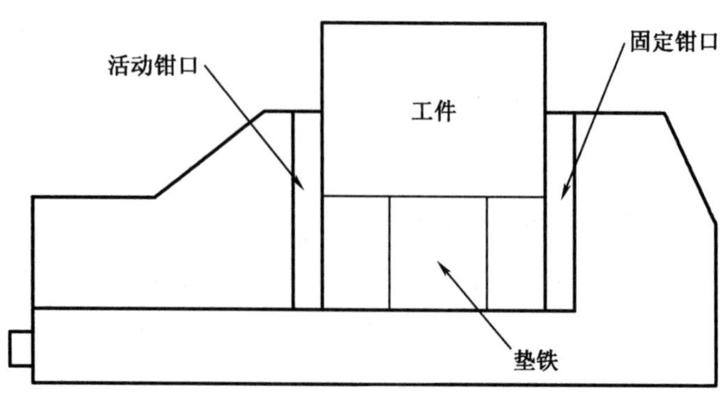


图 2-3-3 机用平口钳装夹示意图

2. 选择刀具及切削用量

立铣刀铣半通槽时,铣刀直径应等于或小于槽的宽度。由于刀的刚性比较差,铣削时容易产生“偏让”现象,加工深度较深的槽时,应分次铣削至要求的深度,再将槽两侧扩铣至槽的宽度。立铣刀铣封闭槽时应先在槽的一端预钻一个落刀孔(孔直径略小于槽的宽度),从落刀孔开始铣削,零件材料为铝合金,刀具材料可选择高速钢。

## 三、实训步骤和方法

①读图、检查工件尺寸;

②安装平口钳,校正固定钳口与工作台纵向进给方向平行;

③选择并安装立铣刀($\phi$14 mm、$\phi$6 mm);

④调整切削用量(取 $n$=475 r/min,$V_f$=60 mm/min);

⑤铣 15 mm 两个槽,保证两个槽位置精度,同时保证深度 7.5 mm;

⑥测量、卸下工件;

⑦演示操作铣削平面方法;

⑧学生实际操作完成加工任务。

## 四、检测

加工完成后对零件的尺寸精度和表面质量做相应的检测,分析原因,避免下次加工再出现类似情况。

1. 影响尺寸精度因素

铣刀尺寸不对;铣刀摆差太大;立铣刀扩铣时控制不当;测量不准确;

2. 影响表面粗糙度因素

铣刀变钝;铣刀摆动过大;切削用量选择不当;工作台产生窜动。

3. 影响形位精度因素

用三面刃铣削时,工作台零位不准;平口钳固定钳口未校正;工件底面与工作台不平行,槽深不一致。

## 五、注意事项

①进入工场地必须穿戴工作服,操作时不准戴手套,女同学必须戴上工作帽。

②开车前,检查机床手柄位置及刀具装夹是否牢固可靠,刀具运动方向与工作台进给

方向是否正确。

③将各注油孔注油,空转试车(冬季必须先开慢车)2 min 以上,查看油窗等各部位,并听声音是否正常。

④切削时先开车,如中途停车应先停止进给后退刀再停车。

⑤集中精力,坚守岗位,离开时必须停车,机床不许超负荷工作。

⑥必须注意铣床转速不得太快,必须全神贯注。

⑦操作铣床时必须佩戴眼镜。

⑧在铣削工件时要注意铣床控制的协调性。

## 【台阶的铣削加工工作单】

**计划单**

| 实训项目 2 | 铣削加工实训 | 任务 3 | 台阶的铣削加工 | |
|---|---|---|---|---|
| 工作方式 | 组内讨论、团结协作共同制定计划,小组成员进行工作讨论,确定工作步骤 | | 计划学时 | 1 学时 |
| 完成人 | 1.　2.　3.　4.　5.　6. | | | |
| 计划依据:1. 鲁班锁组件零件图 | | | | |

| 序号 | 计划步骤 | 具体工作内容描述 |
|---|---|---|
| 1 | 准备工作(准备软件、图纸、工具、量具,谁去做?) | |
| 2 | 组织分工(成立组织,人员具体都完成什么?) | |
| 3 | 制定加工过程方案(先设计什么?再设计什么?最后完成什么?) | |
| 4 | 台阶的铣削加工(加工前准备什么?使用哪些工量具?如何完成加工?加工过程发现哪些问题?如何解决?) | |
| 5 | 整理资料(谁负责?整理什么?) | |
| 制定计划说明 | (对各人员完成任务提出可借鉴的建议或对计划中的某一方面做出解释) | |

**决策单**

<table>
<tr><td>实训项目 2</td><td colspan="2">铣削加工实训</td><td colspan="2">任务 3</td><td>台阶的铣削加工</td></tr>
<tr><td colspan="3">决策学时</td><td colspan="3">1 学时</td></tr>
<tr><td colspan="6">决策目的:台阶的铣削加工方案对比分析,比较设计质量、设计时间、设计成本等</td></tr>
<tr><td rowspan="23">设计方案<br>对比</td><td>组号<br>成员</td><td>设计的可行性<br>(设计质量)</td><td>设计的合理性<br>(设计时间)</td><td>设计的经济性<br>(设计成本)</td><td>综合评价</td></tr>
<tr><td>1</td><td></td><td></td><td></td><td></td></tr>
<tr><td>2</td><td></td><td></td><td></td><td></td></tr>
<tr><td>3</td><td></td><td></td><td></td><td></td></tr>
<tr><td>4</td><td></td><td></td><td></td><td></td></tr>
<tr><td>5</td><td></td><td></td><td></td><td></td></tr>
<tr><td>6</td><td></td><td></td><td></td><td></td></tr>
<tr><td></td><td></td><td></td><td></td><td></td></tr>
<tr><td></td><td></td><td></td><td></td><td></td></tr>
<tr><td></td><td></td><td></td><td></td><td></td></tr>
<tr><td></td><td></td><td></td><td></td><td></td></tr>
<tr><td></td><td></td><td></td><td></td><td></td></tr>
<tr><td></td><td></td><td></td><td></td><td></td></tr>
<tr><td></td><td></td><td></td><td></td><td></td></tr>
<tr><td></td><td></td><td></td><td></td><td></td></tr>
<tr><td></td><td></td><td></td><td></td><td></td></tr>
<tr><td></td><td></td><td></td><td></td><td></td></tr>
<tr><td></td><td></td><td></td><td></td><td></td></tr>
<tr><td></td><td></td><td></td><td></td><td></td></tr>
<tr><td></td><td></td><td></td><td></td><td></td></tr>
<tr><td></td><td></td><td></td><td></td><td></td></tr>
<tr><td></td><td></td><td></td><td></td><td></td></tr>
<tr><td></td><td></td><td></td><td></td><td></td></tr>
<tr><td>决策评价</td><td colspan="5">结果:(将自己的设计方案与组内成员的设计方案进行对比分析,对自己的设计方案进行修改并说明修改原因,最后确定一个最佳方案)</td></tr>
</table>

**检查单**

| 实训项目 2 | | 铣削加工实训 | 任务 3 | | 台阶的铣削加工 | | |
|---|---|---|---|---|---|---|---|
| 评价学时 | | | 课内 1 学时 | | 第　组 | | |
| 检查目的及方式 | 在加工过程中,教师对小组的工作情况进行监督、检查,如检查等级为不合格,小组需要整改,并拿出整改说明 | | | | | | |
| 序号 | 检查项目 | 检查标准 | 检查结果分级（在检查相应的分级框内划“√”） | | | | |
| | | | 优秀 | 良好 | 中等 | 合格 | 不合格 |
| 1 | 准备工作 | 资源是否已查到、材料是否准备完整 | | | | | |
| 2 | 分工情况 | 安排是否合理、全面,分工是否明确 | | | | | |
| 3 | 工作态度 | 小组工作是否积极主动,是否为全员参与 | | | | | |
| 4 | 纪律出勤 | 是否按时完成负责的工作内容、遵守工作纪律 | | | | | |
| 5 | 团队合作 | 是否相互协作、互相帮助,成员是否听从指挥 | | | | | |
| 6 | 创新意识 | 任务完成是否不照搬照抄,看问题是否具有独到见解与创新思维 | | | | | |
| 7 | 完成效率 | 工作单是否记录完整,是否按照计划完成任务 | | | | | |
| 8 | 完成质量 | 工作单填写是否准确,设计过程、尺寸公差是否达标 | | | | | |
| 检查评语 | | | | | 教师签字： | | |

**小组工作评价单**

| 实训项目 2 | 铣削加工实训 | | 任务 3 | 台阶的铣削加工 | | |
|---|---|---|---|---|---|---|
| 评价学时 | | | 课内 1 学时 | | | |
| 班级 | | | 第　　组 | | | |
| 考核情境 | 考核内容及要求 | 分值（100） | 小组自评（10%） | 小组互评（20%） | 教师评价（70%） | 实得分（∑） |
| 汇报展示（20 分） | 演讲资源利用 | 5 | | | | |
| | 演讲表达和非语言技巧应用 | 5 | | | | |
| | 团队成员补充配合程度 | 5 | | | | |
| | 时间与完整性 | 5 | | | | |
| 质量评价（40 分） | 工作完整性 | 10 | | | | |
| | 工作质量 | 5 | | | | |
| | 报告完整性 | 25 | | | | |
| 团队情感（25 分） | 核心价值观 | 5 | | | | |
| | 创新性 | 5 | | | | |
| | 参与率 | 5 | | | | |
| | 合作性 | 5 | | | | |
| | 劳动态度 | 5 | | | | |
| 安全文明生产（10 分） | 工作过程中的安全保障情况 | 5 | | | | |
| | 工具正确使用和保养、放置规范 | 5 | | | | |
| 工作效率（5 分） | 能够在要求的时间内完成，每超时 5 分钟扣 1 分 | 5 | | | | |

**小组成员素质评价单**

| 实训项目 2 | | 铣削加工实训 | 任务 3 | 台阶的铣削加工 | | | | |
|---|---|---|---|---|---|---|---|---|
| 班级 | | 第　组 | 成员姓名 | | | | | |
| 评分说明 | | 每个小组成员评价分为自评分和小组其他成员评分两部分，取平均值计算，作为该小组成员的任务评价个人分数。评分项目共设计 5 个，依据评分标准给予合理量化打分。小组成员自评分后，要找小组其他成员以不记名方式评分 | | | | | | |
| 评分项目 | | 评分标准 | 自评分 | 成员 1 评分 | 成员 2 评分 | 成员 3 评分 | 成员 4 评分 | 成员 5 评分 |
| 核心价值观（20 分） | | 有无违背社会主义核心价值观的思想及行动 | | | | | | |
| 工作态度（20 分） | | 是否按时完成负责的工作内容、遵守纪律，是否积极主动参与小组工作，是否全过程参与，是否吃苦耐劳，是否具有工匠精神 | | | | | | |
| 交流沟通（20 分） | | 能否良好地表达自己的观点，能否倾听他人的观点 | | | | | | |
| 团队合作（20 分） | | 是否与小组成员合作完成任务，做到相互协作、互相帮助、听从指挥 | | | | | | |
| 创新意识（20 分） | | 看问题时能否独立思考、提出独到见解，能否利用创新思维解决遇到的问题 | | | | | | |
| 最终小组成员得分 | | | | | | | | |

**课后反思**

| 实训项目 2 | | 铣削加工实训 | 任务 3 | 台阶的铣削加工 |
|---|---|---|---|---|
| 班级 | | 第　组 | 成员姓名 | |
| 情感反思 | | 通过对本任务的学习和实训，你认为自己在社会主义核心价值观、职业素养、学习和工作态度等方面有哪些需要提高的部分？ | | |

表(续)

| | |
|---|---|
| 知识反思 | 通过对本任务的学习,你掌握了哪些知识点?请画出思维导图。 |
| 技能反思 | 在完成本任务的学习和实训过程中,你主要掌握了哪些技能? |
| 方法反思 | 在完成本任务的学习和实训过程中,你主要掌握了哪些分析和解决问题的方法? |

## 【任务拓展】

分析图 2-3-4 鲁班锁组件四零件的加工工艺,编制加工程序并完成加工。材料为直径 $\phi$30 mm、长度 60 mm 的铝棒。

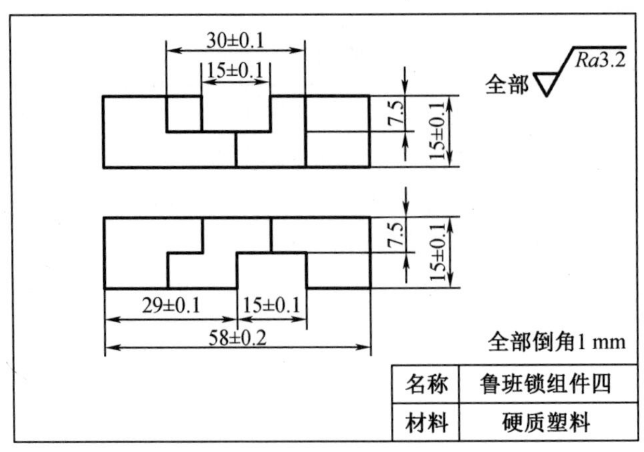


图 2-3-4　鲁班锁组件四

## 【实训报告】

### (一)实训任务书

<table>
<tr><td>课程名称</td><td colspan="2">机械加工实训</td><td>实训项目 2</td><td>铣削加工实训</td></tr>
<tr><td>任务 3</td><td colspan="2">台阶的铣削加工</td><td>建议学时</td><td>4</td></tr>
<tr><td>班级</td><td></td><td>学生姓名</td><td>工作日期</td><td></td></tr>
<tr><td>实训目标</td><td colspan="4">1. 掌握平面的铣削加工工艺制定方案;<br>2. 掌握台阶的铣削加工方法;<br>3. 能将零件正确安装在平口钳上;<br>4. 能进行立铣刀的正确安装;<br>5. 规范合理摆放操作加工所需工具、量具;<br>6. 能按操作规范正确使用普通铣床,并完成平面类零件的铣削加工;<br>7. 能正确使用游标卡尺对零件进行检测;<br>8. 能对所完成的零件进行评价及超差原因分析</td></tr>
<tr><td>实训内容</td><td colspan="4">制定平面的铣削加工工艺方案;平面的铣削加工方法;正确将零件安装在平口钳上;正确安装立铣刀;规范合理摆放操作加工所需工具、量具;完成平面类零件的铣削加工;正确使用游标卡尺对零件进行检测;对完成的零件进行评价及超差原因分析;完成鲁班锁组件二零件加工任务</td></tr>
<tr><td>安全与<br>文明要求</td><td colspan="4">学生听从指导教师的安排及指挥,不在实训室打闹、吃东西,严格遵守实训室管理制度;固定座位,爱护公共设备,如发现设备缺失损坏及时上报指导教师;保持实训室卫生</td></tr>
<tr><td>提交成果</td><td colspan="4">实训报告;鲁班锁组件二零件</td></tr>
<tr><td>对学生的要求</td><td colspan="4">1. 按任务要求完成实训任务;<br>2. 牢记学生实训安全守则;<br>3. 遵守铣工安全操作规程;<br>4. 严格遵守课堂纪律,不迟到、不早退,学习态度端正;<br>5. 每位同学必须积极参与小组讨论,并进行操作演示;<br>6. 具备一定的自学能力、资料查询能力,同时具备一定的沟通协调能力、语言表达能力和团队合作意识;<br>7. 认真填写实训报告</td></tr>
<tr><td>考核评价</td><td colspan="4">评价内容:<br>1. 企业管理模式的适应性;<br>2. 完成报告的完整性评价;<br>3. 掌握学生实训安全守则熟练程度等;<br>4. 在实际加工过程中能否遵守铣工安全操作规程。<br>评价方式:由学生自评(自述、评价,占 10%)、小组评价(分组讨论、评价,占 20%)、教师评价(根据学生学习态度、实训报告及上机实操技能评估,占 70%)构成该学生的任务成绩</td></tr>
</table>

(二)实训准备工作

<table>
<tr><td>课程名称</td><td colspan="2">机械加工实训</td><td>实训项目 2</td><td>铣削加工实训</td></tr>
<tr><td>任务 3</td><td colspan="2">台阶的铣削加工</td><td>建议学时</td><td>4</td></tr>
<tr><td>班级</td><td></td><td>学生姓名</td><td>工作日期</td><td></td></tr>
<tr><td>场地准备描述</td><td colspan="4"></td></tr>
<tr><td>设备准备描述</td><td colspan="4"></td></tr>
<tr><td>刀具、夹具、量具、工具准备描述</td><td colspan="4"></td></tr>
<tr><td>知识准备描述</td><td colspan="4"></td></tr>
</table>

（三）实训记录

| 课程名称 | 机械加工实训 | | | 实训项目 2 | 铣削加工实训 |
|---|---|---|---|---|---|
| 任务 3 | 台阶的铣削加工 | | | 建议学时 | 4 |
| 班级 | | 学生姓名 | | 工作日期 | |
| 实训操作过程 | | | | | |
| 注意事项 | | | | | |
| 改进方法 | | | | | |

(四)考核评价表

| 考核项目 | 技术要求 | 分值 | 学生自评分(10%) | 小组评分(20%) | 教师评分(70%) | 实得分 |
|---|---|---|---|---|---|---|
| 程序及工艺(15分) | 程序正确完整 | 5 | | | | |
| | 切削用量合理 | 5 | | | | |
| | 工艺过程规范合理 | 5 | | | | |
| 机床操作(20分) | 刀具选择安装正确 | 5 | | | | |
| | 对刀及工件坐标系设定正确 | 5 | | | | |
| | 机床操作规范 | 5 | | | | |
| | 工件加工正确 | 5 | | | | |
| 工件质量(40分) | 尺寸精度符合要求 | 30 | | | | |
| | 表面粗糙度符合要求 | 8 | | | | |
| | 无毛刺 | 2 | | | | |
| 安全文明生产(15分) | 安全操作 | 5 | | | | |
| | 机床维护与保养 | 5 | | | | |
| | 工作场所整理 | 5 | | | | |
| 相关知识及职业能力(10分) | 数控加工基础知识 | 2 | | | | |
| | 自学能力 | 2 | | | | |
| | 表达沟通能力 | 2 | | | | |
| | 合作能力 | 2 | | | | |
| | 创新能力 | 2 | | | | |
| 总分($\sum$) | | 100 | | | | |

# 实训项目3　磨削加工实训

【项目目标】

**知识目标**

能够准确描述砂轮的种类、构成、安装及使用方法；

能够描述磨削加工中一般工件的定位、装夹及加工方法；

能够描述外圆磨削的方法。

**能力目标**

能够识读图样文件；

能够根据图样要求进行拟定磨削加工工艺；

能够操纵和调整平面磨床、外圆磨床；

能够正确选择磨削用量操作磨床进行磨削加工。

**素质目标**

能够正确执行安全技术操作规程，树立安全意识；

培养学生爱岗敬业精神；

培养学生精益求精的工匠精神。

【项目内容】

磨床是以磨料、磨具（砂轮、砂带、研磨料）为工具对工件进行磨削加工的机床，它是因精加工和硬表面加工的需要而发展起来的。在实际生产中，为了满足磨削各种加工表面、工件形状及生产批量等要求，有多种磨床可供选择，比如外圆磨床、内圆磨床、平面磨床、齿轮磨床、螺纹磨床、导轨磨床、无心磨床、工具磨床等。

磨具以较高的线速度对工件表面进行加工的方法称为磨削加工，它是对机械零件进行精加工的主要方法之一。磨削主要用于零件的内外圆柱面、内外圆锥面、平面及成形面（如花键、螺纹、齿轮等）的精加工，以获得较高的尺寸精度和较小的表面粗糙度。磨削不仅能加工一般的金属材料和非金属材料，还能加工各种高硬、超硬材料（如淬火钢、硬质合金等）。

## 实训任务1　平面的磨削加工

【任务目标】

1. 完成平面的磨削加工工艺方案的制定；
2. 能够掌握磨削加工中一般工件的定位、装夹及加工方法；

3. 熟练操纵和调整平面磨床；

4. 准备描述掌握砂轮的种类、构成、安装及使用方法；

5. 规范合理摆放操作加工所需工具、量具；

6. 正确使用游标卡尺对零件进行检测；

7. 完成零件的评价及超差原因分析；

8. 根据操作规范正确使用平面磨床，完成平面类零件的磨削加工。

## 【任务描述】

本项目的任务是磨削深沟球轴承套圈两端面，其零件图如图 3-1-1 所示。深沟球轴承如图 3-1-2 所示。

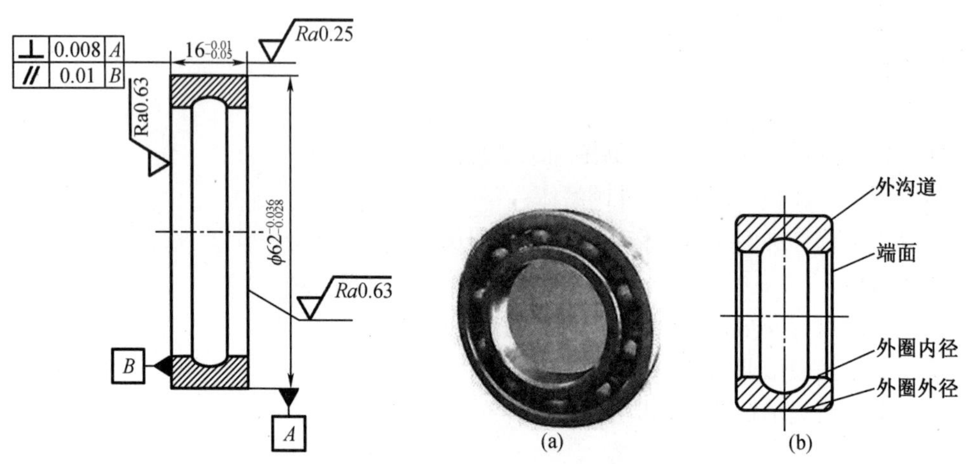


**图 3-1-1　深沟球轴承套圈零件图**　　**图 3-1-2　深沟球轴承**

## 【任务分析】

轴承套圈的加工过程：磨两端面—磨外圆—支外径磨外沟道—退磁、清洗—精磨外径—支外径超精磨外沟道—终检—清洗—装配。

本任务将进行前两个工序的加工，磨两端面工序在双端面磨床上完成，磨外圆工序在无心外圆磨床上完成。磨削深沟球轴承的两端面采用卧式双端面磨床 MZ7650。

## 【相关知识】

### 一、安全操作规程

磨床操作者必须经过培训，熟悉设备结构、性能和规范，具有一定操作技能和维护保养技能，严格按规程操作。

①操作者要穿紧身工作服，袖口扣紧，女同学必须将头发放入帽内，严禁戴手套操作，干磨时要戴防护眼镜。

②操作前，要检查装夹零件是否紧固，用磁铁吸盘装卡工件时，要吸工件的大面，平磨时，挡板不得低于工件高度的三分之一。

③加工细长零件时，要用中心架，调整行程时要先停车，行程限位器要紧固。

④开车时，要检查各部手柄是否在起始位置，先空转 1~2 min，查看砂轮有无摆动现象，正常后方可作业。

⑤机床开动后，操作者要站在砂轮侧面，一次加工量不得超过 0.05 mm。测量工件和清除吸盘上铁沫时，必须将砂轮移到安全位置。

⑥修正砂轮时，必须将金刚钻固定在机床上，不得用手拿着金刚钻去修整。

⑦工作结束后，要切断电源，将砂轮及各手柄返回起始位置，清理工作现场。

⑧必须按机床润滑图表要求，对导轨面、工作台齿轮、齿条等各润滑点加注润滑油。保证润滑良好。

⑨检查砂轮安装是否紧固可靠，砂轮有无碎裂。发现砂轮损伤应调换。

⑩检查各操纵按钮开关和行程限位是否完好，灵敏可靠。

⑪检查吸尘装置是否完好、有效。

⑫检查主轴旋转，工作台纵向运动，磨头横向、垂直移动是否良好。

⑬检查电动机运转时是否正常，有无异声。

⑭检查砂轮机防护罩是否牢靠。

⑮经检查各部完好，运行正常，并调节好限位挡块后方可磨削生产。

⑯生产过程中，如磨头主轴、油温过高或传动系统出现异常应立即停机检修。

⑰应经常检查并调整传动皮带松紧程度。

⑱不允许在工作台面上用力敲打工件，以免损坏台面和影响精度。

⑲为使砂轮逐渐变热，避免砂轮破裂，开始操作时，砂轮向工件进给时应特别缓慢。

⑳每班工作结束，把工作台移至中间位置，切断电源。

㉑清除机床各部位铁屑、垃圾并擦干净加润滑油。

㉒平时不允许在工作台面和其他光滑面上放置工具。

## 二、磨削的特点及加工范围

### 1. 磨削的特点

磨削与其他切削加工方法（车削、铣削、刨削等）相比，具有以下特点：

（1）加工精度高，表面粗糙度小

磨削时，砂轮表面上有许多磨粒参与切削，每个磨粒相当于一把刃口半径很小且锋利的切削刃，能切下一层很薄的金属。磨床的磨削速度很高，一般 $v_c = 30 \sim 50$ m/s；磨床的背吃刀量很小，一般 $a_p = 0.005 \sim 0.01$ mm。所以经磨削加工的工件一般尺寸公差等级可达 IT7~IT5 级，表面粗糙度可达 $Ra0.8 \sim 0.2$ μm。

（2）可加工硬度高的工件

由于磨料的硬度很高，故用其进行磨削不仅可以加工钢和铸铁等常用金属材料，还可以加工硬度更高的工件，特别是经过热处理后的淬火钢工件。但是，磨削不利于加工硬度很低且塑性很好的有色金属材料，因为磨削这些材料时砂轮容易被堵塞，这会使砂轮失去切削的能力。

（3）磨削温度高

由于磨削速度很高，其速度是一般切削加工速度的 10~20 倍，所以加工中会产生大量的切削热。在砂轮与工件的接触处,瞬时温度可高达 1 000 ℃,同时大量的切削热会使磨屑在空气中被氧化,从而产生火花。高的磨削温度会烧伤工件的表面,使工件硬度下降,严重时还会产生微裂纹,使工件的表面质量降低,使用寿命缩短。因此,为了减小摩擦、改善散热条件、降低切削温度并保证工件表面质量,在磨削时必须使用大量的切削液。

切削液的主要作用有冷却(降低磨削区的温度)、润滑(减小砂轮与工件之间的摩擦)、冲洗砂轮(冲走脱落的砂粒和磨屑,防止砂轮堵塞)等。常用的切削液有两种:

①苏打水

苏打水由1%的无水碳酸钠($NaCO_3$)、0.25%的亚硝酸钠(NaNO)及水组成,它具有良好的冷却性能、防腐性能及洗涤性能,而且对人体无害,成本低,是一种应用较广泛的磨削用切削液。

②乳化液

乳化液由0.5%的油酸、1.5%的硫化蓖麻油、8%的锭子油以及1%的碳酸钠水溶液组成,它具有良好的冷却性能、润滑性能及防腐性能。

苏打水的冷却性能高于乳化液,并且配制方便、成本低,常用于高速强力粗磨。乳化液不但具有冷却性能,而且具有良好的润滑性能,常用于精磨。

另外,加工铸铁等脆性材料时,为防止产生裂纹,一般不加切削液,而采用吸尘器除尘,这样也可以起到一定的散热作用。

2. 磨削的加工范围

磨削常见的加工类型如图3-1-3所示。

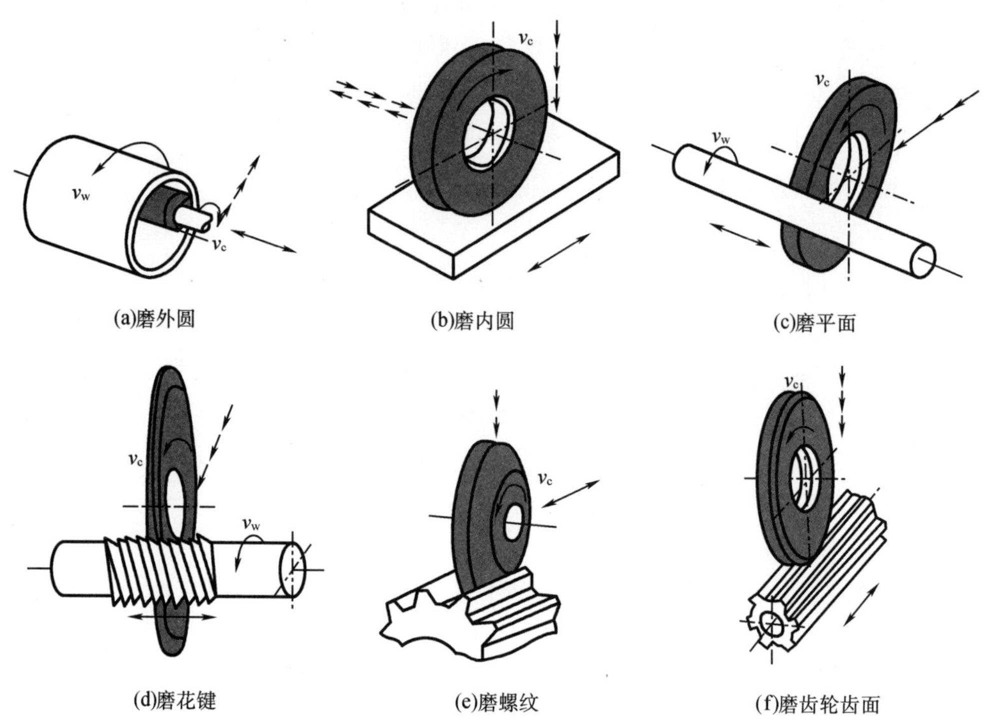


**图3-1-3　磨削常见的加工类型**

## 三、砂轮的选择及安装

1. 砂轮的选择

砂轮是磨削用的刀具，其形状与尺寸应根据机床类型和磨削加工的需要进行选择。在磨削加工中，常用砂轮的形状和用途见表 3-1-1。

**表 3-1-1 常用砂轮的形状和用途**

| 砂轮名称 | 简图 | 代号 | 用途 |
|---|---|---|---|
| 平形砂轮 | 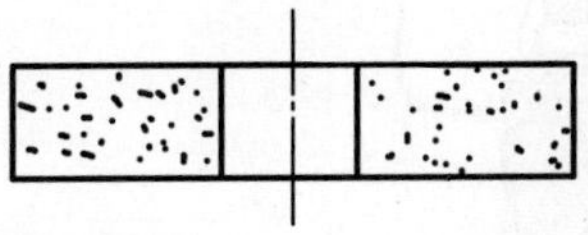 | P | 磨削外圆、内圆、平面 |
| 筒形砂轮 | 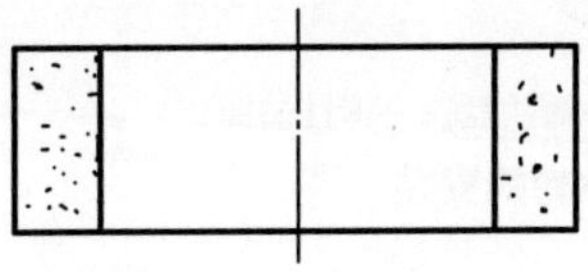 | N | 端面平磨 |
| 薄片砂轮 | 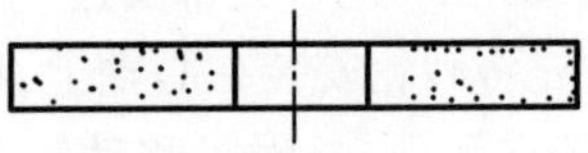 | PB | 切断、开槽 |
| 杯形砂轮 | 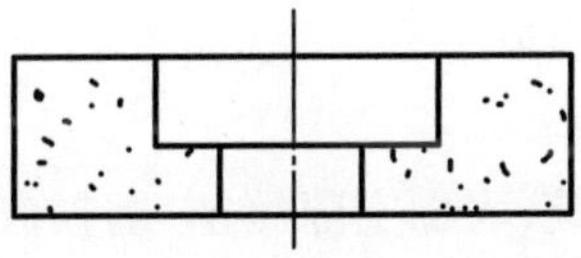 | B | 磨削平面、内圆、刀具 |
| 碟形砂轮 | 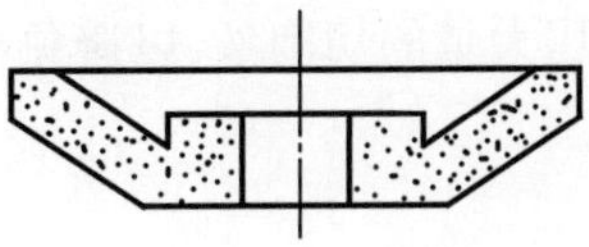 | D | 磨削铣刀、铰刀、拉刀及齿面 |
| 碗形砂轮 | 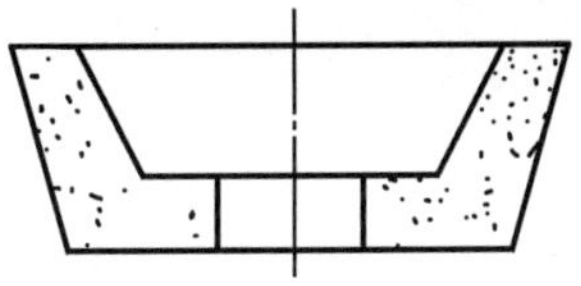 | BW | 磨削刀具、导轨 |
| 双斜边砂轮 | 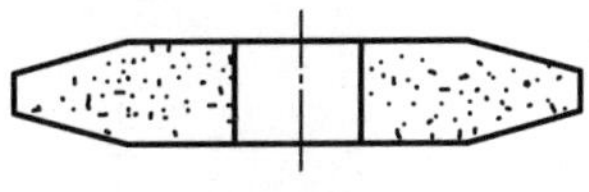 | PSX | 磨削齿面和螺纹 |

2. 砂轮的检查、安装、平衡和修整

(1)检查

砂轮在高速旋转下进行切削，为防止高速旋转时砂轮破裂，在安装前必须检查砂轮是

否有裂纹。在实际应用中,一般采用外观检查和判断敲击的方法来检查。

(2)安装

安装砂轮时,应将砂轮松紧合适地套在砂轮主轴上,并在砂轮和法兰盘之间垫上 1~2 mm 厚的弹性垫圈(由皮革或耐油橡胶制成),如图 3-1-4 所示。

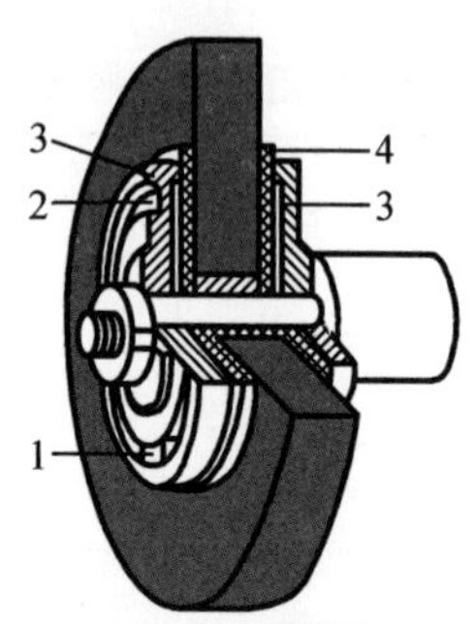


1—平衡块;2—环形槽;3—法兰盘;4—弹性垫圈。

**图 3-1-4　砂轮的安装**

(3)平衡

为使砂轮平稳地工作,一般对于直径大于 $\phi$125 mm 的砂轮都要进行平衡。在实际应用中,一般采用静平衡,如图 3-1-5 所示。平衡时先将砂轮安装在心轴上,再将其放在平衡架导轨上。如果砂轮不平衡,则较重的部分总是转在下面,这时可移动法兰盘端面环形槽内的平衡块进行平衡,直到砂轮在导轨上的任意位置都能静止。如果砂轮在导轨上的任意位置都能静止,则表明砂轮各部分质量均匀,平衡良好。

(4)修整

砂轮工作一段时间后,会出现磨粒逐渐变钝、表面空隙堵塞、磨损严重等情况,这时需要对砂轮进行修整,使已磨钝的磨粒脱落,恢复砂轮的切削能力和外形精度。砂轮常用金刚石笔进行修整,如图 3-1-6 所示。修整时要用大量的切削液,以避免金刚石笔因温度剧升而破裂。

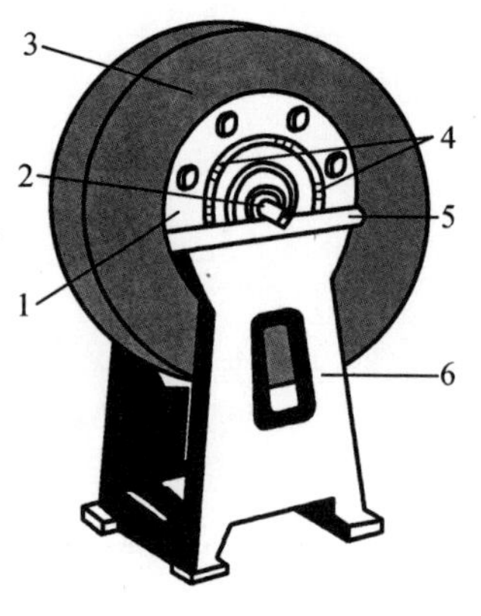


1—砂轮套筒;2—心轴;3—砂轮;
4—平衡块;5—导轨;6—平衡架。

**图 3-1-5　砂轮的平衡**

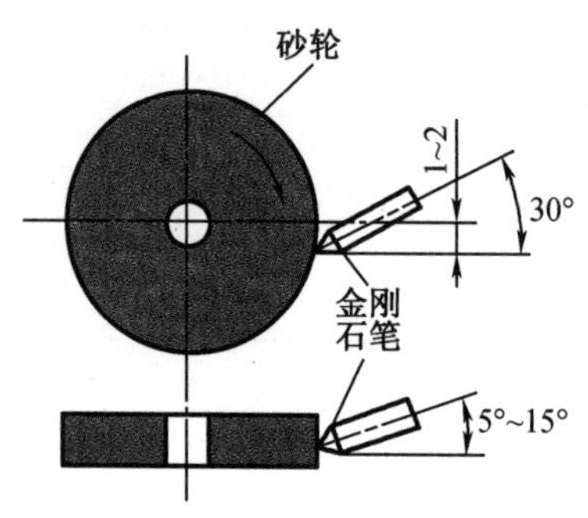


**图 3-1-6　砂轮的修整**

## 四、平面磨床的类型

平面磨床分为立轴式和卧轴式两类。立轴式平面磨床用砂轮的端面磨削平面，卧轴式平面磨床用砂轮的圆周面磨削平面。

1. 卧轴矩台平面磨床

如图 3-1-7 所示，砂轮的主轴轴线与工作台台面平行，工件安装在矩形电磁吸盘上，并随工作台做纵向往复直线运动。砂轮在高速旋转的同时做间歇的横向移动，在工件表面磨去一层后，砂轮反向移动，同时做一次垂直进给，直至将工件磨削到所需的尺寸。

2. 卧轴圆台平面磨床

如图 3-1-8 所示，砂轮的主轴是卧式的，工作台是圆形电磁吸盘，用砂轮的圆周面磨削平面。磨削时，圆形电磁吸盘将工件吸在一起做单向匀速旋转，砂轮除高速旋转外，还在圆台外缘和中心之间做往复运动，以完成磨削进给。每往复一次或每次换向后，砂轮向工件做一次垂直进给，直至将工件磨削到所需的尺寸。由于工作台是连续旋转的，所以磨削效率高，但不能磨削台阶面等复杂的平面。

图 3-1-7　卧轴矩台平面磨床

图 3-1-8　卧轴圆台平面磨床

3. 立轴矩台平面磨床

如图 3-1-9 所示，砂轮的主轴与工作台垂直，工作台是矩形电磁吸盘，用砂轮的端面磨削平面。这类磨床只能磨简单的平面零件。由于砂轮的直径大于工作台的宽度，砂轮不需要做横向进给运动，故磨削效率较高。

4. 立轴圆台平面磨床

如图 3-1-10 所示，砂轮的主轴与工作台垂直，工作台是圆形电磁吸盘，用砂轮的端面磨削平面。磨削时，工作台匀速旋转，砂轮除做高速旋转外，还定时做垂直进给运动。

5. 双端面磨床

如图 3-1-11 所示，该磨床能同时磨削工件的两个平行面，磨削时工件可连续送料，常用于自动生产线等场合。

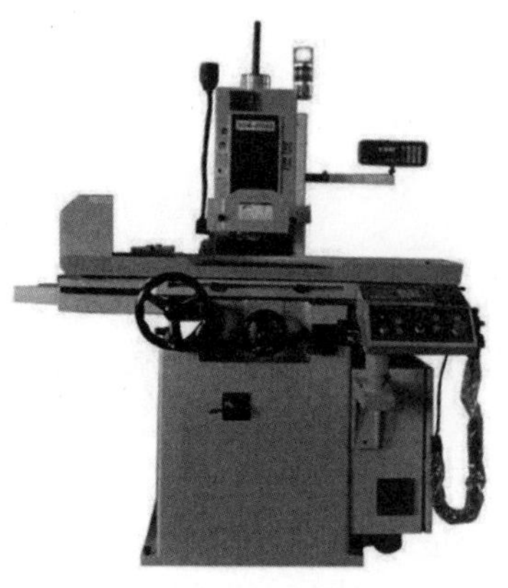

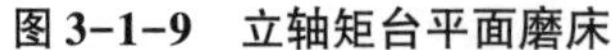
图 3-1-9　立轴矩台平面磨床

图 3-1-10　立轴圆台平面磨床

图 3-1-11　双端面磨床

## 五、平面磨削的方法

磨削平面时，一般是以一个平面为定位基准来磨削另一个平面。如果两个平面都要求磨削并要求平行，则可互为基准反复磨削。

平面磨削的常用方法有如下两种。

1. 周磨法

周磨法如图 3-1-12(a)所示，用砂轮圆周面磨削工件。采用周磨法磨削时，由于砂轮与工件的接触面积小，排屑、冷却条件好，工件发热变形小，且磨削较均匀，所以能获得较好的加工质量。但是，该磨削方法的生产率低，仅适用于精磨。

2. 端磨法

端磨法如图 3-1-12(b)所示，用砂轮端面磨削工件。采用端磨法磨削时，由于砂轮与工件的接触面积较大，故生产率高，但是磨削的精度低，故适用于粗磨。

## 六、切削用量及其选择

1. 砂轮的圆周速度 $v_c$

提高砂轮的圆周速度可以提高磨削效率，但是转速过高会引起砂轮碎裂，过低会影响表面质量。一般情况下，砂轮的圆周速度为 15~25 m/s，采用周磨法磨削时可比端磨法磨削时的圆周速度略高些。

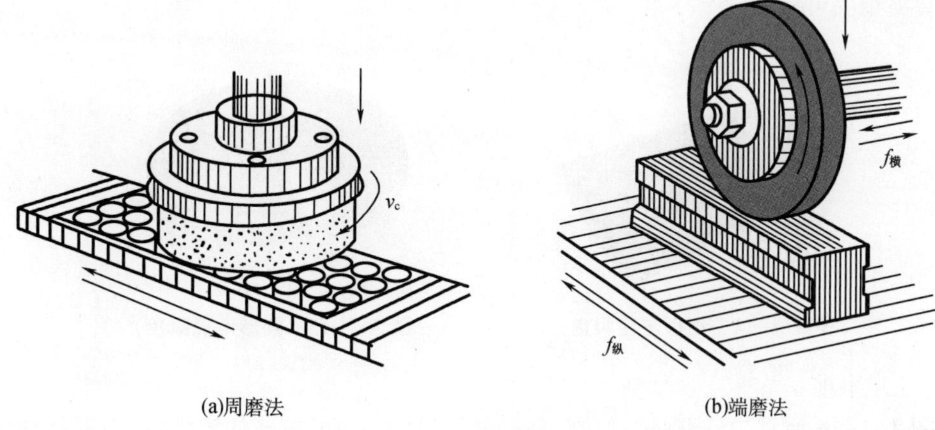


(a)周磨法　　(b)端磨法

**图 3-1-12　平面磨削的常用方法**

2. 砂轮的垂直进给量 $f_垂$

粗磨时,砂轮的垂直进给量一般为 0.015～0.03 mm,精磨时一般为 0.005～0.01 mm。

3. 工作台的纵向进给量 $f_纵$

工作台的纵向进给量一般为 1～12 m/min,进给量越大,磨削的表面粗糙度就越大。

**七、工件的装夹**

平面磨削的装夹方法应根据工件的形状、尺寸和材料而定,常用方法有电磁吸盘装夹、精密平口钳装夹等。

1. 电磁吸盘及其使用

电磁吸盘如图 3-1-13 所示,主要用于由钢、铸铁等磁性材料制成的有两个平行面的工件的装夹。

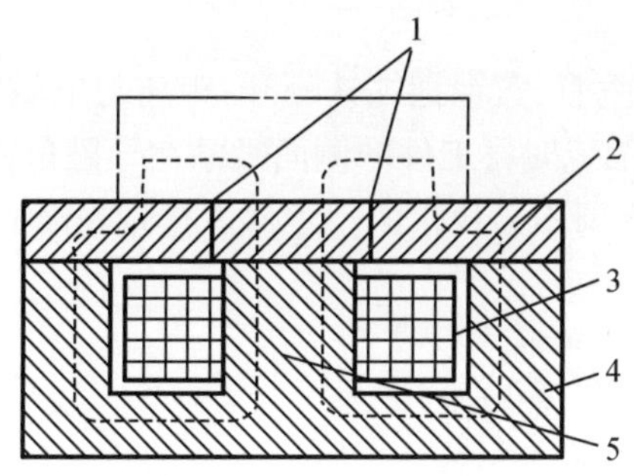


1—绝缘层;2,5—方铁;3—线圆;4—吸盘体。

**图 3-1-13　电磁吸盘**

(1)电磁吸盘的工作原理和结构

电磁吸盘的外形有矩形和圆形两种,如图 3-1-14、图 3-1-15 所示,分别用于矩形工作台平面磨床和圆形工作台平面磨床。

(2)电磁吸盘装夹工件的特点

①工件装卸迅速、方便,并可以同时装夹多个工件。

②工件的定位基准面被均匀地吸紧在台面上,能很好地保证平行面的平行度公差。

③装夹稳固可靠。

图 3-1-14　矩形电磁吸盘

图 3-1-15　圆形电磁吸盘

(3)注意事项

如图 3-1-16 所示,当磨削键、垫圈、薄壁套等尺寸小而壁较薄的零件时,因零件与工作台接触面积小、吸力弱,所以在工件四周或左右两侧用挡铁围住,以免工件走动。

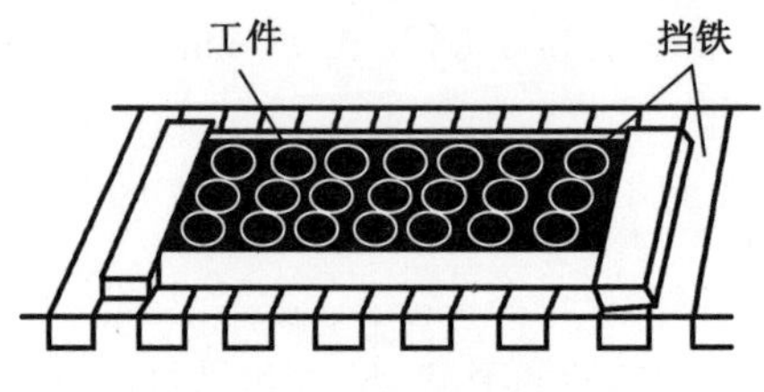


图 3-1-16　用挡铁围住工件

2. 垂直面磨削时工件的装夹

(1)用侧面有吸力的电磁吸盘装夹

这种电磁吸盘不仅其工作台板的上平面能吸住工件,其侧面还能吸住工件。当被磨平面中有与其垂直的相邻面且工件体积不很大时,用这种电磁吸盘装夹比较方便、可靠。

(2)用导磁角铁装夹

导磁角铁有四个面互相垂直,黄铜把纯铁隔开,距离与电磁吸盘一样,磁力线可以延伸到上面,如图 3-1-17 所示,加工时将工件的侧面吸贴在导磁角铁的侧面上。此种装夹方法能得到较高的垂直度,适合磨削不易找正的小零件或比较光滑的工件。

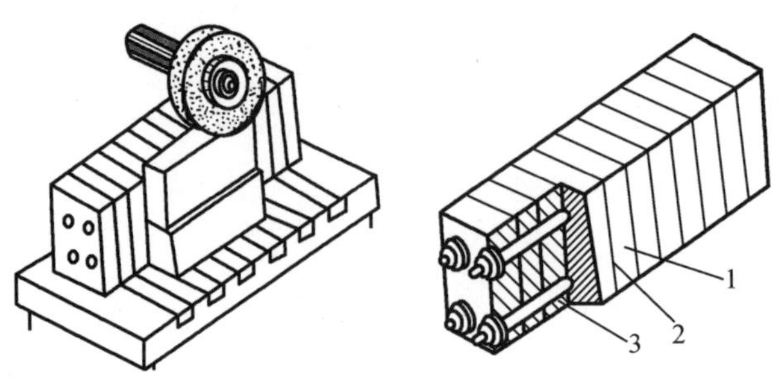


1—纯铁;2—黄铜片;3—螺栓。

图 3-1-17　用导磁角铁装夹

(3)用精密平口钳装夹

精密平口钳由平口钳体、固定钳口、活动钳口、螺杆等组成,如图 3-1-18 所示。其特点是平口面对其侧面的垂直度公差很小,仅0.005 mm,适合装夹小型导磁或非磁性材料的工件。这种装夹方法较简便,生产率高,且能保证工件的加工精度。

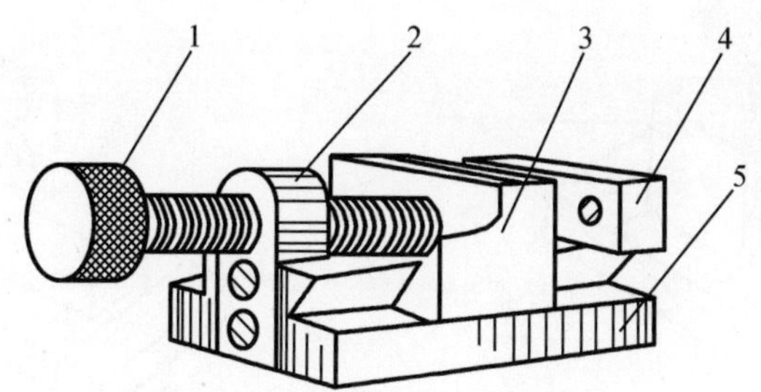


1—螺杆;2—凸台;3—活动钳口;4—固定钳口;5—平口钳体。

**图3-1-18　精密平口钳**

(4)用精密角铁装夹

精密角铁具有两个互相垂直的工作平面,其垂直度为0.005 mm,可达到较高的加工精度。磨削时,工件以精加工过的面贴紧在精密角铁的垂直面上,用压板和螺钉夹紧,并用百分表校正后进行加工。此种方法虽装夹较麻烦,但可以获得较高的垂直度,通常适合装夹大小、质量均比精密角铁小的导磁或非磁性垂直面工件,如图3-1-19所示。

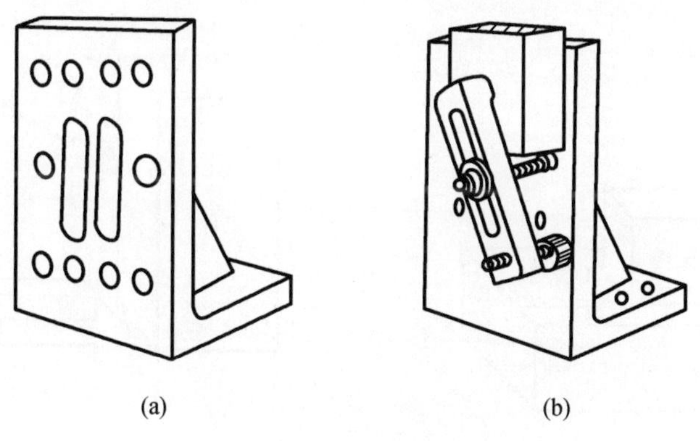

(a)　　(b)

**图3-1-19　用精密角铁装夹**

(5)用精密V形块装夹

用螺栓把工件固定在V形块里,然后找正、夹紧,如图3-1-20所示。用精密V形块装夹适合磨削较大的圆柱形工件端面,可保证端面对圆柱轴线的垂直度公差。

(6)垫纸法

垫纸法适用于对垂直度要求不高的工件,主要有如下三种。

①用百分表找正

如图3-1-21所示,将百分表头打在工件的侧面,上下、前后移动看表上的读数,若误差大,则在工件下面垫纸,使百分表读数达到很小的跳动量。

②用圆柱角尺找正垂直面

如图3-1-22所示,把圆柱角尺和工件都放在平板上,让工件慢慢向圆柱角尺靠拢,观察间隙,然后在工件下面垫纸,使间隙均匀,再磨削上平面。

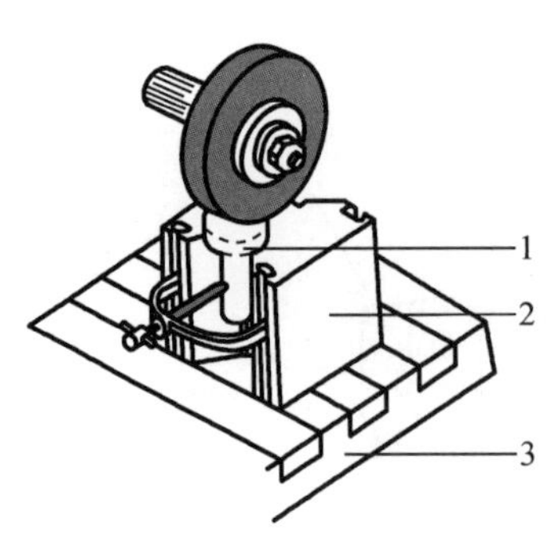

1—工件;2—精密 V 形架;3—电磁吸盘。

**图 3-1-20 用精密 V 形块装夹**

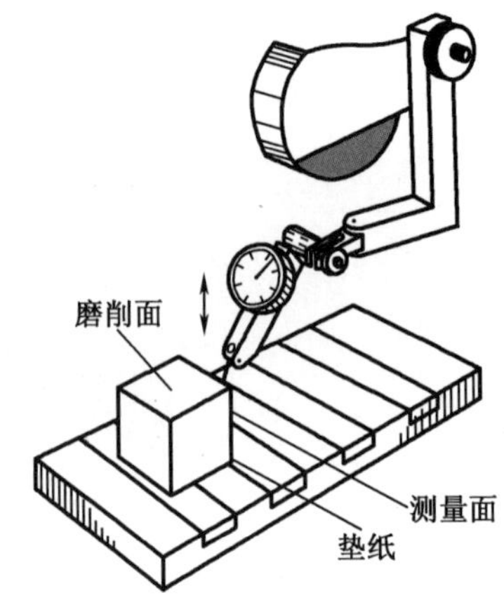


**图 3-1-21 用百分表找正**

③用专用百分表座找正垂直面

如图 3-1-23 所示,先把圆柱角尺和百分表座放在平板上,让百分表座的定位点顶住工件下部最大外圆处,表头接触工件的上部,调到零;将圆柱角尺移走,把工件放到原位置,看百分表上的读数;然后在工件下面垫纸,使百分表上的读数几乎接近零,之后再磨削上平面。

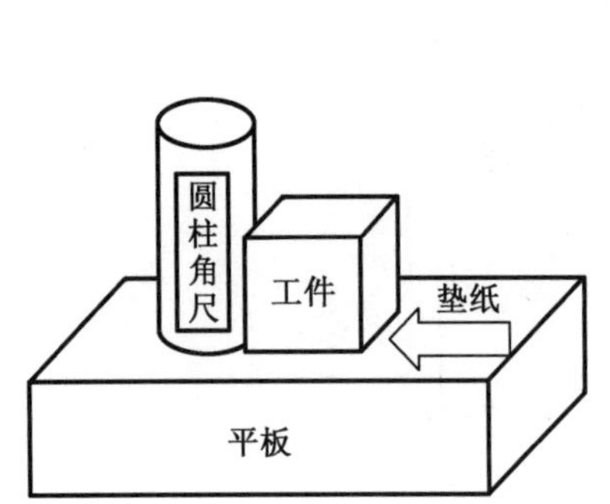


**图 3-1-22 用圆柱角尺找正垂直面**

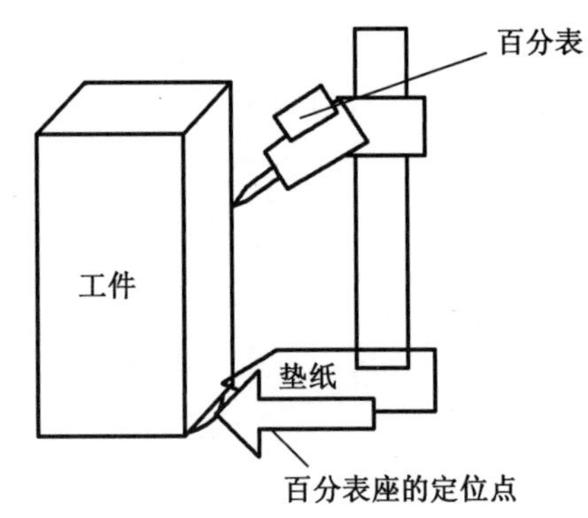


**图 3-1-23 用专用百分表座找正垂直面**

3. 倾斜面磨削时工件的装夹

(1)用正弦规和精密角铁装夹

正弦规是一种精密量具,使用时,根据所磨工件斜面的角度算出需要垫入的块规高度,如图 3-1-24 所示。

(2)用正弦精密平口钳和正弦电磁吸盘装夹

正弦精密平口钳的最大倾斜角度为 45°,而正弦电磁吸盘是用电磁吸盘代替了正弦精密平口钳中的平口钳,它的最大回转角度也是 45°。它们一般可用于装夹厚度较薄的工件,如图 3-1-25 所示。

(3)用导磁 V 形架装夹

导磁 V 形架的结构和使用原理与导磁角铁相同。用导磁 V 形架装夹的工件的倾斜角不能调整,因而适用于批量生产,如图 3-1-26 所示。

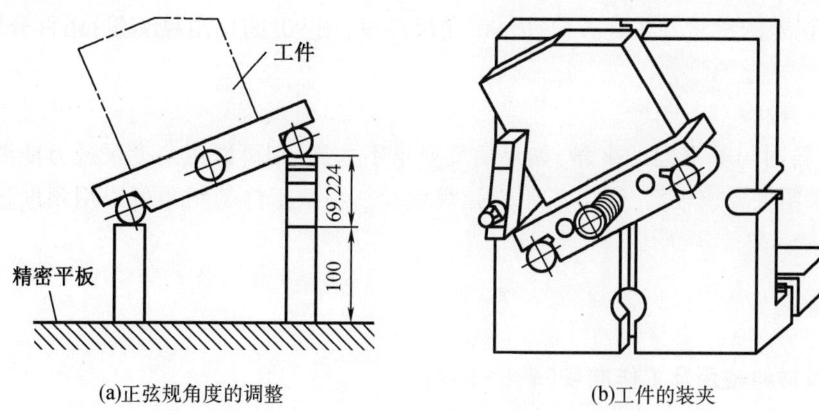

(a)正弦规角度的调整　　(b)工件的装夹

**图 3-1-24　用正弦规和精密角铁装夹**

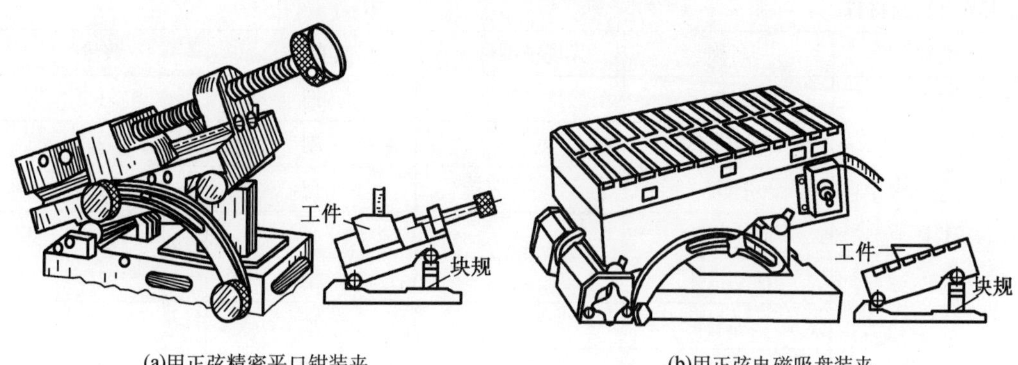

(a)用正弦精密平口钳装夹　　(b)用正弦电磁吸盘装夹

**图 3-1-25　用正弦精密平口钳和正弦电磁吸盘装夹**

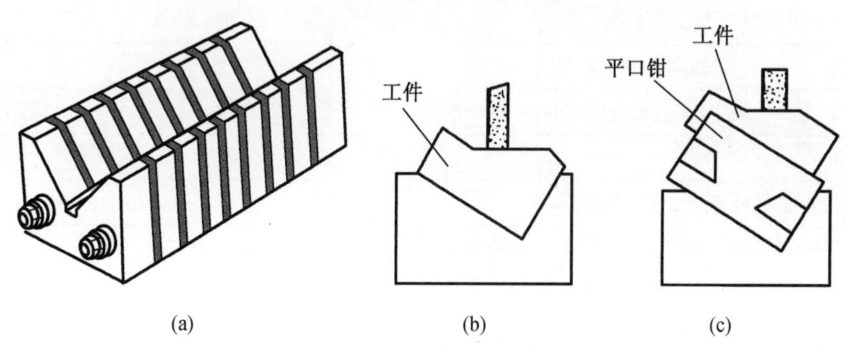

(a)　　(b)　　(c)

**图 3-1-26　用导磁 V 形架装夹**

## 八、平面的精度检验

平面的精度检验包括尺寸精度、形状精度、位置精度和表面粗糙度这四项内容的检验。

1. 平面度误差的检验

平面度误差的检验可采用涂色法、透光法和千分表法。

2. 平行度误差的检验

平行度误差的检验方法有两种：用外径千分尺（或杠杆千分尺）测量；用千分表（或百分表）测量。

3. 垂直度误差的检验

垂直度误差的检验方法有三种:用 90°角尺测量;用 90°圆柱角尺测量;用百分表(或千分表)测量。

4. 角度的检验

对于倾斜面与基准面的夹角,如果精度要求不太高,则可以用角度尺或万能游标角度尺检验;如果精度要求较高,则可以用正弦规检验。小型工件的斜角可以用角度量块比较测量。

## 【任务实施】

### 一、工具材料领用及工作准备(表 3-1-2)

**表 3-1-2 工具材料领用及工作准备表**

| 1. 工具/设备/材料 | | | | |
|---|---|---|---|---|
| 类别 | 名称 | 规格型号 | 单位 | 数量 |
| 工具 | 虎钳扳手 | | 把 | 1 |
| | 等高垫铁 | | 副 | 2 |
| | 锉刀 | | 把 | 1 |
| | 胶木榔头 | | 套 | 1 |
| | 活动扳手 | | 把 | 1 |
| | 油石 | | 片 | 若干 |
| | 卫生清洁工具 | | 套 | 1 |
| 量具 | 90°角尺 | | 把 | 1 |
| | 百分表 | | 把 | 1 |
| 设备 | 立轴圆台平面磨床 | | 台 | 1 |
| 材料 | 深沟球轴承套圈坯件 | | 件 | 按图样 |
| 2. 工作准备 | | | | |
| (1)技术资料:工作任务卡 1 份、教材 | | | | |
| (2)工作场地:有良好的照明、通风和消防设施等条件 | | | | |
| (3)工具、设备:按工具和设备栏目准备相关工具和设备 | | | | |
| (4)建议分组实施教学。每 2~3 人为一组,每组准备一台立轴圆台平面磨床。通过分组讨论完成零件的工艺分析及加工工艺方案设计,通过演示和操作训练完成零件的加工 | | | | |
| (5)劳动保护:穿戴工作服、工作帽等劳保用品 | | | | |

### 二、实训步骤和方法

(1)将砂轮修整器移到砂轮中心左前方约 5 mm 处,用上下手轮慢慢下刀,当听到有声响后,在显示器上归零,每次下刀 0.03 mm,修整器在砂轮下匀速来回,当听到声音清脆、完整时,表示砂轮已修平,然后下刀 0.01 mm,慢慢前后来回修整砂轮两次。

(2)根据工件的长短调节左右调距滑块,使工件在砂轮下左右移动合适。

(3)当工件的一面加工好后,拿下工件,将工件和工作台面擦干净,然后按上面的程序再加工另一面。

(4)加工中要进行检测,直到将工件加工到要求为止。

**三、注意事项**

①工作前检查双端面磨床砂轮及砂轮罩是否完好无崩裂,是否安装正确、紧固可靠。无砂轮罩的机床不准开动。

②每次启动砂轮前,应将液压开停阀置于停止位置,调整手柄在最低速位置,砂轮座快速进给手柄在后退位置,以免发生意外。

③每次启动双端面磨床砂轮前,应先启动润滑泵或静压供油系统油泵,待砂轮主轴润滑正常,水银开关顶起或静压力达到设计规定值,砂轮主轴浮起时,才能启动砂轮回转。

④刚开始磨削时进给量要小,切削速度要慢些,防止砂轮因冷脆而破裂,特别是冬天气温低时更应注意。

⑤砂轮快速引进工件时,不准机动进给,不许进大刀,注意工件突出棱角部位,防止碰撞。

⑥砂轮主轴温度超过 60 ℃时必须停车,待温度恢复正常后再工作。

⑦对于使用切削液的双端面磨床,工作后应将冷却泵关掉,让砂轮空转几分钟甩净切削液后,再使砂轮停止回转。

## 【平面的磨削加工工作单】

**计划单**

| 实训项目 3 | 磨削加工实训 | 任务 1 | 平面的磨削加工 |
|---|---|---|---|
| 工作方式 | 组内讨论、团结协作共同制定计划,小组成员进行工作讨论,确定工作步骤 | 计划学时 | 1 学时 |
| 完成人 | 1.　2.　3.　4.　5.　6. | | |
| 计划依据:1. 深沟球轴承套圈零件图 | | | |

| 序号 | 计划步骤 | 具体工作内容描述 |
|---|---|---|
| 1 | 准备工作(准备软件、图纸、工具、量具,谁去做?) | |
| 2 | 组织分工(成立组织,人员具体都完成什么?) | |
| 3 | 制定加工过程方案(先设计什么? 再设计什么? 最后完成什么?) | |
| 4 | 阶梯轴的车削加工(加工前准备什么? 使用哪些工具、量具? 如何完成加工? 加工过程发现哪些问题? 如何解决?) | |
| 5 | 整理资料(谁负责? 整理什么?) | |
| 制定计划说明 | (对各人员完成任务提出可借鉴的建议或对计划中的某一方面做出解释) | |

**决策单**

| 实训项目 3 | 磨削加工实训 | | 任务 3 | 平面的磨削加工 | |
|---|---|---|---|---|---|
| 决策学时 | | | 1 学时 | | |
| 决策目的：平面的磨削加工方案对比分析，比较设计质量、设计时间、设计成本等 | | | | | |
| 设计方案对比 | 组号<br>成员 | 设计的可行性<br>(设计质量) | 设计的合理性<br>(设计时间) | 设计的经济性<br>(设计成本) | 综合评价 |
| | 1 | | | | |
| | 2 | | | | |
| | 3 | | | | |
| | 4 | | | | |
| | 5 | | | | |
| | 6 | | | | |
| | | | | | |
| | | | | | |
| | | | | | |
| | | | | | |
| | | | | | |
| | | | | | |
| | | | | | |
| | | | | | |
| | | | | | |
| | | | | | |
| | | | | | |
| | | | | | |
| | | | | | |
| | | | | | |
| | | | | | |
| | | | | | |
| 决策评价 | 结果：(将自己的设计方案与组内成员的设计方案进行对比分析，对自己的设计方案进行修改并说明修改原因，最后确定一个最佳方案) | | | | |

**检查单**

<table>
<tr><td>实训项目 3</td><td colspan="2">磨削加工实训</td><td colspan="2">任务 1</td><td colspan="4">平面的磨削加工</td></tr>
<tr><td colspan="3">评价学时</td><td colspan="2">课内 1 学时</td><td colspan="4">第　组</td></tr>
<tr><td>检查目的及方式</td><td colspan="8">在加工过程中,教师对小组的工作情况进行监督、检查,如检查等级为不合格,小组需要整改,并拿出整改说明</td></tr>
<tr><td rowspan="2">序号</td><td rowspan="2">检查项目</td><td rowspan="2">检查标准</td><td colspan="6">检查结果分级<br>(在检查相应的分级框内划“√”)</td></tr>
<tr><td colspan="2">优秀</td><td>良好</td><td>中等</td><td>合格</td><td>不合格</td></tr>
<tr><td>1</td><td>准备工作</td><td>资源是否已查到、材料是否准备完整</td><td colspan="2"></td><td></td><td></td><td></td><td></td></tr>
<tr><td>2</td><td>分工情况</td><td>安排是否合理、全面,分工是否明确</td><td colspan="2"></td><td></td><td></td><td></td><td></td></tr>
<tr><td>3</td><td>工作态度</td><td>小组工作是否积极主动,是否为全员参与</td><td colspan="2"></td><td></td><td></td><td></td><td></td></tr>
<tr><td>4</td><td>纪律出勤</td><td>是否按时完成负责的工作内容、遵守工作纪律</td><td colspan="2"></td><td></td><td></td><td></td><td></td></tr>
<tr><td>5</td><td>团队合作</td><td>是否相互协作、互相帮助,成员是否听从指挥</td><td colspan="2"></td><td></td><td></td><td></td><td></td></tr>
<tr><td>6</td><td>创新意识</td><td>任务完成是否不照搬照抄,看问题是否具有独到见解与创新思维</td><td colspan="2"></td><td></td><td></td><td></td><td></td></tr>
<tr><td>7</td><td>完成效率</td><td>工作单是否记录完整,是否按照计划完成任务</td><td colspan="2"></td><td></td><td></td><td></td><td></td></tr>
<tr><td>8</td><td>完成质量</td><td>工作单填写是否准确,设计过程、尺寸公差是否达标</td><td colspan="2"></td><td></td><td></td><td></td><td></td></tr>
<tr><td>检查评语</td><td colspan="5"></td><td colspan="3">教师签字:</td></tr>
</table>

**小组工作评价单**

| 实训项目 3 | 磨削加工实训 | | 任务 1 | 平面的磨削加工 | | |
|---|---|---|---|---|---|---|
| 评价学时 | | | 课内 1 学时 | | | |
| 班级 | | | 第　组 | | | |
| 考核情境 | 考核内容及要求 | 分值（100） | 小组自评（10%） | 小组互评（20%） | 教师评价（70%） | 实得分（∑） |
| 汇报展示（20 分） | 演讲资源利用 | 5 | | | | |
| | 演讲表达和非语言技巧应用 | 5 | | | | |
| | 团队成员补充配合程度 | 5 | | | | |
| | 时间与完整性 | 5 | | | | |
| 质量评价（40 分） | 工作完整性 | 10 | | | | |
| | 工作质量 | 5 | | | | |
| | 报告完整性 | 25 | | | | |
| 团队情感（25 分） | 核心价值观 | 5 | | | | |
| | 创新性 | 5 | | | | |
| | 参与率 | 5 | | | | |
| | 合作性 | 5 | | | | |
| | 劳动态度 | 5 | | | | |
| 安全文明生产（10 分） | 工作过程中的安全保障情况 | 5 | | | | |
| | 工具正确使用和保养、放置规范 | 5 | | | | |
| 工作效率（5 分） | 能够在要求的时间内完成，每超时 5 分钟扣 1 分 | 5 | | | | |

**小组成员素质评价单**

| 实训项目3 | | 磨削加工实训 | | 任务1 | | 平面的磨削加工 | | |
|---|---|---|---|---|---|---|---|---|
| 班级 | | 第　组 | | 成员姓名 | | | | |
| 评分说明 | | 每个小组成员评价分为自评分和小组其他成员评分两部分，取平均值计算，作为该小组成员的任务评价个人分数。评分项目共设计5个，依据评分标准给予合理量化打分。小组成员自评分后，要找小组其他成员以不记名方式评分 | | | | | | |
| 评分项目 | | 评分标准 | 自评分 | 成员1评分 | 成员2评分 | 成员3评分 | 成员4评分 | 成员5评分 |
| 核心价值观（20分） | | 有无违背社会主义核心价值观的思想及行动 | | | | | | |
| 工作态度（20分） | | 是否按时完成负责的工作内容、遵守纪律，是否积极主动参与小组工作，是否全过程参与，是否吃苦耐劳，是否具有工匠精神 | | | | | | |
| 交流沟通（20分） | | 能否良好地表达自己的观点，能否倾听他人的观点 | | | | | | |
| 团队合作（20分） | | 是否与小组成员合作完成任务，做到相互协作、互相帮助、听从指挥 | | | | | | |
| 创新意识（20分） | | 看问题时能否独立思考、提出独到见解，能否利用创新思维解决遇到的问题 | | | | | | |
| 最终小组成员得分 | | | | | | | | |

**课后反思**

| 实训项目3 | | 磨削加工实训 | 任务1 | 平面的磨削加工 |
|---|---|---|---|---|
| 班级 | | 第　组 | 成员姓名 | |
| 情感反思 | | 通过对本任务的学习和实训，你认为自己在社会主义核心价值观、职业素养、学习和工作态度等方面有哪些需要提高的部分？ | | |

表(续)

| | |
|---|---|
| 知识反思 | 通过对本任务的学习,你掌握了哪些知识点?请画出思维导图。 |
| 技能反思 | 在完成本任务的学习和实训过程中,你主要掌握了哪些技能? |
| 方法反思 | 在完成本任务的学习和实训过程中,你主要掌握了哪些分析和解决问题的方法? |

## 【任务拓展】

需磨削加工的垫板零件如图 3-1-27 所示,识读零件的尺寸精度、几何公差和表面粗糙度要求。

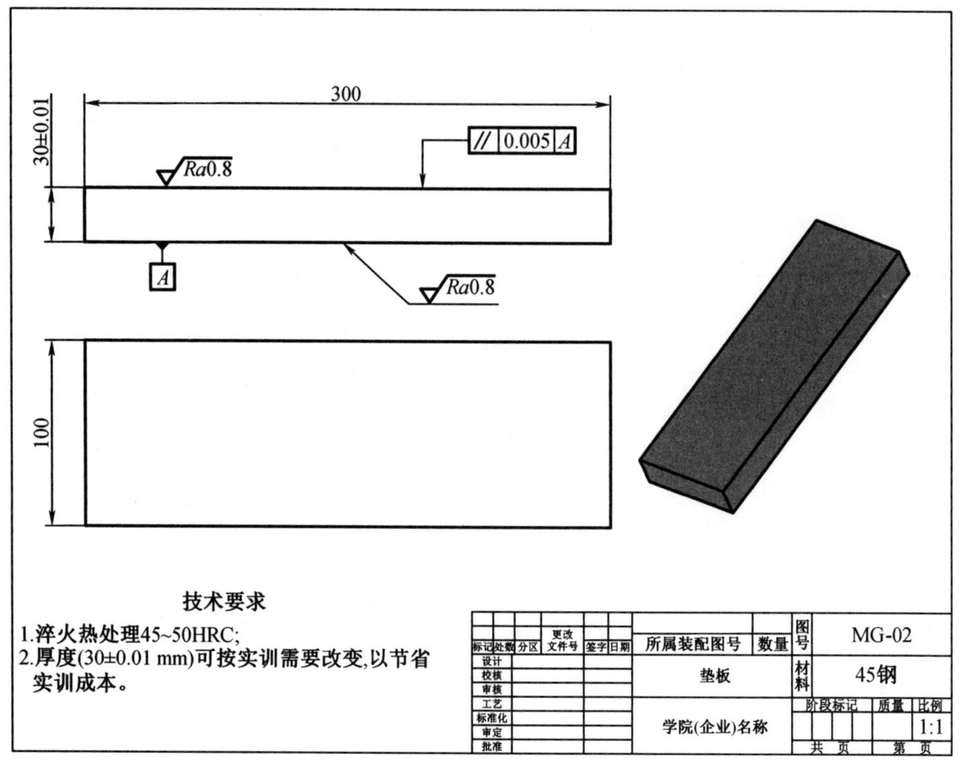


图 3-1-27 垫板零件图

## 【实训报告】

### (一)实训任务书

<table>
<tr><td>课程名称</td><td colspan="2">机械加工实训</td><td>实训项目3</td><td>磨削加工实训</td></tr>
<tr><td>任务1</td><td colspan="2">平面的磨削加工</td><td>建议学时</td><td>4</td></tr>
<tr><td>班级</td><td></td><td>学生姓名</td><td>工作日期</td><td></td></tr>
<tr><td>实训目标</td><td colspan="4">1. 掌握平面的磨削加工工艺制定方案;<br>2. 掌握磨削加工中一般工件的定位、装夹及加工方法;<br>3. 掌握平面磨床的操纵和调整;<br>4. 掌握砂轮的种类、构成、安装及使用;<br>5. 规范合理摆放操作加工所需工具、量具;<br>6. 能按操作规范正确使用平面磨床,并完成平面类零件的磨削加工;<br>7. 能正确使用游标卡尺对零件进行检测;<br>8. 能对所完成的零件进行评价及超差原因分析</td></tr>
<tr><td>实训内容</td><td colspan="4">制定平面的磨削加工工艺方案;平面的磨削加工方法;正确将零件安装在磨床上;正确安装砂轮;规范合理摆放操作加工所需工具、量具;完成平面类零件的磨削加工;正确使用游标卡尺对零件进行检测;对完成的零件进行评价及超差原因分析;完成深沟球轴承套圈坯件加工任务</td></tr>
<tr><td>安全与<br>文明要求</td><td colspan="4">学生听从指导教师的安排及指挥,不在实训室打闹、吃东西,严格遵守实训室管理制度;固定座位,爱护公共设备,如发现设备缺失损坏及时上报指导教师;保持实训室卫生</td></tr>
<tr><td>提交成果</td><td colspan="4">实训报告;深沟球轴承套圈坯件</td></tr>
<tr><td>对学生的要求</td><td colspan="4">1. 按任务要求完成实训任务;<br>2. 牢记学生实训安全守则;<br>3. 遵守铣工安全操作规程;<br>4. 严格遵守课堂纪律,不迟到、不早退,学习态度端正;<br>5. 每位同学必须积极参与小组讨论,并进行操作演示;<br>6. 具备一定的自学能力、资料查询能力,同时具备一定的沟通协调能力、语言表达能力和团队合作意识;<br>7. 认真填写实训报告</td></tr>
<tr><td>考核评价</td><td colspan="4">评价内容:<br>1. 企业管理模式的适应性;<br>2. 完成报告的完整性评价;<br>3. 掌握学生实训安全守则熟练程度等;<br>4. 在实际加工过程中能否遵守铣工安全操作规程。<br>评价方式:由学生自评(自述、评价,占10%)、小组评价(分组讨论、评价,占20%)、教师评价(根据学生学习态度、实训报告及上机实操技能评估,占70%)构成该学生的任务成绩</td></tr>
</table>

（二）实训准备工作

<table>
<tr><td>课程名称</td><td colspan="3">机械加工实训</td><td>实训项目 3</td><td>磨削加工实训</td></tr>
<tr><td>任务 1</td><td colspan="3">平面的磨削加工</td><td>建议学时</td><td>4</td></tr>
<tr><td>班级</td><td></td><td>学生姓名</td><td></td><td>工作日期</td><td></td></tr>
<tr><td>场地准备描述</td><td colspan="5"></td></tr>
<tr><td>设备准备描述</td><td colspan="5"></td></tr>
<tr><td>刀具、夹具、量具、工具准备描述</td><td colspan="5"></td></tr>
<tr><td>知识准备描述</td><td colspan="5"></td></tr>
</table>

(三)实训记录

| 课程名称 | 机械加工实训 | | 实训项目 3 | 磨削加工实训 |
| --- | --- | --- | --- | --- |
| 任务 1 | 平面的磨削加工 | | 建议学时 | 4 |
| 班级 | | 学生姓名 | | 工作日期 | |
| 实训操作过程 | | | | |
| 注意事项 | | | | |
| 改进方法 | | | | |

（四）考核评价表

| 考核项目 | 技术要求 | 分值 | 学生自评分（10%） | 小组评分（20%） | 教师评分（70%） | 实得分 |
|---|---|---|---|---|---|---|
| 程序及工艺（15分） | 程序正确完整 | 5 | | | | |
| | 切削用量合理 | 5 | | | | |
| | 工艺过程规范合理 | 5 | | | | |
| 机床操作（20分） | 刀具选择安装正确 | 5 | | | | |
| | 对刀及工件坐标系设定正确 | 5 | | | | |
| | 机床操作规范 | 5 | | | | |
| | 工件加工正确 | 5 | | | | |
| 工件质量（40分） | 尺寸精度符合要求 | 30 | | | | |
| | 表面粗糙度符合要求 | 8 | | | | |
| | 无毛刺 | 2 | | | | |
| 安全文明生产（15分） | 安全操作 | 5 | | | | |
| | 机床维护与保养 | 5 | | | | |
| | 工作场所整理 | 5 | | | | |
| 相关知识及职业能力（10分） | 数控加工基础知识 | 2 | | | | |
| | 自学能力 | 2 | | | | |
| | 表达沟通能力 | 2 | | | | |
| | 合作能力 | 2 | | | | |
| | 创新能力 | 2 | | | | |
| 总分（∑） | | 100 | | | | |

# 实训任务2　外圆的磨削加工

## 【任务目标】

1. 完成外圆的磨削加工工艺方案制定；
2. 完成磨削加工中一般工件的定位、装夹及加工；
3. 熟练操纵和调整万能外圆磨床；
4. 描述并掌握砂轮的种类、构成、安装及使用方法；
5. 规范合理摆放操作加工所需工具、量具；
6. 正确使用游标卡尺对零件进行检测；
7. 完成零件的评价及超差原因分析；
8. 根据操作规范正确使用万能外圆磨床，正确选择磨削用量，完成外圆类零件的磨削加工任务。

【任务描述】

本实训任务是磨削深沟球轴承套圈的外圆，其零件图如图 3-2-1 所示。深沟球轴承如图 3-2-2 所示。

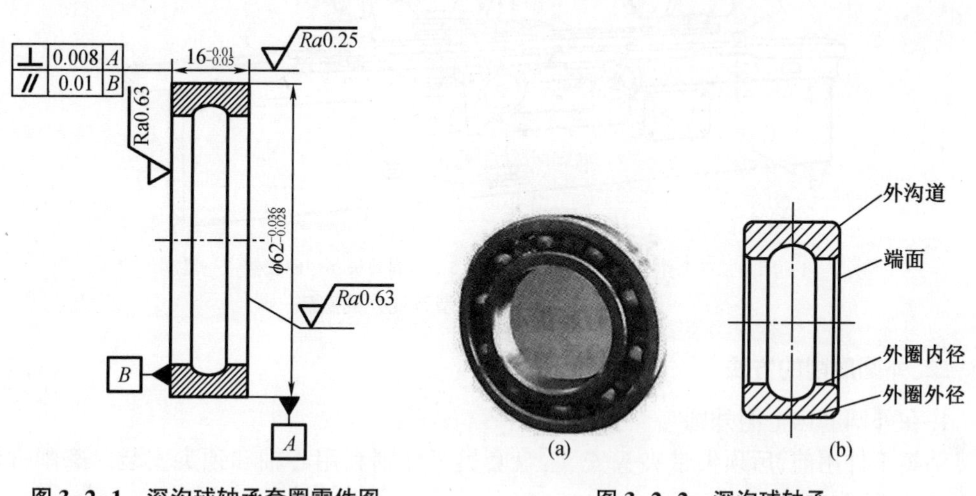


图 3-2-1　深沟球轴承套圈零件图　　图 3-2-2　深沟球轴承

【任务分析】

磨削深沟球轴承套圈的外圆须在无心外圆磨床上完成。

【相关知识】

**一、外圆磨床**

外圆磨床分普通外圆磨床和万能外圆磨床。

普通外圆磨床可以磨削外圆面、端面及外圆锥面，万能外圆磨床还可以磨削内圆面、内圆锥面。

万能外圆磨床主要由床身、工作台、头架、尾座、砂轮架、内圆磨头及砂轮等部分组成，如图 3-2-3 所示。

万能外圆磨床的头架上面装有电动机，经头架左侧的带传动使主轴转动，可改变 V 带的连接位置，使主轴获得不同的转速。另外，主轴上一般采用顶尖或卡盘来夹持工件并带动其旋转。

砂轮装在砂轮架的主轴上，由单独的电动机带动旋转。砂轮架可沿床身后部的横向导轨前后移动，其移动的方法有自动周期进给、快速引进或退出以及手动三种，其中前两种方法是靠液压传动实现的。

工作台有两层，下工作台可在床身导轨上做纵向往复运动，上工作台能相对于下工作台在水平面内偏转一定的角度，以便磨削圆锥面。另外，工作台上装有头架和尾座。

万能外圆磨床的头架和砂轮架下面都装有转盘，该转盘能绕竖直轴旋转较大的角度，另外还增加了内圆磨头等附件，因此万能外圆磨床还可以磨削内圆面和锥度较大的内、外圆锥面。

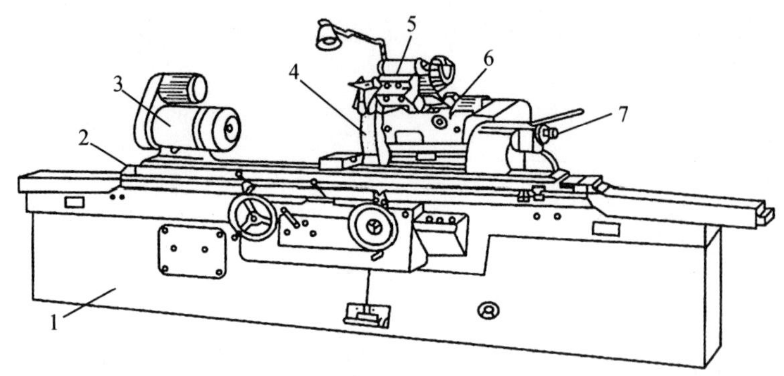


1—床身；2—工作台；3—头架；4—砂轮；5—内圆磨头；6—砂轮架；7—尾座。

**图 3-2-3　M1432A 型万能外圆磨床**

## 二、外圆磨削的方法

1. 在外圆磨床上磨外圆

轴类工件用前、后顶尖带夹头安装，盘套类工件则利用心轴和顶尖安装。磨削方法如图 3-2-4 所示。

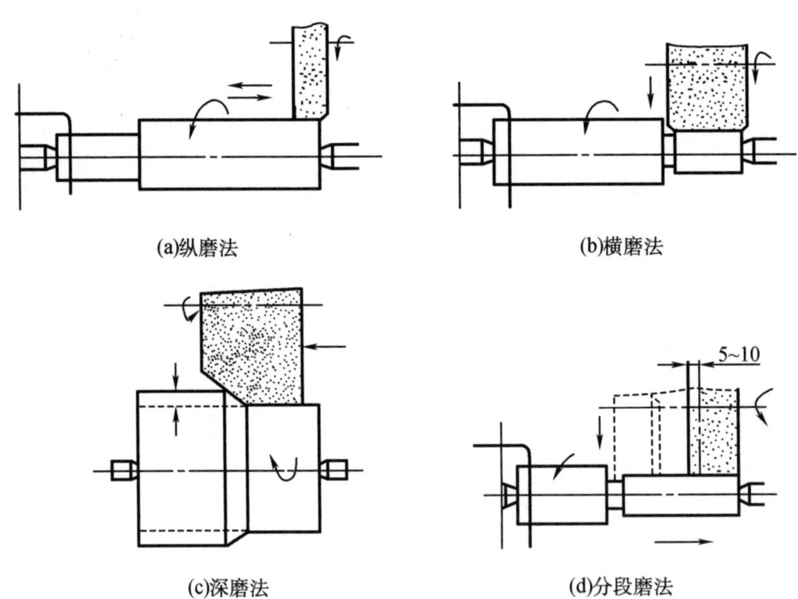


(a)纵磨法　(b)横磨法

(c)深磨法　(d)分段磨法

**图 3-2-4　在外圆磨床上磨外圆的方法**

(1)纵磨法

纵磨法是最常用的磨削方法。磨削外圆时，工件转动并随工作台做纵向往复移动，在每次单行程(或双行程)终了时，砂轮做一次横向进给运动。当磨削加工接近最终尺寸时，可连续几次进行无横向进给的光磨，直到火花消失为止，如图 3-2-5 所示。

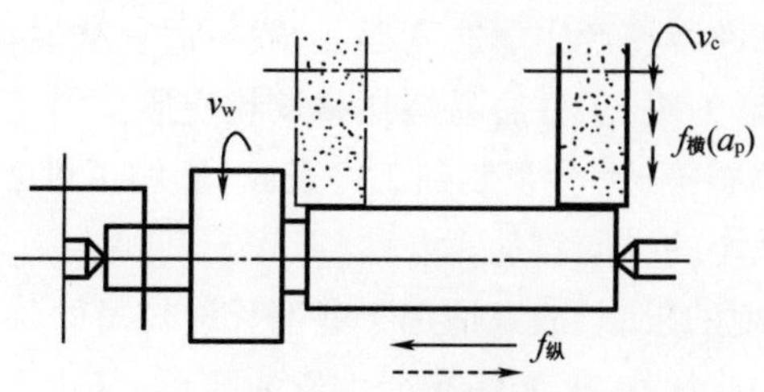

图 3-2-5 纵磨法

磨削时,砂轮高速旋转($v_c$ = 30~50 m/s),工件由头架带动低速旋转做圆周进给运动。圆周速度一般取 13~26 m/min,粗磨时取大值,精磨时取小值。

工作台带动工件做往复运动。纵向进给量一般为砂轮宽度 $B$ 的 20%~80%,粗磨时取大值,精磨时取小值。

在每次往复行程之后,砂轮做一次横向进给运动,每次进给量很小,一般为 0.005~0.015 mm。

纵磨法的磨削精度高,表面粗糙度 $Ra$ 小,适应性好,因此该方法适用于单件小批量生产和细长轴的精磨。

纵磨法的特点如下:

①在砂轮整个宽度上,磨粒的工作情况不同,砂轮左端面(或右端面)尖角承担主要的切削工作,工件部分磨削余量均由砂轮尖角处的磨粒切除,而砂轮宽度上的绝大部分磨粒起减小工件表面粗糙度的作用。纵磨法的磨削力小,散热条件好,可获得较高的加工精度和较小的表面粗糙度。

②劳动生产率低。

③磨削力较小,适用于细长、精密或薄壁工件的磨削。

(2)横磨法

横磨法又称切入磨削法,如图 3-2-5 所示,被磨削工件的外圆长度应小于砂轮宽度,磨削时砂轮做连续或间断的横向进给运动,直到磨去全部余量为止。砂轮磨削时无纵向进给运动。粗磨时可采用较高的切入速度;精磨时切入速度则较低,以防止工件烧伤和发热变形。

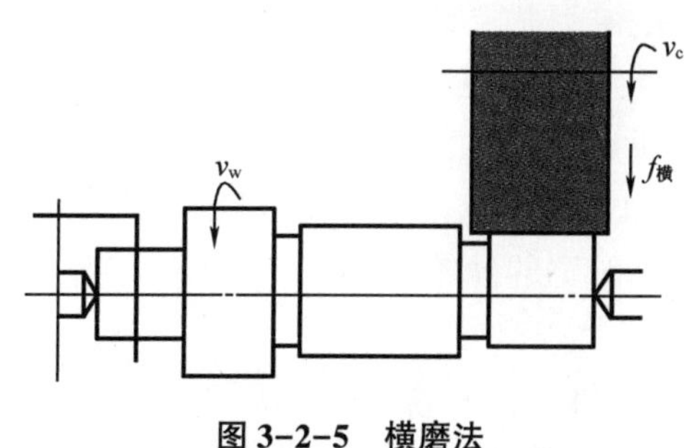

图 3-2-5 横磨法

横磨法的特点如下:

①整个砂轮宽度上磨粒的工作情况相同,横磨法充分发挥了所有磨粒的磨削作用,同时由于采用连续的横向进给,缩短了磨削的基本时间,故生产率较高。

②径向磨削力较大,工件容易产生弯曲变形,一般不适宜磨削较细的工件。

③磨削时产生较多的磨削热,工件容易烧伤和发热变形。

④砂轮表面的形态(修整痕迹)会复制到工件表面,影响工件表面粗糙度。为了消除该缺陷,可在横磨终了时做微小的纵向移动。

⑤横磨法因受砂轮宽度的限制,故只适用于磨削长度较短的外圆面。

由于横磨法的径向磨削力大,故工件易产生弯曲变形,又由于砂轮与工件的接触面积大,产生的热量多,故工件容易被烧伤,但横磨法的生产率较高,因此适用于大批量生产中精度要求较低、刚性好的零件外圆的磨削。

对于阶梯轴类零件,当外圆表面磨到尺寸后,还要磨削轴肩端面。这时只要用手摇动纵向移动手柄,使工件的轴肩端面靠向砂轮,磨平即可,如图 3-2-6 所示。

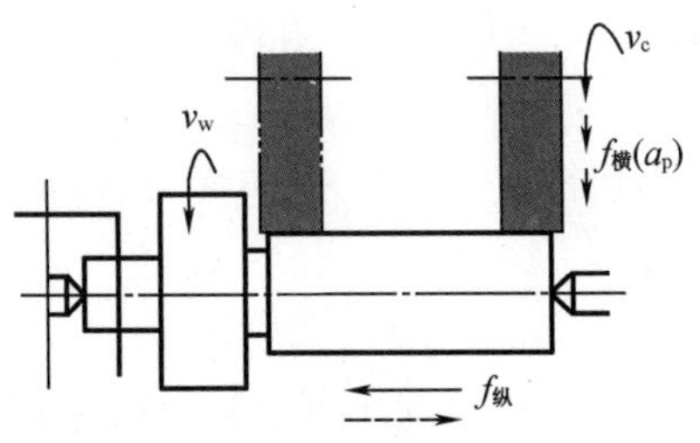


**图 3-2-6　磨轴肩端面**

(3)深磨法

深磨法是一种用得较多的磨削方法,采用较大的背吃刀量在一次纵向进给中磨去工件的全部磨削余量。由于磨削基本时间缩短,故劳动生产率高。

深磨法的特点如下:

①适宜磨削刚性好的工件。

②磨床应具有较大的功率和较好的刚度。

③磨削时采用较小的单方向纵向进给,砂轮纵向进给方向应面向头架并锁紧尾座套筒,以防止工件脱落。砂轮硬度应适中,且具有良好的磨削性能。

(4)分段磨法

分段磨法又称综合磨法,它是横磨法与纵磨法的综合应用,即先用横磨法对工件分段粗磨,留 0.03~0.04 mm 余量,然后用纵磨法将工件精磨至尺寸。这种磨削方法既具有横磨法生产率高的优点,又具有纵磨法加工精度高的优点。分段磨削时,相邻两段间应有 5~10 mm 的重叠。这种磨削方法适用于磨削余量较多和刚性较好的工件,且工件的长度要适当。考虑到磨削效率,应采用较宽的砂轮,以减小分段数。当加工表面的长度为砂轮宽度的 2~3 倍时为最佳状态。

2. 在无心外圆磨床上磨外圆

无心磨削是工件不定中心的磨削,有无心外圆磨削和无心内圆磨削两种。

(1)工作原理

将工件放在砂轮和导轮之间,以被磨削表面为基准,工件由托板和导轮支承。砂轮通过摩擦力带动工件转动,导轮靠摩擦力旋转,砂轮与工件间有很大的速度差,从而产生磨削作用。工件中心须高出砂轮与导轮中心的连线,这样工件与砂轮和导轮的接触点不对称,从而使工件上的凸点在多次转动中被逐渐磨圆。

无心外圆磨削如图 3-2-7 所示。在无心外圆磨床上加工工件时,工件不需打中心孔,且安装工件省时省力,可连续磨削,所以生产率较高,特别适合大批大量生产销轴类零件。

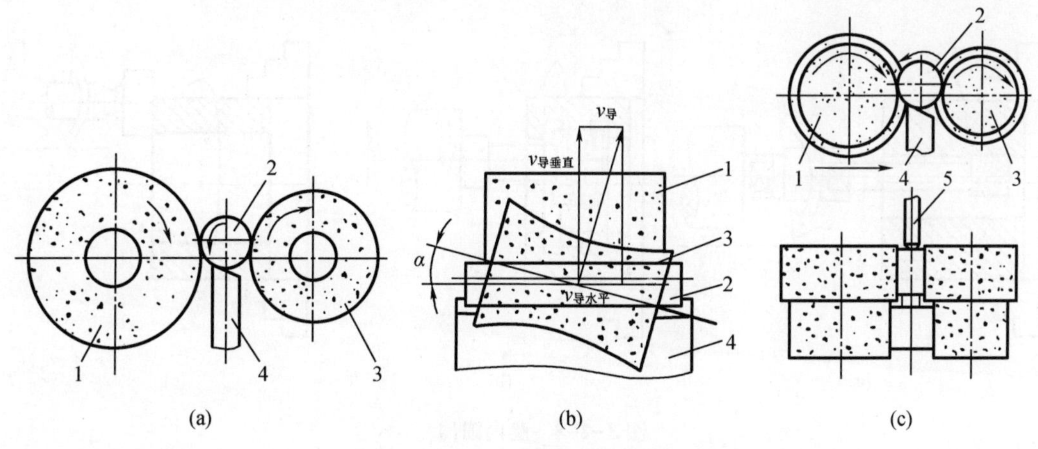


1—砂轮;2—工件;3—导轮;4—托板;5—挡块。

**图 3-2-7　无心外圆磨削**

(2)磨削方式

无心外圆磨削有两种方式:

①贯穿磨削(纵磨法):导轮轴线在垂直平面内倾斜一个角度,磨削时将工件从机床前面放到托板上并推进磨削区域,在导轮与工件间水平摩擦力的作用下,工件沿轴向移动,完成纵向进给。这种方法适用于不带凸台的圆柱形工件,磨削长度可大于或小于砂轮宽度,效率较高。

②切入磨削(横磨法):将工件放在托板和导轮之间,使磨削砂轮横向切入进给以磨削工件表面。导轮中心线须偏转一个很小的角度(约 30′),使工件在微小轴向摩擦力的作用下紧靠挡块,得到可靠的轴向定位。

(3)无心外圆磨削的特点

①工件不需要打中心孔,支承刚性好,磨削余量小而均匀,生产率高,易实现自动化,适合成批生产。

②加工精度高,其中尺寸精度可达 IT6~IT5,形状精度也较好,表面粗糙度 $Ra$0. 25~0. 16 μm。

③不能加工断续表面,如花键、单键槽表面等。

④只能加工尺寸较小、形状简单的零件。

3. 磨台阶面

工件的台阶面可在磨好外圆以后,用手移动工作台借砂轮端面磨出。磨削时,需将砂轮横向稍微退出一些,手摇工作台,待砂轮与工件端面接触后,做间断的进给,并注意浇注充分的切削液,以免烧伤工件。通常可将砂轮端面修成内凹形,以减小砂轮与工件的接触面积,提高磨削质量。

磨台阶面时,砂轮受到很大的侧面压力,因此操作时要细心地移动工作台,当工件端面与砂轮接触后,可用手轻轻敲打纵向进给手轮,使进给量小而均匀。

4. 磨内圆

内圆磨削可以在内圆磨床上进行,如图 3-2-8 所示,也可以在万能外圆磨床上进行。其工艺范围是通孔、盲孔、孔口端面。

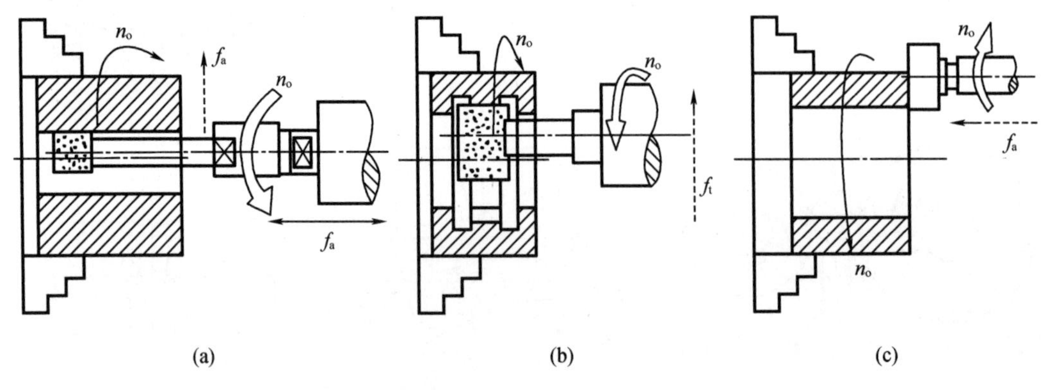


**图 3-2-8　磨内圆(1)**

磨内圆时,一般以工件的外圆和端面作为定位基准,采用四爪卡盘或三爪自定心卡盘装夹工件,如图 3-2-9(a)所示。

磨内圆通常在内圆磨床或万能外圆磨床上进行,磨削时砂轮与工件的接触方式有两种(图 3-2-9(b)):后面接触,用于内圆磨床,便于操作者观察加工表面;前面接触,用于万能外圆磨床,便于自动进给。

内圆磨削的特点如下:

(1)砂轮直径小,容易磨钝,须经常修整和更换。

(2)为保证磨削速度,砂轮转速要求高。

(3)砂轮轴细小,悬伸长度大,刚性差,磨削时易产生弯曲和振动,加工精度和表面粗糙度难以控制。

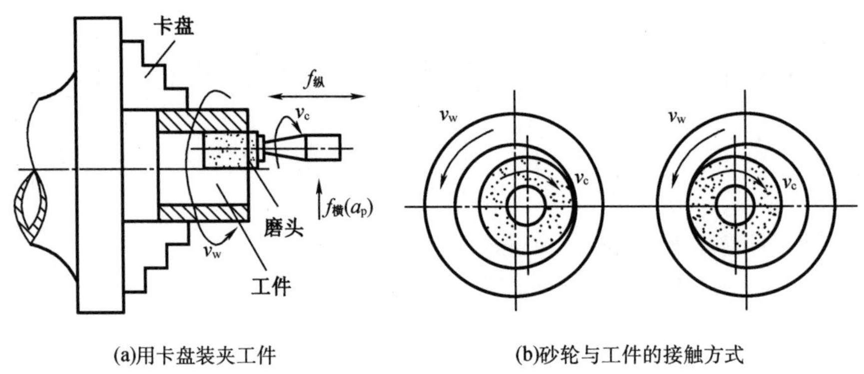


(a)用卡盘装夹工件　(b)砂轮与工件的接触方式

**图 3-2-9　磨内圆(2)**

## 三、外圆砂轮的选择

1. 砂轮的选择原则

砂轮的选择不仅影响工件的加工精度和表面质量，还影响砂轮的损耗、使用寿命、生产率和生产成本。要达到合理选择砂轮的目的，应遵守以下几项基本原则：

(1)磨粒应具有较好的磨削性能。

(2)砂轮在磨削时应具有合适的“自锐性”。

(3)砂轮不宜磨钝，使其有较长的使用寿命。

(4)磨削时产生较小的磨削力。

(5)磨削时产生较少的磨削热。

(6)能达到较高的加工精度(尺寸精度、形状精度、位置精度)。

(7)能达到较小的表面粗糙度。

(8)工件表面不产生烧伤和裂纹。

2. 外圆砂轮主要特性的选择

外圆砂轮一般为中等组织的平形砂轮，其尺寸按机床规格选用。外圆砂轮主要特性的选择包括磨料、硬度和粒度的选择。

(1)磨料的选择

磨料的选择主要与被加工件的材料和热处理方法相对应。各种人造磨料中以棕刚玉和白刚玉最为常用。

(2)硬度的选择

除应遵循硬度选择的一般原则外，主要还应考虑对砂轮的“自锐性”和微刃的等高性两方面的影响。

(3)粒度的选择

砂轮磨粒的粗细程度直接影响工件的表面粗糙度和砂轮的磨削性能。精磨时应选择较细的粒度，粗磨时则相反。磨削容易变形的工件时，粒度要选得粗些。

## 四、磨削余量的确定及磨削用量的选择

1. 磨削余量的确定

合理确定磨削余量对提高生产率和保证工件质量均有重要作用。确定磨削余量时要考虑一系列因素，如零件的形状、尺寸、技术要求、工艺顺序、热处理方法、采用的加工方法、设备情况等。一般原则如下：

(1)当工件形状复杂、技术要求高、工艺顺序复杂时，磨削余量应较大，如磨削高精度机床主轴和套筒等零件。

(2)工件细长或壁薄，磨削余量应大些。

(3)需要经过热处理的工件，考虑到热处理变形，磨削余量应大些。

(4)工件尺寸越大，加工的误差因素越多，由磨削力、内应力引起变形的可能性增大，故应相应地增大余量。

(5)磨削余量按粗磨、半精磨、精磨、精密磨的顺序递减。

2. 磨削用量的选择

磨削用量的选择对工件表面粗糙度、加工精度、生产率和工艺成本均有影响。磨削外

圆面时的磨削运动和磨削用量如图 3-2-10 所示。

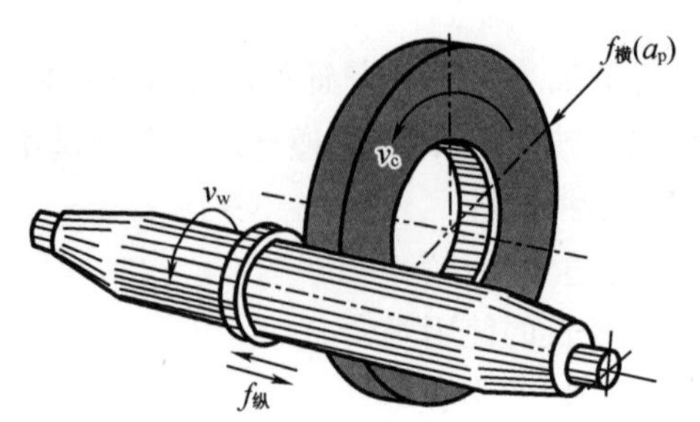


**图 3-2-10　磨削外圆面时的磨削运动和磨削用量**

(1)主运动及磨削速度 $v_c$

砂轮的旋转运动是主运动,砂轮外圆相对于工件的瞬时速度称为磨削速度,单位为 m/s,可用下式计算:

$$v_c=\frac{\pi dn}{1\ 000\times 60}$$

式中　$d$——砂轮直径,mm;

$n$——砂轮转速,r/min。

(2)圆周进给运动及圆周进给速度 $v_w$

工件的旋转运动是圆周进给运动,工件外圆相对于砂轮的瞬时速度称为圆周进给速度,单位为 m/min,可用下式计算:

$$v_w=\frac{\pi d_w n_w}{1\ 000}$$

式中　$d_w$——工件外圆直径,mm;

$n_w$——工件转速,r/min。

工件的圆周进给速度一般为 5~30 m/min,比砂轮圆周速度低得多。

(3)纵向进给运动及纵向进给量 $f_{纵}$

工作台带动工件所做的直线往复运动是纵向进给运动。工件每转一转时,砂轮在纵向进给运动方向上相对于工件的位移称为纵向进给量,单位为 mm/r,可用下式计算:

$$f_{纵}=(0.2\sim 0.8)B$$

式中　$B$——砂轮宽度,mm。

(4)横向进给运动及横向进给量 $f_{横}$

砂轮沿工件径向上的移动是横向进给运动。工作台每往复行程(或单行程)一次,砂轮相对于工件径向上的移动距离称为横向进给量,单位是 mm/行程。横向进给量实际上是砂轮每次切入工件的深度,即背吃刀量,一般用 $a_p$ 表示,单位为 mm。

在进行外圆磨削时,横向进给量很小,一般为 0.005~0.015 mm,粗磨时选大值,精磨时选小值。

### 五、工件的装夹

1. 用两顶尖装夹

统一采用两端中心孔做定位基准。用两顶尖装夹符合基准重合原则和基准统一原则,装夹方便,定位精度很高,应用最为普遍,适合装夹较长和定位精度高的工件。

装夹时要注意:

(1)当工件直径过大或过重时,应增加支承架并降低磨削用量。

(2)工件旋转轴线与工件运动方向要平行。

(3)中心架调整要适当,应正确调整水平支承块的压力。

(4)磨削细长轴时,顶尖不要顶得太紧,尾架顶针的预紧力要适当。

(5)应修研和清洁中心孔,防止中心孔形状不正确或孔内有毛刺、污垢;顶尖与筒套锥孔接触不好时,应修复或更换。

2. 用心轴装夹

心轴是用于装夹套类零件的专用夹具,以满足零件外圆磨削的精度要求。

3. 用三爪自定心卡盘或四爪单动卡盘装夹

三爪自定心卡盘装夹方便,定心好,但夹紧力小,适用于中小尺寸、形状规则、不太长的工件以及没有中心孔的圆柱形工件。

四爪单动卡盘装夹不如三爪自定心卡盘装夹方便,不能自动定心,但夹紧力大,适用于大型或形状不规则的工件。

4. 一夹一顶装夹

磨削一般轴类工件,尤其是较重的工件时,可将工件的一端用三爪自定心卡盘或四爪单动卡盘夹紧,另一端用后顶尖支顶。

## 【任务实施】

### 一、工具材料领用及工作准备(表3-2-1)

表3-2-1　工具材料领用及工作准备表

1. 工具/设备/材料

| 类别 | 名称 | 规格型号 | 单位 | 数量 |
|---|---|---|---|---|
| 工具 | 虎钳扳手 | | 把 | 1 |
| | 等高垫铁 | | 副 | 2 |
| | 锉刀 | | 把 | 1 |
| | 胶木榔头 | | 套 | 1 |
| | 活动扳手 | | 把 | 1 |
| | 油石 | | 片 | 若干 |
| | 卫生清洁工具 | | 套 | 1 |
| 量具 | 千分尺 | | 把 | 1 |
| | 游标卡尺 | 0~200 mm | 把 | 1 |

表 1-1-4(续)

| 类别 | 名称 | 规格型号 | 单位 | 数量 |
|---|---|---|---|---|
| 设备 | M1080 无心外圆磨床 | | 台 | 1 |
| 材料 | 深沟球轴承套圈坯件 | | 件 | 按图样 |
| 2. 工作准备 | | | | |
| (1)技术资料:工作任务卡 1 份、教材 | | | | |
| (2)工作场地:有良好的照明、通风和消防设施等条件 | | | | |
| (3)工具、设备:按工具和设备栏目准备相关工具和设备 | | | | |
| (4)建议分组实施教学。每 2~3 人为一组,每组准备一台立轴圆台平而磨床。通过分组讨论完成零件的工艺分析及加工工艺方案设计,通过演示和操作训练完成零件的加工 | | | | |
| (5)劳动保护:穿戴工作服、工作帽等劳保用品 | | | | |

## 二、实训步骤和方法

1. 选择砂轮和导轮

砂轮采用由陶瓷结合剂制成的刚玉砂轮,导轮则采用由橡胶结合剂制成的刚玉砂轮。

2. 修整砂轮和导轮

粗磨时,砂轮修整的走刀速度要快,以获得锋利的切削刃;精磨时,砂轮修整的走刀速度应当慢些,以获得砂轮的等高性和微刃性。导轮必须在高速下修整,两轮修整时要有足够的切削液。

3. 选择托板

根据计算结果选择合适的托板,并调整工件的中心高度。调整前、后导板时,取一根和工件直径相同的试棒放在磨削区域内,缓慢地摇动进给手轮,使试棒在砂轮和导轮的夹持下能用手轻轻地转动或移动,然后按照要求安装和调整好导板。

4. 试磨工件

首先启动砂轮,再调整导轮的速度,待砂轮和导轮正常运转后,开放少许切削液,把工件放在托板上,推动工件进入磨削区域少许,渐渐地进给手轮,直到工件开始旋转并产生轻微的火花为止。

5. 观察火花

仔细观察磨削区域火花分布的情况。如在整个磨削区域内都有火花,而且火花集中于磨削区域前 2/3 处,往后逐渐减少直到消失,同时工件运动平稳,则说明所选的各参数是合理的,否则要重新调整。

6. 正式磨削

当确认被磨工件完全达到技术要求之后,才可以正式磨削。

## 三、注意事项

(1)将机床开动起来运转十几分钟,等油压、油温都稳定之后才能进行磨削。

(2)工作结束之后不要将机床立即关掉,而要让砂轮空转 1 min 左右,让砂轮里的水分彻底甩完后再关闭电源。

(3)机床使用完一定要把砂轮灰和磨灰清理干净,不要把工具等物品放在机床上。机床上有很多铜油环,每次使用完必须加油一次,否则时间长了导轨会生锈,导致进给沉重。

## 【外圆的磨削加工工作单】

**计划单**

| 实训项目 3 | 磨削加工实训 | | 任务 2 | 外圆的磨削加工 | |
|---|---|---|---|---|---|
| 工作方式 | 组内讨论、团结协作共同制定计划,小组成员进行工作讨论,确定工作步骤 | | | 计划学时 | 1 学时 |
| 完成人 | 1.　　2.　　3.　　4.　　5.　　6. | | | | |
| 计划依据:1. 深沟球轴承套圈零件图 | | | | | |
| 序号 | 计划步骤 | | 具体工作内容描述 | | |
| 1 | 准备工作(准备软件、图纸、工具、量具,谁去做?) | | | | |
| 2 | 组织分工(成立组织,人员具体都完成什么?) | | | | |
| 3 | 制定加工过程方案(先设计什么?再设计什么?最后完成什么?) | | | | |
| 4 | 阶梯轴的车削加工(加工前准备什么?使用哪些工具、量具?如何完成加工?加工过程发现哪些问题?如何解决?) | | | | |
| 5 | 整理资料(谁负责?整理什么?) | | | | |
| 制定计划说明 | (对各人员完成任务提出可借鉴的建议或对计划中的某一方面做出解释) | | | | |

**决策单**

<table>
<tr><td>实训项目3</td><td colspan="2">磨削加工实训</td><td>任务2</td><td colspan="2">外圆的磨削加工</td></tr>
<tr><td colspan="3">决策学时</td><td colspan="3">1学时</td></tr>
<tr><td colspan="6">决策目的：阶梯轴加工方案对比分析，比较设计质量、设计时间、设计成本等</td></tr>
<tr><td rowspan="23">设计方案<br>对比</td><td>组号<br>成员</td><td>设计的可行性<br>（设计质量）</td><td>设计的合理性<br>（设计时间）</td><td>设计的经济性<br>（设计成本）</td><td>综合评价</td></tr>
<tr><td>1</td><td></td><td></td><td></td><td></td></tr>
<tr><td>2</td><td></td><td></td><td></td><td></td></tr>
<tr><td>3</td><td></td><td></td><td></td><td></td></tr>
<tr><td>4</td><td></td><td></td><td></td><td></td></tr>
<tr><td>5</td><td></td><td></td><td></td><td></td></tr>
<tr><td>6</td><td></td><td></td><td></td><td></td></tr>
<tr><td></td><td></td><td></td><td></td><td></td></tr>
<tr><td></td><td></td><td></td><td></td><td></td></tr>
<tr><td></td><td></td><td></td><td></td><td></td></tr>
<tr><td></td><td></td><td></td><td></td><td></td></tr>
<tr><td></td><td></td><td></td><td></td><td></td></tr>
<tr><td></td><td></td><td></td><td></td><td></td></tr>
<tr><td></td><td></td><td></td><td></td><td></td></tr>
<tr><td></td><td></td><td></td><td></td><td></td></tr>
<tr><td></td><td></td><td></td><td></td><td></td></tr>
<tr><td></td><td></td><td></td><td></td><td></td></tr>
<tr><td></td><td></td><td></td><td></td><td></td></tr>
<tr><td></td><td></td><td></td><td></td><td></td></tr>
<tr><td></td><td></td><td></td><td></td><td></td></tr>
<tr><td></td><td></td><td></td><td></td><td></td></tr>
<tr><td></td><td></td><td></td><td></td><td></td></tr>
<tr><td></td><td></td><td></td><td></td><td></td></tr>
<tr><td>决策评价</td><td colspan="5">结果：（将自己的设计方案与组内成员的设计方案进行对比分析，对自己的设计方案进行修改并说明修改原因，最后确定一个最佳方案）</td></tr>
</table>

**检查单**

<table>
<tr><td>实训项目 3</td><td colspan="2">磨削加工实训</td><td>任务 2</td><td colspan="4">外圆的磨削加工</td></tr>
<tr><td colspan="3">评价学时</td><td>课内 1 学时</td><td colspan="4">第　组</td></tr>
<tr><td>检查目的及方式</td><td colspan="7">在加工过程中,教师对小组的工作情况进行监督、检查,如检查等级为不合格小组需要整改,并拿出整改说明</td></tr>
<tr><td rowspan="2">序号</td><td rowspan="2">检查项目</td><td rowspan="2">检查标准</td><td colspan="5">检查结果分级<br>(在检查相应的分级框内划"√")</td></tr>
<tr><td>优秀</td><td>良好</td><td>中等</td><td>合格</td><td>不合格</td></tr>
<tr><td>1</td><td>准备工作</td><td>资源是否已查到、材料是否准备完整</td><td></td><td></td><td></td><td></td><td></td></tr>
<tr><td>2</td><td>分工情况</td><td>安排是否合理、全面,分工是否明确</td><td></td><td></td><td></td><td></td><td></td></tr>
<tr><td>3</td><td>工作态度</td><td>小组工作是否积极主动,是否为全员参与</td><td></td><td></td><td></td><td></td><td></td></tr>
<tr><td>4</td><td>纪律出勤</td><td>是否按时完成负责的工作内容、遵守工作纪律</td><td></td><td></td><td></td><td></td><td></td></tr>
<tr><td>5</td><td>团队合作</td><td>是否相互协作、互相帮助,成员是否听从指挥</td><td></td><td></td><td></td><td></td><td></td></tr>
<tr><td>6</td><td>创新意识</td><td>任务完成是否不照搬照抄,看问题是否具有独到见解与创新思维</td><td></td><td></td><td></td><td></td><td></td></tr>
<tr><td>7</td><td>完成效率</td><td>工作单是否记录完整,是否按照计划完成任务</td><td></td><td></td><td></td><td></td><td></td></tr>
<tr><td>8</td><td>完成质量</td><td>工作单填写是否准确,设计过程、尺寸公差是否达标</td><td></td><td></td><td></td><td></td><td></td></tr>
<tr><td>检查评语</td><td colspan="4"></td><td colspan="3">教师签字:</td></tr>
</table>

**小组工作评价单**

| 实训项目 3 | 磨削加工实训 | | 任务 2 | 外圆的磨削加工 | | |
|---|---|---|---|---|---|---|
| 评价学时 | | | 课内 1 学时 | | | |
| 班级 | | | 第　　组 | | | |
| 考核情境 | 考核内容及要求 | 分值（100） | 小组自评（10%） | 小组互评（20%） | 教师评价（70%） | 实得分（$\sum$） |
| 汇报展示（20 分） | 演讲资源利用 | 5 | | | | |
| | 演讲表达和非语言技巧应用 | 5 | | | | |
| | 团队成员补充配合程度 | 5 | | | | |
| | 时间与完整性 | 5 | | | | |
| 质量评价（40 分） | 工作完整性 | 10 | | | | |
| | 工作质量 | 5 | | | | |
| | 报告完整性 | 25 | | | | |
| 团队情感（25 分） | 核心价值观 | 5 | | | | |
| | 创新性 | 5 | | | | |
| | 参与率 | 5 | | | | |
| | 合作性 | 5 | | | | |
| | 劳动态度 | 5 | | | | |
| 安全文明生产（10 分） | 工作过程中的安全保障情况 | 5 | | | | |
| | 工具正确使用和保养、放置规范 | 5 | | | | |
| 工作效率（5 分） | 能够在要求的时间内完成，每超时 5 分钟扣 1 分 | 5 | | | | |

**小组成员素质评价单**

<table>
<tr><td colspan="2">实训项目 3</td><td>磨削加工实训</td><td>任务 2</td><td colspan="5">外圆的磨削加工</td></tr>
<tr><td>班级</td><td></td><td>第　组</td><td>成员姓名</td><td colspan="5"></td></tr>
<tr><td colspan="2">评分说明</td><td colspan="7">每个小组成员评价分为自评分和小组其他成员评分两部分,取平均值计算,作为该小组成员的任务评价个人分数。评分项目共设计 5 个,依据评分标准给予合理量化打分。小组成员自评分后,要找小组其他成员以不记名方式评分</td></tr>
<tr><td colspan="2">评分项目</td><td>评分标准</td><td>自评分</td><td>成员 1 评分</td><td>成员 2 评分</td><td>成员 3 评分</td><td>成员 4 评分</td><td>成员 5 评分</td></tr>
<tr><td colspan="2">核心价值观（20 分）</td><td>有无违背社会主义核心价值观的思想及行动</td><td></td><td></td><td></td><td></td><td></td><td></td></tr>
<tr><td colspan="2">工作态度（20 分）</td><td>是否按时完成负责的工作内容、遵守纪律,是否积极主动参与小组工作,是否全过程参与,是否吃苦耐劳,是否具有工匠精神</td><td></td><td></td><td></td><td></td><td></td><td></td></tr>
<tr><td colspan="2">交流沟通（20 分）</td><td>能否良好地表达自己的观点,能否倾听他人的观点</td><td></td><td></td><td></td><td></td><td></td><td></td></tr>
<tr><td colspan="2">团队合作（20 分）</td><td>是否与小组成员合作完成任务,做到相互协作、互相帮助、听从指挥</td><td></td><td></td><td></td><td></td><td></td><td></td></tr>
<tr><td colspan="2">创新意识（20 分）</td><td>看问题时能否独立思考、提出独到见解,能否利用创新思维解决遇到的问题</td><td></td><td></td><td></td><td></td><td></td><td></td></tr>
<tr><td colspan="2">最终小组成员得分</td><td colspan="7"></td></tr>
</table>

**课后反思**

<table>
<tr><td colspan="2">实训项目 3</td><td>磨削加工实训</td><td>任务 2</td><td>外圆的磨削加工</td></tr>
<tr><td>班级</td><td></td><td>第　组</td><td>成员姓名</td><td></td></tr>
<tr><td colspan="2">情感反思</td><td colspan="3">通过对本任务的学习和实训,你认为自己在社会主义核心价值观、职业素养、学习和工作态度等方面有哪些需要提高的部分?</td></tr>
</table>

表(续)

| | |
|---|---|
| 知识反思 | 通过对本任务的学习,你掌握了哪些知识点?请画出思维导图。 |
| 技能反思 | 在完成本任务的学习和实训过程中,你主要掌握了哪些技能? |
| 方法反思 | 在完成本任务的学习和实训过程中,你主要掌握了哪些分析和解决问题的方法? |

## 【任务拓展】

按零件图 3-2-11 所示阶梯轴的尺寸及精度要求,确定阶梯轴具体加工方法及工艺装备,并完成阶梯轴的磨削加工。

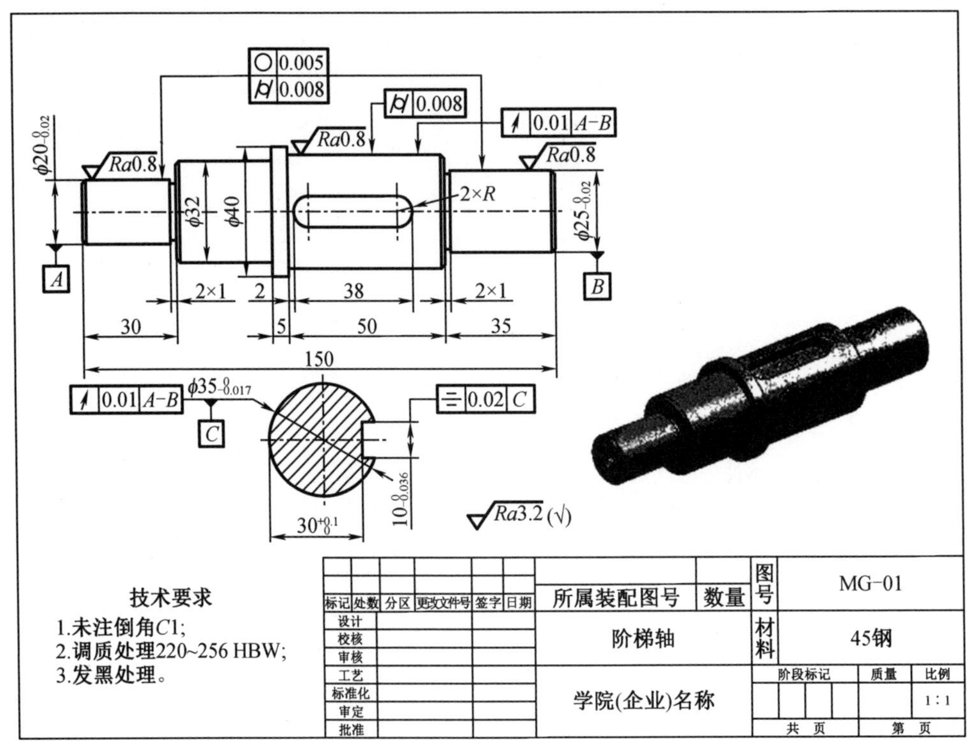


图 3-2-11 阶梯轴

## 【实训报告】

### (一)实训任务书

<table>
<tr><td>课程名称</td><td colspan="2">机械加工实训</td><td>实训项目3</td><td>磨削加工实训</td></tr>
<tr><td>任务2</td><td colspan="2">外圆的磨削加工</td><td>建议学时</td><td>4</td></tr>
<tr><td>班级</td><td></td><td>学生姓名</td><td>工作日期</td><td></td></tr>
<tr><td>实训目标</td><td colspan="4">1. 掌握外圆的磨削加工工艺制定方案;<br>2. 掌握磨削加工中一般工件的定位、装夹及加工方法;<br>3. 掌握万能外圆磨床的操纵和调整;<br>4. 掌握砂轮的种类、构成、安装及使用;<br>5. 规范合理摆放操作加工所需工具、量具;<br>6. 能按操作规范正确使用万能外圆磨床,正确选择磨削用量,并完成外圆类零件的磨削加工;<br>7. 能正确使用游标卡尺对零件进行检测;<br>8. 能对所完成的零件进行评价及超差原因分析</td></tr>
<tr><td>实训内容</td><td colspan="4">制定外圆的磨削加工工艺方案;外圆的磨削加工方法;正确将零件安装在磨床上;正确安装砂轮;规范合理摆放操作加工所需工具、量具;完成外圆类零件的磨削加工;正确使用游标卡尺对零件进行检测;对完成的零件进行评价及超差原因分析;完成深沟球轴承套圈坯件加工任务</td></tr>
<tr><td>安全与<br>文明要求</td><td colspan="4">学生听从指导教师的安排及指挥,不在实训室打闹、吃东西,严格遵守实训室管理制度;固定座位,爱护公共设备,如发现设备缺失损坏及时上报指导教师;保持实训室卫生</td></tr>
<tr><td>提交成果</td><td colspan="4">实训报告;沟球轴承套圈坯件</td></tr>
<tr><td>对学生的要求</td><td colspan="4">1. 按任务要求完成实训任务;<br>2. 牢记学生实训安全守则;<br>3. 遵守铣工安全操作规程;<br>4. 严格遵守课堂纪律,不迟到、不早退,学习态度端正;<br>5. 每位同学必须积极参与小组讨论,并进行操作演示;<br>6. 具备一定的自学能力、资料查询能力,同时具备一定的沟通协调能力、语言表达能力和团队合作意识;<br>7. 认真填写实训报告</td></tr>
<tr><td>考核评价</td><td colspan="4">评价内容:<br>1. 企业管理模式的适应性;<br>2. 完成报告的完整性评价;<br>3. 掌握学生实训安全守则熟练程度等;<br>4. 在实际加工过程中能否遵守铣工安全操作规程。<br>评价方式:由学生自评(自述、评价,占10%)、小组评价(分组讨论、评价,占20%)、教师评价(根据学生学习态度、实训报告及上机实操技能评估,占70%)构成该学生的任务成绩</td></tr>
</table>

（二）实训准备工作

<table>
<tr><td>课程名称</td><td colspan="2">机械加工实训</td><td>实训项目3</td><td colspan="2">磨削加工实训</td></tr>
<tr><td>任务2</td><td colspan="2">外圆的磨削加工</td><td>建议学时</td><td colspan="2">4</td></tr>
<tr><td>班级</td><td></td><td>学生姓名</td><td></td><td>工作日期</td><td></td></tr>
<tr><td>场地准备描述</td><td colspan="5"></td></tr>
<tr><td>设备准备描述</td><td colspan="5"></td></tr>
<tr><td>刀具、夹具、量具、工具准备描述</td><td colspan="5"></td></tr>
<tr><td>知识准备描述</td><td colspan="5"></td></tr>
</table>

（三）实训记录

<table>
<tr><td>课程名称</td><td colspan="3">机械加工实训</td><td>实训项目 3</td><td>磨削加工实训</td></tr>
<tr><td>任务 1</td><td colspan="3">平面的磨削加工</td><td>建议学时</td><td>4</td></tr>
<tr><td>班级</td><td></td><td>学生姓名</td><td></td><td>工作日期</td><td></td></tr>
<tr><td>实训操作过程</td><td colspan="5"></td></tr>
<tr><td>注意事项</td><td colspan="5"></td></tr>
<tr><td>改进方法</td><td colspan="5"></td></tr>
</table>

（四）考核评价表

| 考核项目 | 技术要求 | 分值 | 学生自评分（10%） | 小组评分（20%） | 教师评分（70%） | 实得分 |
|---|---|---|---|---|---|---|
| 程序及工艺（15分） | 程序正确完整 | 5 | | | | |
| | 切削用量合理 | 5 | | | | |
| | 工艺过程规范合理 | 5 | | | | |
| 机床操作（20分） | 刀具选择安装正确 | 5 | | | | |
| | 对刀及工件坐标系设定正确 | 5 | | | | |
| | 机床操作规范 | 5 | | | | |
| | 工件加工正确 | 5 | | | | |
| 工件质量（40分） | 尺寸精度符合要求 | 30 | | | | |
| | 表面粗糙度符合要求 | 8 | | | | |
| | 无毛刺 | 2 | | | | |
| 安全文明生产（15分） | 安全操作 | 5 | | | | |
| | 机床维护与保养 | 5 | | | | |
| | 工作场所整理 | 5 | | | | |
| 相关知识及职业能力（10分） | 数控加工基础知识 | 2 | | | | |
| | 自学能力 | 2 | | | | |
| | 表达沟通能力 | 2 | | | | |
| | 合作能力 | 2 | | | | |
| | 创新能力 | 2 | | | | |
| 总分（$\sum$） | | 100 | | | | |

# 实训任务3　齿轮的磨削加工

【任务目标】

1. 完成齿轮的磨削加工工艺方案制定；
2. 完成磨削加工中一般工件的定位、装夹及加工；
3. 熟练操纵和调整万能外圆磨床；
4. 描述并掌握砂轮的种类、构成、安装及使用方法；
5. 规范合理摆放操作加工所需工具、量具；
6. 正确使用游标卡尺对零件进行检测；
7. 完成零件的评价及超差原因分析；
8. 根据操作规范正确使用万能外圆磨床，正确选择磨削用量，完成圆柱面、锥面及台阶面的磨削加工任务。

【任务描述】

如图 3-3-1 所示为日常生活中常见的齿轮,同学们知道吗？为保证齿轮传动过程中传动平稳、噪音小,每个齿轮的牙齿面都是要经过磨削才能用于生产生活的,磨削用的砂轮怎么选用？选什么样的磨床？如何装夹找正工件？采用何种操作方法才能加工出合格产品呢？磨削过程是否使用磨削液？这些问题大家思考过吗？让我们通过下面的学习一起来解决吧。磨削加工完成图 3-3-1 所示齿轮。

图 3-3-1　磨削用齿轮

【任务分析】

按齿形的形成方法,磨齿可分为成形法和展成法两种。大多数磨齿均以展成法原理来加工。磨齿加工主要用于对高精度齿轮或淬硬的齿轮进行齿形的精加工,齿轮的精度可达 6 级以上。

【相关知识】

**一、齿轮磨削加工特点及应用**

1. 磨削加工特点

(1)加工精度高

磨削属于多刃、微刃切削,砂轮上每个磨粒都相当于一个刃口半径很小且锋利的切削刃,能切下很薄一层金属,可以获得很高的加工精度和低的表面粗糙度。磨削所能达到的经济精度为 IT6~IT5,表面粗糙度 $Ra$0.8~0.2 μm。

(2)加工范围广,可以加工高硬度材料

磨削不但可以加工软材料,如未淬火钢、铸铁等多种金属,还可以加工一些高硬度的材料,如淬火钢、高强度合金、各种切削刀具以及硬质合金、陶瓷材料等,这些材料用一般的金属切削刀具是很难加工甚至是无法加工的。

(3)砂轮的自锐性

砂轮的自锐性使得磨粒总能以锐利的刀刃对工件连续进行切削,这是一般刀具所不具备的特点。

(4)磨削速度高

磨削速度高,切削厚度小,径向切削力大。

(5)磨削温度高

磨削时,砂轮相对工件做高速旋转,加之绝大部分磨粒以负前角工作,因而磨削时产生大量的切削热。为保证加工质量,磨削时需使用大量的冷却液。

2. 磨削加工的应用

磨削加工的工艺范围很广,不仅能加工内外圆柱面、锥面和平面,还能加工螺纹、花键轴、曲轴等特殊的成形面。

**二、磨床种类**

磨床的种类很多,主要有外圆磨床、内圆磨床、平面磨床、工具磨床,还有专门用来磨削特定表面和工件的专门化磨床,如花键轴磨床、凸轮轴磨床、曲轴磨床等。大多数磨床以砂轮作为切削工具,也有以柔性砂带作为切削工具的砂带磨床,以油石和研磨剂作为切削工具的精磨磨床等。

1. 外圆磨床

外圆磨床包括万能外圆磨床、普通外圆磨床、无心外圆磨床等,主要用于轴、套类零件的外圆柱、外圆锥面,阶台轴外圆面及端面的磨削。

(1)万能外圆磨床

如图 3-3-2 所示为 M1432A 型万能外圆磨床外形图。在床身上面的纵向导轨上装有工作台,工作台分上、下两部分,上工作台可绕下工作台的心轴在水平面内调整至某一角度位置,以磨削锥度较小的长圆锥面,台面上装有头架和尾架。被加工工件支承在头、尾架顶尖上,或夹持在头架主轴上的卡盘中,由头架上的传动装置带动旋转,以适应工件长短的需要。砂轮架安装在床身后部顶面的横向导轨上,砂轮架内装有砂轮主轴及其传动装置,利用横向进给机构可实现周期的或连续的横向进给运动。另外,在床身内还有液压部件,在床身后侧有冷却装置。

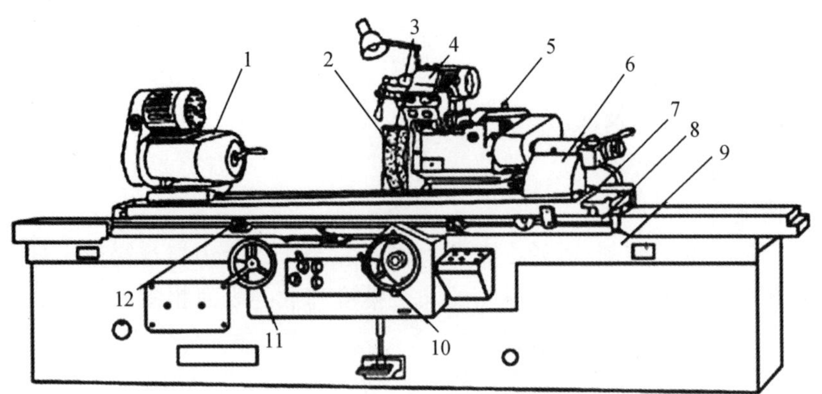


1—头架;2—砂轮;3—内圆磨头;4—磨架;5—砂轮架;6—尾座;7—上工作台;8—下工作台;9—床身;10—横向进给手轮;11—纵向进给手轮;12—换向挡块。

**图 3-3-2 M1432A 型万能外圆磨床外形图**

(2)普通外圆磨床

普通外圆磨床的头架和砂轮架都不能绕垂直轴线调整角度,头架主轴不能转动,没有内圆磨头。因此，工艺范围较窄，只能磨削外圆柱面和锥度较小的外圆锥面。但由于主要部件的结构层次少，刚性好，可采用较大的磨削用量，因此生产率较高，同时也易于保证磨削质量。

(3)无心外圆磨床

无心外圆磨床进行磨削时，工件不是支承在顶尖上或夹持在卡盘中，而是直接放在砂轮和导轮之间，由托板和导轮支承，工件被磨削外圆表面本身就是定位基准面，如图3-3-3所示，磨削时工件在磨削力以及导轮和工件间摩擦力的作用下被带动旋转，实现圆周进给运动。正常磨削情况下，砂轮通过磨削力带动工件旋转，导轮则依靠摩擦力对工件进行“制动”，限制工件的圆周速度，使之基本上等于导轮的圆周速度，从而在砂轮和工件间形成很大的速度差，产生磨削作用。改变导轮的转速，便可调节工件的圆周进给速度。

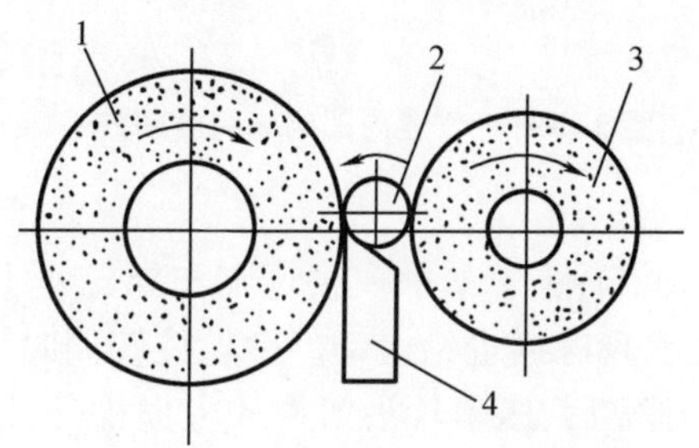


1—磨削砂轮；2—工件；3—导轮；4—托板。

**图3-3-3　无心外圆磨床工作原理图**

2. 内圆磨床

内圆磨床的主要类型有普通内圆磨床、无心内圆磨床、行星内圆磨床和坐标磨床等。

(1)普通内圆磨床

普通内圆磨床如图3-3-4所示，头架常用多速电动机经带传动，或采用单速电动机配以塔轮变速机构，也有采用机械无级变速器或直流电动机传动的。工作台由液压传动，可无级调速，在快速退回和趋进过程中还能自动转换速度，从而可节省时间。砂轮架的周期横向进给运动一般是自动的，由液压-机械装置或由挡块碰撞杠杆经棘轮机构传动，工作台每完成一次往复行程，砂轮架进给一次。

**图3-3-4　普通内圆磨床**

在普通内圆磨床上采用纵磨法或切入磨法磨削内圆如图 3-3-5(a)(b)所示。有些普通内圆磨床上备有专门的端磨装置,可在工件一次装夹中磨削内孔和端面,如图 3-3-5(c)所示,这样不仅易于保证内孔和端面的垂直度,而且生产率较高。

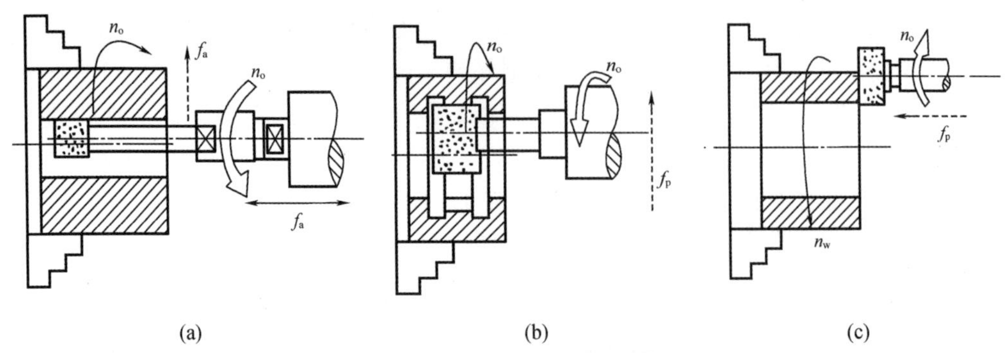


**图 3-3-5 普通内圆磨床的磨削方法**

(2)无心内圆磨床

如图 3-3-6 所示,磨削时,工件 3 支承在滚轮 1 和导轮 4 上,压紧轮 2 使工件紧靠导轮,工件即由导轮带动旋转,实现圆周进给运动。砂轮旋转同时,还做纵向进给运动($f_a$)和周期横向进给运动($f_r$)。磨削完后,压紧轮沿箭头 *A* 方向松开,以便装卸工件,这种磨削方式适用于大批大量生产中,加工外圆表面已经精加工过的薄壁工件,如轴承套圈等。

(3)行星内圆磨床

如图 3-3-7 所示,使用行星内圆磨床磨削时,工件固定不转,砂轮除了绕其自身轴线高速旋转实现主运动($n_t$)外,同时还绕被磨内孔的轴线做公转运动,以完成圆周进给运动($n_w$)。纵向往复运动($f_a$)由砂轮或工件完成。周期地改变砂轮与被磨内孔轴线间的偏心距,即增大砂轮公转运动的旋转半径,可实现横向进给运动($f_r$)。这种磨削方式适用于磨削大型或形状不对称、不便于旋转的工件。

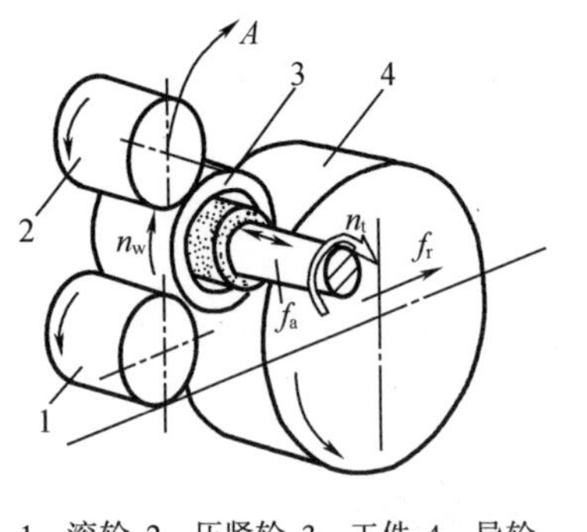


1—滚轮;2—压紧轮;3—工件;4—导轮。

**图 3-3-6 无心内圆磨削**

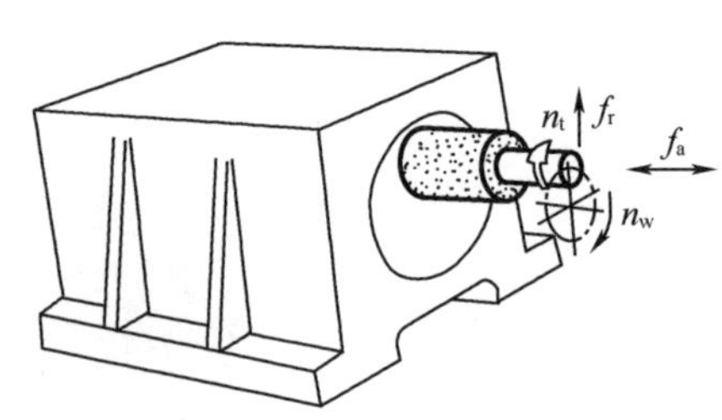


**图 3-3-7 行星内圆磨削**

3. 平面磨床

平面磨床包括卧轴矩台平面磨床、卧轴圆台平面磨床、立轴矩台平面磨床、立轴圆台平面磨床等,主要用于各种零件的平面及端面的磨削,如图 3-3-8 所示。

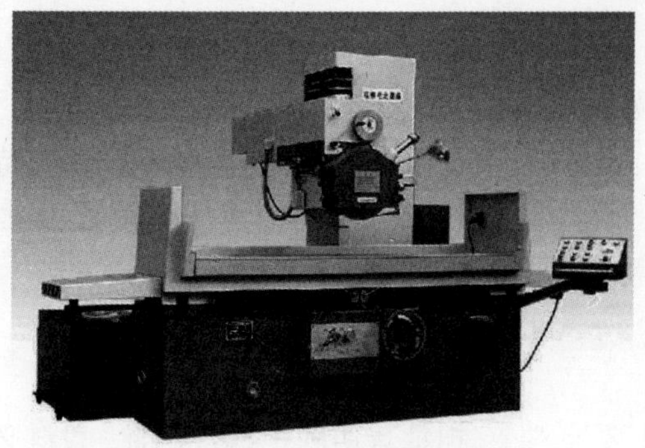

图 3-3-8　平面磨床

(1)卧轴矩台平面磨床

工件由矩形电磁工作台吸住或夹持在工作台上,并做纵向往复运动。砂轮架可沿滑座的燕尾导轨做横向间歇进给运动,滑座可沿立柱的导轨做垂直间歇进给运动,用砂轮周边磨削工件,磨削精度较高。

(2)卧轴圆台平面磨床

该磨床适用于磨削圆形薄片工件,并可利用工作台倾斜磨出厚薄不等的环形工件。

(3)立轴圆台平面磨床

竖直安置的砂轮主轴以砂轮端面磨削工件,砂轮架可沿立柱的导轨做间歇的垂直进给运动。工件装在旋转的圆工作台上可连续磨削,生产效率较高。为了便于装卸工件,圆工作台还能沿床身导轨纵向移动。

4. 工具磨床

工具磨床包括工具曲线磨床、钻头沟槽磨床、丝锥沟槽磨床等,主要用于磨削各种切削刀具的刃口,如车刀、铣刀、铰刀、齿轮刀具、螺纹刀具等。装上相应的机床附件,可对体积较小的轴类外圆、矩形平面、斜面、沟槽和半球面等外形复杂的机具、夹具、模具进行磨削加工,如图 3-3-9 所示。

图 3-3-9　工具磨床

## 三、砂轮

砂轮是磨削加工中最主要的一类磨具。砂轮是在磨料中加入结合剂,经压坯、干燥和焙烧而制成的多孔体。由于磨料、结合剂及制造工艺不同,砂轮的特性差别很大,因此对磨削的加工质量、生产效率和经济性有着重要影响。砂轮的特性主要由磨料、粒度、结合剂、组织、硬度、形状和尺寸等因素决定。

1. 砂轮的特性

(1)磨料

磨料是制造砂轮的主要原料,它担负着切削工作。因此,磨料必须锋利,并具备高的硬度、良好的耐热性和一定的韧性。常用磨料的名称、代号、特性和用途见表3-3-1。

**表3-3-1 常用磨料的名称、代号、特性和用途**

| 类别 | 名称 | 代号 | 特性 | 用途 |
| --- | --- | --- | --- | --- |
| 氧化物系 | 棕刚玉 | A(GZ) | 含91%~96%的氧化铝。呈棕色,硬度高,韧性好,价格便宜 | 磨削碳钢、合金钢、可锻铸铁、硬青铜等 |
| | 白刚玉 | WA(GB) | 含97%~99%的氧化铝。呈白色,比棕刚玉硬度高、韧性低,自锐性好,磨削时发热少 | 精磨淬火钢、高碳钢、高速钢及薄壁零件 |
| 碳化物系 | 黑色碳化硅 | C(TH) | 含95%以上的碳化硅。呈黑色或深蓝色,有光泽。硬度比白刚玉高,性脆而锋利,导热性和导电性良好 | 磨削铸铁、黄铜、铝、耐火材料及非金属材料 |
| | 绿色碳化硅 | GC(TL) | 含97%以上的碳化硅。呈绿色,硬度和脆性比黑色碳化硅更高,导热性和导电性好 | 磨削硬质合金、光学玻璃、宝石、玉石、陶瓷、珩磨发动机气缸套等 |
| 高硬磨料系 | 人造金刚石 | D(JR) | 无色透明或呈淡黄色、黄绿色、黑色。硬度高,比天然金刚石性脆。价格比其他磨料贵好多倍 | 磨削硬质合金、宝石等高硬度材料 |
| | 立方氮化硼 | CBN(JLD) | 立方型晶体结构,硬度略低于金刚石,强度较高,导热性能好 | 磨削、研磨、珩磨各种既硬又韧的淬火钢和高钼、高矾、高钴钢、不锈钢 |

注:括号内的代号是旧标准代号。

(2)粒度

粒度指磨料颗粒的大小。粒度分磨粒与微粉两种。磨粒用筛选法分类,它的粒度号以筛网上一英寸长度内的孔眼数来表示。例如60#粒度的磨粒,说明能通过每英寸60个孔眼的筛网,而不能通过每英寸70个孔眼的筛网。微粉用显微测量法分类,它的粒度号以磨料的实际尺寸来表示(*W*),各种粒度号的磨粒尺寸见表3-3-2。

表 3-3-2　磨料粒度号及其颗粒尺寸

| 磨粒 | | 磨粒 | | 微粉 | |
|---|---|---|---|---|---|
| 粒度号 | 颗粒尺寸/mm | 粒度号 | 颗粒尺寸/mm | 粒度号 | 颗粒尺寸/mm |
| 14# | 1 600~1 250 | 70# | 250~200 | W40 | 40~28 |
| 16# | 1 250~1 000 | 80# | 200~160 | W28 | 28~20 |
| 20# | 1 000~800 | 100# | 160~125 | W20 | 20~14 |
| 24# | 800~630 | 120# | 125~100 | W14 | 14~10 |
| 30# | 630~500 | 150# | 100~80 | W10 | 10~7 |
| 36# | 500~400 | 180# | 80~63 | W7 | 7~5 |
| 46# | 400~315 | 240# | 63~50 | W5 | 5~3. 5 |
| 60# | 315~250 | 280# | 50~40 | W3. 5 | 3. 5~2. 5 |

注：比 14#粗的磨粒及比 W3. 5 细的微粉很少使用，表中未列出。

(3)结合剂

砂轮中用以黏结磨料的物质称为结合剂。砂轮的强度、抗冲击性、耐热性及抗腐蚀能力主要决定于结合剂的性能，常用结合剂种类、性能及用途见表 3-3-3。

表 3-3-3　常用结合剂种类、性能及用途

| 名称 | 代号 | 性能 | 用途 |
|---|---|---|---|
| 陶瓷结合剂 | V(A) | 耐水、耐油、耐酸、耐碱的腐蚀，能保持正确的几何形状。气孔率大，磨削率高，强度较大，韧性、弹性、抗震性差，不能承受侧向力 | $V_{轮}$<35 m/s 的磨削，这种结合剂应用最广，能制成各种磨具，适用于成形磨削和磨螺纹、齿轮、曲轴等 |
| 树脂结合剂 | B(S) | 强度大并富有弹性，不怕冲击，能在高速下工作。有摩擦抛光作用，但坚固性和耐热性比陶瓷结合剂差，不耐酸、碱，气孔率小，易堵塞 | $V_{轮}$>50 m/s 的高速磨削，能制成薄片砂轮磨槽，刃磨刀具前刀面，高精度磨削。湿磨时切削液中含碱量应<1.5% |
| 橡胶结合剂 | R(X) | 弹性比树脂结合剂更大，强度也大。气孔率小，磨粒容易脱落，耐热性差，不耐油，不耐酸，而且还有臭味 | 能制成磨削轴承沟道的砂轮和无心磨削砂轮、导轮以及各种开槽和切割用的薄片砂轮，能制成柔软抛光砂轮等 |
| 金属结合剂(青铜、电镀镍) | J | 韧性、成形性好，强度大，自锐性能差 | 制造各种金刚石磨具，使用寿命长 |

注：括号内的代号是旧标准代号。

(4)组织

砂轮的组织是指磨粒、结合剂和气孔三者体积的比例关系，用来表示结构紧密或疏松

的程度。砂轮的组织用组织号的大小表示，把磨粒在磨具中占有的体积百分数称为组织号。

(5)硬度

砂轮的硬度是指砂轮表面上的磨粒在磨削力作用下脱落的难易程度。砂轮的硬度软，表示砂轮的磨粒容易脱落，砂轮的硬度硬，表示磨粒较难脱落。砂轮的硬度和磨料的硬度是两个不同的概念。同一种磨料可以做成不同硬度的砂轮，它主要取决于结合剂的性能、数量以及砂轮制造的工艺。磨削与切削的显著差别是砂轮具有自锐性，选择砂轮的硬度，实际上就是选择砂轮的自锐性，希望还锋利的磨粒不要太早脱落，也不要磨钝了还不脱落。

根据规定，常用砂轮的硬度等级见表 3-3-4。

**表 3-3-4 常用砂轮的硬度等级**

| 硬度等级 | 大级 | 软 | | | 中软 | | 中 | | 中硬 | | | 硬 | |
|---|---|---|---|---|---|---|---|---|---|---|---|---|---|
| | 小级 | 软 1 | 软 2 | 软 3 | 中软 1 | 中软 2 | 中 1 | 中 2 | 中硬 1 | 中硬 2 | 中硬 3 | 硬 1 | 硬 2 |
| 代号 | | G<br>(R1) | H<br>(R2) | J<br>(R3) | K<br>(ZR1) | L<br>(ZR2) | M<br>(Z1) | N<br>(Z2) | P<br>(ZY1) | Q<br>(ZY2) | R<br>(ZY3) | S<br>(Y1) | T<br>(Y2) |

注：括号内的代号是旧标准代号；超软，超硬未列入；表中 1,2,3 表示硬度递增的顺序。

(6)形状和尺寸

根据机床结构与磨削加工的需要，砂轮制成各种形状与尺寸。表 2-8 是常用的几种砂轮形状、尺寸、代号及用途。砂轮的外径应尽可能选得大些，以提高砂轮的圆周速度，这样对提高磨削加工生产率与表面粗糙度有利。此外，在机床刚度及功率许可的条件下，如选用宽度较大的砂轮，同样能收到提高生产率和降低粗糙度的效果，但是在磨削热敏性高的材料时，为避免工件表面的烧伤和产生裂纹，砂轮宽度应适当减小。

**表 3-3-5 常用砂轮形状、尺寸、代号及用途**

| 砂轮名称 | 简图 | 代号 | 尺寸表示法 | 主要用途 |
|---|---|---|---|---|
| 平形砂轮 | | P | P<br>$D\times H\times d$ | 用于磨外圆、内圆、平面和无心磨等 |
| 双面凹砂轮 | | PSA | PSA<br>$D\times H\times d—2—d_1\times t_1\times t_2$ | 用于磨外圆、无心磨和刃磨刀具 |

表 3-3-5(续)

| 砂轮名称 | 简图 | 代号 | 尺寸表示法 | 主要用途 |
| --- | --- | --- | --- | --- |
| 双斜边砂轮 | | PSX | PSX<br>$D\times H\times d$ | 用于磨削齿轮和螺纹 |
| 筒形砂轮 | | N | N<br>$D\times H\times d$ | 用于立轴端磨平面 |
| 碟形砂轮 | | D | D<br>$D\times H\times d$ | 用于刃磨刀具前面 |
| 碗形砂轮 | | BW | BW<br>$D\times H\times d$ | 用于导轨磨及刃磨刀具 |

为了使用方便,在砂轮的非工作面上标有砂轮特性及形状和尺寸代号,例如:

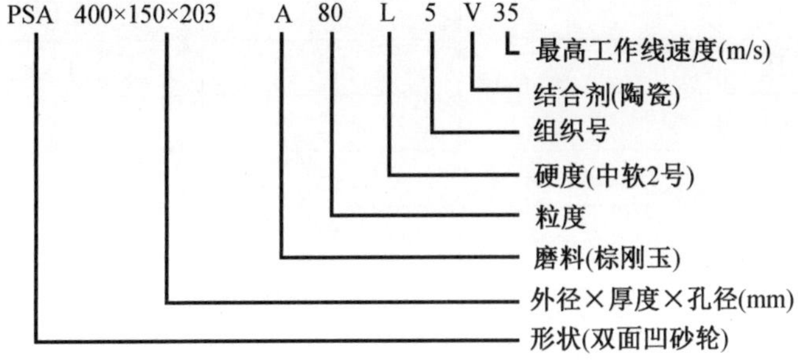


2. 砂轮选用

(1)按工件材料及其热处理方法选择磨料

工件材料为一般钢材,选用棕刚玉;工件材料为淬火钢、高速钢,可选用白刚玉或铬刚玉;工件材料为硬质合金,可选用人造金刚石或绿色碳化硅;工件材料为铸铁、黄铜,可选用黑色碳化硅。

(2)按工件表面粗糙度和加工精度选择粒度

细粒度的砂轮可磨出光洁的表面,粗粒度则相反,但由于其颗粒粗大,砂轮的磨削效率高。一般常用46#~80#。粗磨时选用粗粒度砂轮,精磨时选用细粒度砂轮。

(3)砂轮硬度的选择

加工软金属时,为了使磨料不致过早脱落,则选用硬砂轮。加工硬金属时,为了能及时使磨钝的磨粒脱落,从而露出具有尖锐棱角的新磨粒(即自锐性),选用软砂轮。前者是因为在磨削软材料时,砂轮的工作磨粒磨损很慢,不需要太早的脱离;后者是因为在磨削硬材料时,砂轮的工作磨粒磨损较快,需要较快的更新。

精磨时,为了保证磨削精度和表面粗糙度,应选用稍硬的砂轮。工件材料的导热性差,易产生烧伤和裂纹时(如磨硬质合金等),选用的砂轮应软一些。

(4)结合剂的选择

①在绝大多数磨削工序中,一般采用陶瓷结合剂砂轮。

②在荒磨和粗磨等冲击较大的工序中,为避免工件发生烧伤和变形,常用树脂结合剂。

③切断与开槽工序中常用树脂结合剂或橡胶结合剂。

## 【任务实施】

### 一、工具材料领用及工作准备(表 3-3-6)

表 3-3-6　工具材料领用及工作准备表

| 1. 工具/设备/材料 | | | | |
|---|---|---|---|---|
| 类别 | 名称 | 规格型号 | 单位 | 数量 |
| 工具 | 虎钳扳手 | | 把 | 1 |
| | 等高垫铁 | | 副 | 2 |
| | 锉刀 | | 把 | 1 |
| | 胶木榔头 | | 套 | 1 |
| | 活动扳手 | | 把 | 1 |
| | 油石 | | 片 | 若干 |
| | 卫生清洁工具 | | 套 | 1 |
| 量具 | 千分尺 | | 把 | 1 |
| | 游标卡尺 | 0~200 mm | 把 | 1 |
| 设备 | 蜗杆形砂轮 | | 台 | 1 |
| 材料 | 齿轮 | | 件 | 按图样 |
| 2. 工作准备 | | | | |
| (1)技术资料:工作任务卡 1 份、教材 | | | | |
| (2)工作场地:有良好的照明、通风和消防设施等条件 | | | | |
| (3)工具、设备:按工具和设备栏目准备相关工具和设备 | | | | |
| (4)建议分组实施教学。每 2~3 人为一组,每组准备蜗杆形砂轮。通过分组讨论完成零件的工艺分析及加工工艺方案设计,通过演示和操作训练完成零件的加工 | | | | |
| (5)劳动保护:穿戴工作服、工作帽等劳保用品 | | | | |

## 二、实训步骤和方法

完成图 3-3-10 所示齿轮牙的磨削加工,采用如下方法。

### 1. 连续分度展成法

连续分度展成法磨齿是利用蜗杆形砂轮来磨削齿轮的,其工作原理和滚齿相同,如图 3-3-10 所示。由于在加工过程中,蜗杆形砂轮是连续地磨削工件的齿形,所以其生产效率是最高的。这种磨齿方法的缺点是砂轮修磨困难,磨削不同模数的齿轮时需要更换砂轮,因此这种磨齿方法适用于中小模数齿轮的成批和大量生产。

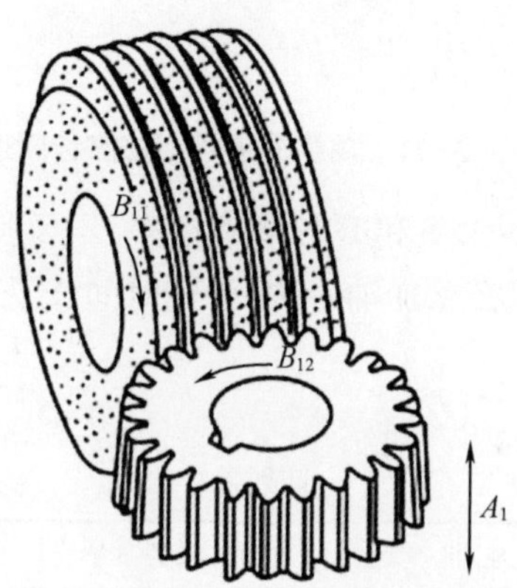


图 3-3-10 砂轮磨齿工作原理

### 2. 单齿分度展成法

单齿分度展成法磨齿根据砂轮形状不同有锥形砂轮磨齿和双片碟形砂轮磨齿两种方法,都是利用齿条和齿轮的啮合原理来磨削齿轮的。磨齿时被加工齿轮每往复滚动一次,完成一个或两个齿面的磨削,因此须经多次分度及加工才能完成全部轮齿齿面的加工。

双片碟形砂轮磨齿是用两个碟形砂轮的端平面来形成假想齿条的两个齿侧面,如图 3-3-11(a)所示,同时磨削齿槽的左右齿面。磨削过程中,主运动为砂轮的高速旋转运动 $B_1$;工件既做旋转运动 $B_{31}$,同时又做直线往复运动 $A_{32}$,工件的这两个运动就是形成渐开线齿形所需的展成运动。为了要磨削整个齿轮宽度,工件还需要做轴向进给运动 $A_2$;在每磨完一个齿后,工件还需进行分度。

锥形砂轮磨齿的方法是用锥形砂轮的两侧面来形成假想齿条一个齿的两齿侧来磨削齿轮的,如图 3-3-11(b)所示。磨削过程中,砂轮除了做高速旋转主运动 $B_1$ 外,还做纵向直线往复运动 $A_2$,以便磨出整个齿宽。其展成运动是由工件做旋转运动 $B_{31}$ 同时又做直线往复运动 $A_{32}$ 来实现的。工件往复滚动一次,磨完一个齿槽的两侧面后,再进行分度,磨削下一个齿槽。

## 三、注意事项

(1)将机床开动起来运转十几分钟,等油压、油温都稳定之后才能进行磨削。

(2)工作结束之后不要将机床立即关掉,而要让砂轮空转 1 min 左右,让砂轮里的水分彻底甩完后再关闭电源。

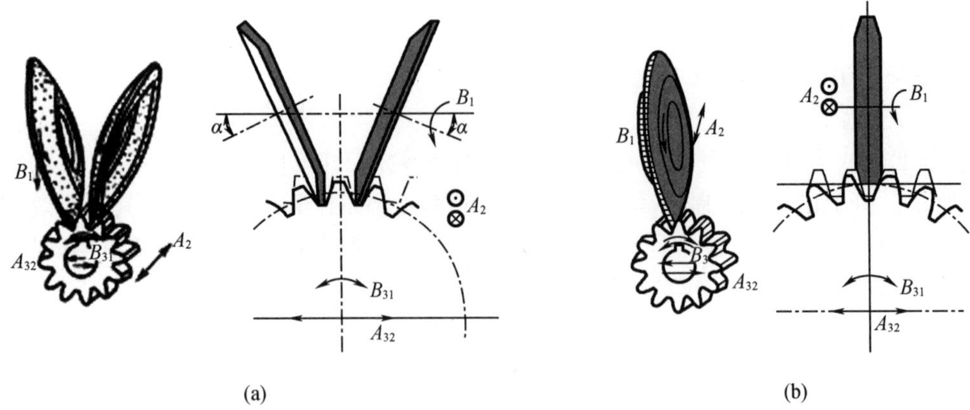


**图 3-3-11　单齿分度展成法磨齿原理**

(3)机床使用完一定要把砂轮灰和磨灰清理干净，不要把工具等物品放在机床上。机床上有很多铜油环，每次使用完必须加油一次，否则时间长了导轨会生锈，导致进给沉重。

## 【齿轮的磨削加工工作单】

**计划单**

<table>
<tr><td>实训项目 3</td><td colspan="2">磨削加工实训</td><td>任务 3</td><td colspan="2">齿轮的磨削加工</td></tr>
<tr><td>工作方式</td><td colspan="3">组内讨论、团结协作共同制定计划，小组成员进行工作讨论，确定工作步骤</td><td>计划学时</td><td>1 学时</td></tr>
<tr><td>完成人</td><td colspan="5">1.　　2.　　3.　　4.　　5.　　6.</td></tr>
<tr><td colspan="6">计划依据：1. 啮合齿轮零件图</td></tr>
<tr><td>序号</td><td colspan="3">计划步骤</td><td colspan="2">具体工作内容描述</td></tr>
<tr><td>1</td><td colspan="3">准备工作(准备软件、图纸、工具、量具，谁去做？)</td><td colspan="2"></td></tr>
<tr><td>2</td><td colspan="3">组织分工(成立组织，人员具体都完成什么？)</td><td colspan="2"></td></tr>
<tr><td>3</td><td colspan="3">制定加工过程方案(先设计什么？再设计什么？最后完成什么？)</td><td colspan="2"></td></tr>
<tr><td>4</td><td colspan="3">阶梯轴的车削加工(加工前准备什么？使用哪些工具、量具？如何完成加工？加工过程发现哪些问题？如何解决？)</td><td colspan="2"></td></tr>
<tr><td>5</td><td colspan="3">整理资料(谁负责？整理什么？)</td><td colspan="2"></td></tr>
<tr><td>制定计划说明</td><td colspan="5">(对各人员完成任务提出可借鉴的建议或对计划中的某一方面做出解释)</td></tr>
</table>

**决策单**

| 实训项目3 | 磨削加工实训 | 任务3 | 齿轮的磨削加工 |
|---|---|---|---|
| 决策学时 | | 1学时 | |
| 决策目的：阶梯轴加工方案对比分析，比较设计质量、设计时间、设计成本等 | | | |

| | 组号<br>成员 | 设计的可行性<br>（设计质量） | 设计的合理性<br>（设计时间） | 设计的经济性<br>（设计成本） | 综合评价 |
|---|---|---|---|---|---|
| 设计方案对比 | 1 | | | | |
| | 2 | | | | |
| | 3 | | | | |
| | 4 | | | | |
| | 5 | | | | |
| | 6 | | | | |
| | | | | | |
| | | | | | |
| | | | | | |
| | | | | | |
| | | | | | |
| | | | | | |
| | | | | | |
| | | | | | |
| | | | | | |
| | | | | | |
| | | | | | |
| | | | | | |
| | | | | | |
| | | | | | |
| | | | | | |
| | | | | | |
| | | | | | |
| | | | | | |
| 决策评价 | 结果：（将自己的设计方案与组内成员的设计方案进行对比分析，对自己的设计方案进行修改并说明修改原因，最后确定一个最佳方案） | | | | |

**检查单**

| 实训项目 3 | 磨削加工实训 | | 任务 3 | 齿轮的磨削加工 | | | | |
|---|---|---|---|---|---|---|---|---|
| 评价学时 | | | 课内 1 学时 | 第　　组 | | | | |
| 检查目的及方式 | 在加工过程中,教师对小组的工作情况进行监督、检查,如检查等级为不合格小组需要整改,并拿出整改说明 | | | | | | | |
| 序号 | 检查项目 | 检查标准 | 检查结果分级（在检查相应的分级框内划“√”） | | | | | |
| | | | 优秀 | 良好 | 中等 | 合格 | 不合格 | |
| 1 | 准备工作 | 资源是否已查到、材料是否准备完整 | | | | | | |
| 2 | 分工情况 | 安排是否合理、全面,分工是否明确 | | | | | | |
| 3 | 工作态度 | 小组工作是否积极主动,是否为全员参与 | | | | | | |
| 4 | 纪律出勤 | 是否按时完成负责的工作内容、遵守工作纪律 | | | | | | |
| 5 | 团队合作 | 是否相互协作、互相帮助,成员是否听从指挥 | | | | | | |
| 6 | 创新意识 | 任务完成是否不照搬照抄,看问题是否具有独到见解与创新思维 | | | | | | |
| 7 | 完成效率 | 工作单是否记录完整,是否按照计划完成任务 | | | | | | |
| 8 | 完成质量 | 工作单填写是否准确,设计过程、尺寸公差是否达标 | | | | | | |
| 检查评语 | | | | | 教师签字: | | | |

**小组工作评价单**

<table>
<tr><td>实训项目 3</td><td colspan="2">磨削加工实训</td><td colspan="2">任务 3</td><td colspan="2">齿轮的磨削加工</td></tr>
<tr><td colspan="3">评价学时</td><td colspan="4">课内 1 学时</td></tr>
<tr><td>班级</td><td colspan="2"></td><td colspan="4">第　　组</td></tr>
<tr><td>考核情境</td><td>考核内容及要求</td><td>分值<br>（100）</td><td>小组自评<br>（10%）</td><td>小组互评<br>（20%）</td><td>教师评价<br>（70%）</td><td>实得分（∑）</td></tr>
<tr><td rowspan="4">汇报展示<br>（20 分）</td><td>演讲资源利用</td><td>5</td><td></td><td></td><td></td><td></td></tr>
<tr><td>演讲表达和非语言技巧应用</td><td>5</td><td></td><td></td><td></td><td></td></tr>
<tr><td>团队成员补充配合程度</td><td>5</td><td></td><td></td><td></td><td></td></tr>
<tr><td>时间与完整性</td><td>5</td><td></td><td></td><td></td><td></td></tr>
<tr><td rowspan="3">质量评价<br>（40 分）</td><td>工作完整性</td><td>10</td><td></td><td></td><td></td><td></td></tr>
<tr><td>工作质量</td><td>5</td><td></td><td></td><td></td><td></td></tr>
<tr><td>报告完整性</td><td>25</td><td></td><td></td><td></td><td></td></tr>
<tr><td rowspan="5">团队情感<br>（25 分）</td><td>核心价值观</td><td>5</td><td></td><td></td><td></td><td></td></tr>
<tr><td>创新性</td><td>5</td><td></td><td></td><td></td><td></td></tr>
<tr><td>参与率</td><td>5</td><td></td><td></td><td></td><td></td></tr>
<tr><td>合作性</td><td>5</td><td></td><td></td><td></td><td></td></tr>
<tr><td>劳动态度</td><td>5</td><td></td><td></td><td></td><td></td></tr>
<tr><td rowspan="2">安全文明生产<br>（10 分）</td><td>工作过程中的安全保障情况</td><td>5</td><td></td><td></td><td></td><td></td></tr>
<tr><td>工具正确使用和保养、放置规范</td><td>5</td><td></td><td></td><td></td><td></td></tr>
<tr><td>工作效率<br>（5 分）</td><td>能够在要求的时间内完成，每超时 5 分钟扣 1 分</td><td>5</td><td></td><td></td><td></td><td></td></tr>
</table>

**小组成员素质评价单**

<table>
<tr><td colspan="2">实训项目 3</td><td>磨削加工实训</td><td colspan="2">任务 3</td><td colspan="4">齿轮的磨削加工</td></tr>
<tr><td>班级</td><td></td><td>第　组</td><td colspan="2">成员姓名</td><td colspan="4"></td></tr>
<tr><td colspan="2">评分说明</td><td colspan="7">每个小组成员评价分为自评分和小组其他成员评分两部分，取平均值计算，作为该小组成员的任务评价个人分数。评分项目共设计 5 个，依据评分标准给予合理量化打分。小组成员自评分后，要找小组其他成员以不记名方式评分</td></tr>
<tr><td colspan="2">评分<br>项目</td><td>评分标准</td><td>自评分</td><td>成员 1<br>评分</td><td>成员 2<br>评分</td><td>成员 3<br>评分</td><td>成员 4<br>评分</td><td>成员 5<br>评分</td></tr>
<tr><td colspan="2">核心价值观<br>（20 分）</td><td>有无违背社会主义核心价值观的思想及行动</td><td></td><td></td><td></td><td></td><td></td><td></td></tr>
<tr><td colspan="2">工作态度<br>（20 分）</td><td>是否按时完成负责的工作内容、遵守纪律，是否积极主动参与小组工作，是否全过程参与，是否吃苦耐劳，是否具有工匠精神</td><td></td><td></td><td></td><td></td><td></td><td></td></tr>
<tr><td colspan="2">交流沟通<br>（20 分）</td><td>能否良好地表达自己的观点，能否倾听他人的观点</td><td></td><td></td><td></td><td></td><td></td><td></td></tr>
<tr><td colspan="2">团队合作<br>（20 分）</td><td>是否与小组成员合作完成任务，做到相互协作、互相帮助、听从指挥</td><td></td><td></td><td></td><td></td><td></td><td></td></tr>
<tr><td colspan="2">创新意识<br>（20 分）</td><td>看问题时能否独立思考、提出独到见解，能否利用创新思维解决遇到的问题</td><td></td><td></td><td></td><td></td><td></td><td></td></tr>
<tr><td colspan="2">最终小组<br>成员得分</td><td colspan="7"></td></tr>
</table>

**课后反思**

<table>
<tr><td colspan="2">实训项目 3</td><td>磨削加工实训</td><td>任务 3</td><td>齿轮的磨削加工</td></tr>
<tr><td>班级</td><td></td><td>第　组</td><td>成员姓名</td><td></td></tr>
<tr><td colspan="2">情感反思</td><td colspan="3">通过对本任务的学习和实训，你认为自己在社会主义核心价值观、职业素养、学习和工作态度等方面有哪些需要提高的部分？</td></tr>
</table>

表(续)

| | |
|---|---|
| 知识反思 | 通过对本任务的学习,你掌握了哪些知识点?请画出思维导图。 |
| 技能反思 | 在完成本任务的学习和实训过程中,你主要掌握了哪些技能? |
| 方法反思 | 在完成本任务的学习和实训过程中,你主要掌握了哪些分析和解决问题的方法? |

## 【任务拓展】

外圆磨削中常见缺陷的产生原因及消除方法如表3-3-7所示。

**表3-3-7 外圆磨削中常见缺陷的产生原因及消除方法**

| 工件缺陷 | 产生原因 | 消除方法 |
|---|---|---|
| 工件表面出现直波形振痕 | 1. 砂轮不平衡。<br>2. 砂轮硬度太高。<br>3. 砂轮钝化后没有及时修整。<br>4. 砂轮修得过细,或金刚石笔顶角已磨平,修出砂轮不锋利。<br>5. 工件圆周速度过大,工件中心孔有多边形。<br>6. 工件直径、质量过大,不符合机床规格。<br>7. 砂轮主轴轴承磨损,配合间隙过大,产生径向圆跳动。<br>8. 头架主轴轴承松动 | 1. 注意保持砂轮平衡。<br>(1)新砂轮需经过两次静平衡。<br>(2)砂轮使用一段时期后,如果又出现不平衡,需要再做静平衡。<br>(3)停机前,先关掉切削液,使砂轮空转进行脱水,以免切削液聚集在下部而引起不平衡。<br>2. 根据工件材料性质选择合适的砂轮硬度。<br>3. 及时修整砂轮。<br>4. 合理选择修整用量或翻身重焊金刚石,或对金刚石笔琢磨修尖。<br>5. 适当降低工件转速,修研中心孔。<br>6. 改在规格较大的磨床上磨削,如受设备条件限制不能这样做时,可以降低背吃刀量和纵向进给量以及把砂轮修得锋利些。<br>7. 按机床说明书规定调整轴向间隙。<br>8. 调整头架主轴轴承间隙 |

**表 3-3-7**(续 1)

| 工件缺陷 | 产生原因 | 消除方法 |
| --- | --- | --- |
| 工件表面有螺旋形痕迹 | 1. 砂轮硬度高,修得过细,而背吃刀量过大。<br>2. 纵向进给量太大。<br>3. 砂轮磨损,素线不直。<br>4. 金刚石在修整器中未夹紧或金刚石在刀杆上焊接不牢,有松动现象,使修出的砂轮凸凹不平。<br>5. 切削液太少或太淡。<br>6. 工作台导轨润滑油浮力过大使工作漂起,在运动中产生摆动。<br>7. 工作台运行时有爬行现象。<br>8. 砂轮主轴有轴向窜动 | 1. 合理选择砂轮硬度和修整用量,适当减小背吃刀量。<br>2. 适当降低纵向进给量。<br>3. 修整砂轮。<br>4. 把金刚石装夹牢固,如金刚石有松动,需重新焊接。<br>5. 加大或加浓切削液。<br>6. 调整轨润滑油的压力。<br>7. 打开放气阀,排除液压系统中的空气,或检修机床。<br>8. 检修机床 |
| 工件表面有烧伤现象 | 1. 砂轮太硬或粒度太细。<br>2. 砂轮修得过细不锋利。<br>3. 砂轮太钝。<br>4. 背吃刀量、纵向进给量过大或工件的圆周速度过低。<br>5. 切削液不充足 | 1. 合理选择砂轮。<br>2. 合理选择修整用量。<br>3. 修整砂轮。<br>4. 适当减少背吃刀量和纵向进给量或增大工件的转速。<br>5. 加大切削液 |
| 工件有圆度误差 | 1. 中心孔形状不正确或中心孔内有污垢、铁屑、尘埃等。<br>2. 中心孔或顶尖因润滑不良而磨损。<br>3. 工件顶得过松或过紧。<br>4. 顶尖在主轴和尾座套筒锥孔内配合不紧密。<br>5. 砂轮过钝。<br>6. 切削液不充分或供应不及时。<br>7. 工件刚性较差而毛坯形状误差又大,磨削余量不均匀而引起背吃刀量变化,使工件弹性变形,发生相应变化,结果磨削后的工件表面部分地保留着毛坯形状误差。<br>8. 工件有不平衡质量。<br>9. 砂轮主轴轴承间隙过大。<br>10. 卡盘装夹磨削外圆时,头架主轴径向圆跳动过大 | 1. 根据具体情况可重新修正中心孔,重钻中心孔或把中心孔擦净。<br>2. 注意润滑,如已磨损需重新修磨顶尖。<br>3. 重新调节尾座顶尖压力。<br>4. 把顶尖卸下,擦净后重新装上。<br>5. 修整砂轮。<br>6. 保证充足的切削液。<br>7. 背吃刀量不能太大,并应随着余量减少而逐步减少,最后多做几次“光磨”行程。<br>8. 磨削前事先加以平衡。<br>9. 调整主轴轴承间隙。<br>10. 调整头架、主轴轴承间隙 |

表 3-3-7(续 2)

| 工件缺陷 | 产生原因 | 消除方法 |
| --- | --- | --- |
| 工件有锥度 | 1. 工作台未调整好。<br>2. 工件和机床的弹性变形发生变化。<br>3. 工作台导轨润滑油浮力过大,运行中产生摆动。<br>4. 头架和尾座顶尖的中心线不重合 | 1. 应在砂轮锋利的情况下仔细找正工作台。每个工件在精磨时,砂轮锋利程度、磨削用量和"光磨"行程次数应与找正工作台时的情况基本一致,否则需要用不均匀进给加以消除。<br>2. 调整导轨润滑油压力。<br>3. 擦干净工作台和尾座的接触面。如果接触面已磨损,则可在尾座底下垫一层纸垫或铜皮,使前后顶尖中心线重合 |
| 工件有鼓形 | 1. 工件刚性差,磨削时产生弹性弯曲变形。<br>2. 中主架调整不适当 | 1. 减少工件的弹性变形<br>(1)减少背吃刀量,多做"光磨"行程。<br>(2)及时修整砂轮,使其经常保持良好的切削性能。<br>(3)工件很长时,应使用适当数量的中心架。<br>2. 正确调整撑块和支块对工件的压力 |
| 工件弯曲 | 1. 磨削用量太大。<br>2. 切削液不充分,不及时 | 1. 适当减小背吃刀量。<br>2. 保持充足的切削液 |
| 工件两端尺寸较小(或较大) | 1. 砂轮越出工件端面太多(或太少)。<br>2. 工作台换向时停留时间太长(或太短) | 1. 正确调整工作台上换向撞块位置,使砂轮越出工件端面为(1/3~1/2)砂轮宽度<br>2. 正确调整停留时间 |
| 轴肩端面有跳动 | 1. 进给量过大,退刀过快。<br>2. 切削液不充分。<br>3. 工件顶得过紧或过松。<br>4. 砂轮主轴有轴向窜动。<br>5. 头架主轴推力轴承间隙过大。<br>6. 用卡盘装夹磨削端面时,头架主轴轴向窜动过大 | 1. 进给时纵向摇动工作台要慢而均匀,"光磨"时间要充分。<br>2. 加大切削液。<br>3. 调节尾座顶尖压力。<br>4. 检修机床。<br>5. 调节推力轴承间隙。<br>6. 调节推力轴承间隙 |
| 台肩端面内部凸起 | 1. 进刀过快,"光磨"时间不够。<br>2. 砂轮与工件接触面积大,磨削压力大。<br>3. 砂轮主轴中心线与工作台运动方向不平行 | 1. 进刀要慢而均匀,并光磨至没有火花为止。<br>2. 把砂轮端面修成内凹使工作面尽量减小,同时先把砂轮退出一段距离后吃刀,然后逐渐摇进砂轮,磨出整个端面。<br>3. 调整砂轮架位置 |

表 3-3-7(续 3)

| 工件缺陷 | 产生原因 | 消除方法 |
|---|---|---|
| 台阶轴各外圆表面有同轴度误差 | 1. 与圆度误差原因 1~5 相同。<br>2. 磨削用量过大及“光磨”时间不够。<br>3. 磨削步骤安排不当。<br>4. 用卡盘装夹磨削时,工件找正不对,或头架主轴径向圆跳动太大 | 1. 与消除圆度误差的方法 1~5 相同。<br>2. 精磨时减小背吃刀量并多做“光磨”行程。<br>3. 同轴度要求高的表面应分清粗磨、精磨,同时尽可能在一次装夹中精磨完毕。<br>4. 仔细找工件基准面,主轴径向圆跳动过大时应调整轴承间隙 |
| 表面粗糙度有误差 | 1. 机床运行不平稳,有爬行。<br>2. 旋转件不平衡,轴承间隙大,产生振动。<br>3. 砂轮选用不当,粒度大、硬度低,修整不好。<br>4. 磨削用量过大,砂轮圆周速度偏低。<br>5. 切削液不充分,不清洁。<br>6. 工件塑性大或材质不均匀 | 1. 排出液压系统中空气或检修机床。<br>2. 装夹时加平衡物,做好平衡,检修机床。<br>3. 合理选用砂轮的粒度、硬度,仔细修整砂轮,增加光修次数。<br>4. 适当减小背吃刀量和纵向进给量,提高砂轮圆周速度。<br>5. 加大切削液,更换不清洁切削液。<br>6. 减小工件塑性变形,最后多做几次光磨 |

## 【实训报告】

### (一)实训任务书

| 课程名称 | 机械加工实训 | | 实训项目 3 | 磨削加工实训 |
|---|---|---|---|---|
| 任务 3 | 齿轮的磨削加工 | | 建议学时 | 4 |
| 班级 | | 学生姓名 | | 工作日期 | |
| 实训目标 | 1. 掌握齿轮的磨削加工工艺制定方案;<br>2. 掌握磨削加工中一般工件的定位、装夹及加工方法;<br>3. 掌握万能外圆磨床的操纵和调整;<br>4. 掌握砂轮的种类、构成、安装及使用;<br>5. 规范合理摆放操作加工所需工具、量具;<br>6. 能按操作规范正确使用万能外圆磨床,正确选择磨削用量,并完成外圆类零件的磨削加工;<br>7. 能正确使用游标卡尺对零件进行检测;<br>8. 能对所完成的零件进行评价及超差原因分析 | | | | |
| 实训内容 | 制定齿轮的磨削加工工艺方案;外圆的磨削加工方法;正确将零件安装在磨床上;正确安装砂轮;规范合理摆放操作加工所需工具、量具;完成外圆类零件的磨削加工;正确使用游标卡尺对零件进行检测;对完成的零件进行评价及超差原因分析;完成深沟球轴承套圈坯件加工任务 | | | | |

表(续)

| | |
|---|---|
| 安全与文明要求 | 学生听从指导教师的安排及指挥,不在实训室打闹、吃东西,严格遵守实训室管理制度;固定座位,爱护公共设备,如发现设备缺失损坏及时上报指导教师;保持实训室卫生 |
| 提交成果 | 实训报告;深沟球轴承套圈坯件 |
| 对学生的要求 | 1. 按任务要求完成实训任务;<br>2. 牢记学生实训安全守则;<br>3. 遵守铣工安全操作规程;<br>4. 严格遵守课堂纪律,不迟到、不早退,学习态度端正;<br>5. 每位同学必须积极参与小组讨论,并进行操作演示;<br>6. 具备一定的自学能力、资料查询能力,同时具备一定的沟通协调能力、语言表达能力和团队合作意识;<br>7. 认真填写实训报告 |
| 考核评价 | 评价内容:<br>1. 企业管理模式的适应性;<br>2. 完成报告的完整性评价;<br>3. 掌握学生实训安全守则熟练程度等;<br>4. 在实际加工过程中能否遵守铣工安全操作规程。<br>评价方式:由学生自评(自述、评价,占 10%)、小组评价(分组讨论、评价,占 20%)、教师评价(根据学生学习态度、实训报告及上机实操技能评估,占 70%)构成该学生的任务成绩 |

(二)实训准备工作

| 课程名称 | 机械加工实训 | | 实训项目 3 | 磨削加工实训 |
|---|---|---|---|---|
| 任务 3 | 齿轮的磨削加工 | | 建议学时 | 4 |
| 班级 | | 学生姓名 | | 工作日期 | |
| 场地准备描述 | | | | |
| 设备准备描述 | | | | |
| 刀具、夹具、量具、工具准备描述 | | | | |
| 知识准备描述 | | | | |

（三）实训记录

<table>
<tr><td>课程名称</td><td colspan="2">机械加工实训</td><td>实训项目3</td><td>磨削加工实训</td></tr>
<tr><td>任务3</td><td colspan="2">齿轮的磨削加工</td><td>建议学时</td><td>4</td></tr>
<tr><td>班级</td><td></td><td>学生姓名</td><td>工作日期</td><td></td></tr>
<tr><td>实训操作过程</td><td colspan="4"></td></tr>
<tr><td>注意事项</td><td colspan="4"></td></tr>
<tr><td>改进方法</td><td colspan="4"></td></tr>
</table>

(四)考核评价表

| 考核项目 | 技术要求 | 分值 | 学生自评分（10%） | 小组评分（20%） | 教师评分（70%） | 实得分 |
|---|---|---|---|---|---|---|
| 程序及工艺（15分） | 程序正确完整 | 5 | | | | |
| | 切削用量合理 | 5 | | | | |
| | 工艺过程规范合理 | 5 | | | | |
| 机床操作（20分） | 刀具选择安装正确 | 5 | | | | |
| | 对刀及工件坐标系设定正确 | 5 | | | | |
| | 机床操作规范 | 5 | | | | |
| | 工件加工正确 | 5 | | | | |
| 工件质量（40分） | 尺寸精度符合要求 | 30 | | | | |
| | 表面粗糙度符合要求 | 8 | | | | |
| | 无毛刺 | 2 | | | | |
| 安全文明生产（15分） | 安全操作 | 5 | | | | |
| | 机床维护与保养 | 5 | | | | |
| | 工作场所整理 | 5 | | | | |
| 相关知识及职业能力（10分） | 数控加工基础知识 | 2 | | | | |
| | 自学能力 | 2 | | | | |
| | 表达沟通能力 | 2 | | | | |
| | 合作能力 | 2 | | | | |
| | 创新能力 | 2 | | | | |
| 总分（$\sum$） | | 100 | | | | |

# 实训项目 4　刨削、镗削及拉削加工综合实训

## 【项目目标】

**知识目标**

能够阐述刨削、镗削及拉削加工的工艺范围；

能够阐述刨削、镗削及拉削钻床的结构、种类及主要组成部件；

能够阐述刨削、镗削及拉削常用刀具结构，量具的原理、规格、名称及正确使用方法；

能够阐述刨床、镗床和拉床加工基本操作的方法。

**能力目标**

能够拟定刨削、镗削及拉削加工工艺文件；

能够编制典型零件刨削、镗削及拉削加工工艺流程；

能够操作刨床、镗床及拉床进行加工。

**素质目标**

正确执行安全技术操作规程，树立安全意识；

培养学生爱岗敬业精神；

培养学生精益求精的工匠精神。

## 【项目内容】

变速箱壳体加工，要经过毛坯件刨削、组合机床群钻钻削加工；对于方孔等不规则零件内孔要经过拉削等加工。重点掌握加工过程中涉及的刨削、镗削等加工方法的应用，全面了解常规机械加工设备使用与操作，熟悉这些设备加工范围，为全面掌握机械加工方法奠定基础。

## 【任务目标】

1. 熟练规范地操作刨床、镗床及拉床；
2. 完成刨削变速箱壳体平面加工；
3. 完成拉削变速箱壳体孔的加工；
4. 完成镗削变速箱壳体已加工的孔；
5. 完成变速箱壳体的加工任务。

## 【任务描述】

如图 4-1 所示为变速箱壳体零件，完成由毛坯到成品的加工，安排加工工艺。

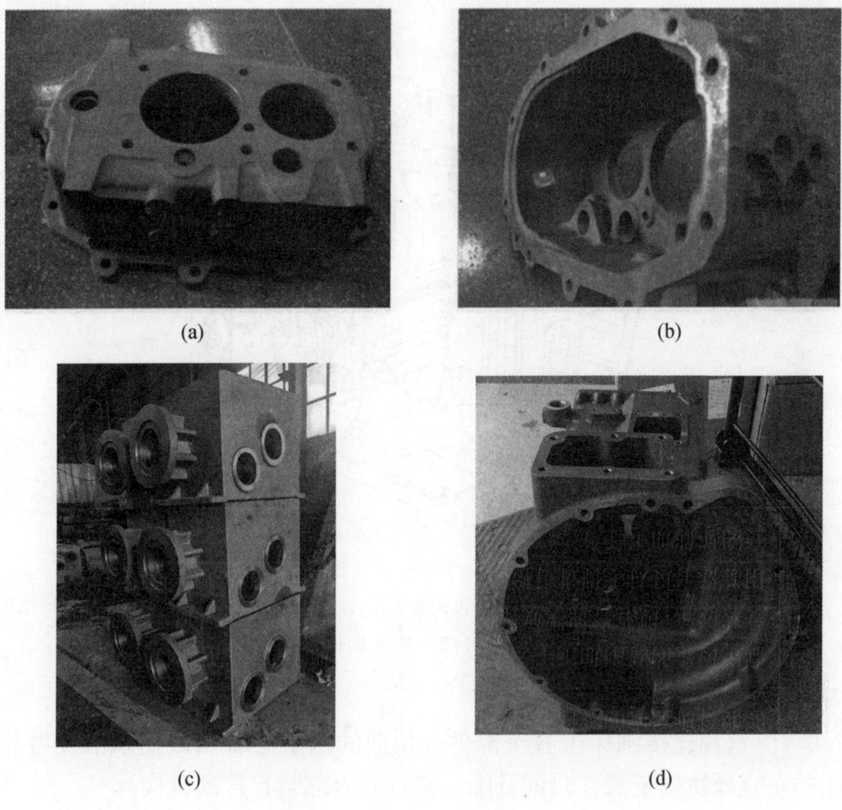

(a) (b) (c) (d)

图 4-1　变速箱壳体零件

## 【任务分析】

在变速箱壳体的制造流程解析中，起始步骤涉及毛坯件的精确刨削处理，以确保基础表面的平整度。紧接着，利用组合机床上的群钻系统执行高效的钻削作业，以精准创建所需的孔位。针对壳体中方孔或其他不规则形状的内孔部件，还需采用拉削等专门工艺，以达到内孔壁面的高精度与光滑度要求。

本任务的核心在于深入掌握刨削、镗削（特指此处的群钻钻削操作）等关键技术手段的应用，它们是实现高质量壳体加工的核心环节。同时，要求全面学习和掌握常规机械加工设备的操作规范、使用技巧及其加工能力范围，这对于构建完整的机械加工知识体系、奠定坚实的实践基础具有至关重要的意义。通过这样的学习和实践过程，旨在提升个人在机械加工领域的综合能力，以便能够熟练应对各种复杂的加工任务。

## 【相关知识】

### 一、刨床

1. 牛头刨床

牛头刨床是指刨刀安装在滑枕的刀架上，做纵向往复运动的刨床。牛头刨床如图 4-2 所示。

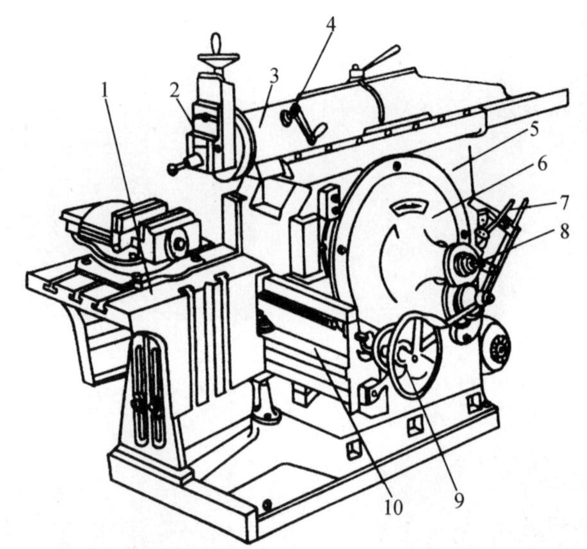


1—工作台;2—刀架;3—滑枕;4—行程位置调节手柄;5—床身;6—摆杆机构;
7—变速手柄;8—行程长度调整方榫;9—进给机构;10—横梁。

**图 4-2　牛头刨床**

(1)床身

床身用以支承和连接刨床上各个部件。顶面的水平导轨用以支承滑枕做往复直线运动,前侧面的垂直导轨用于工作台的升降。床身的内部装有传动机构。

(2)刀架

转动刀架的手柄,滑板即可沿转盘上的导轨带动刀架上下移动,松开转盘上的螺母,将转盘转过一定的角度,可使刀架斜向进给以刨削斜面,滑板上装有可偏转的刀座(又叫刀盒),可使反刀板绕刀座的轴向上抬起,以便在返回行程时,刀夹内的刨刀上抬,减小刀具与工件间的摩擦。

(3)滑枕

前端装有刀架,带动刨刀做往复直线运动,由床身内部的一套摆杆机构带动滑枕做往复运动。摆杆上端与滑枕内的螺母相连,下端与支架相连。偏心滑块与摆杆齿轮相连,嵌在摆杆的滑槽内,可沿滑槽运动。

(4)工作台

工作台上开有多条 T 形槽以便安装工件和夹具,工作台可随横梁一起做上下调整,并可沿横梁做水平进给运动。

2. 龙门刨床

龙门刨床用于加工大型或重型零件上的各种平面、沟槽和各种导轨面(如棱形、V 形导轨面),也可在工作台上一次装夹数个中小型零件进行多件加工。龙门刨床具有双立柱和横梁,工作台沿床身导轨做纵向往复运动,立柱和横梁上分别装有可移动的侧立架和垂直刀架的刨床,如图 4-3 所示。

图 4-3 龙门刨床

龙门刨床由床身、立柱、横梁及顶梁组成,可保证机床有较高的刚度。工作台的往复运动为主运动,刀架移动为进给运动。横梁上的刀架可在横梁导轨上做横向进给运动,以刨削工件的水平面。立柱上的侧刀架,可沿立柱导轨做垂直进给运动,以刨削垂直面。刀架也可偏转一定角度以刨削斜面。横梁可沿立柱导轨上下升降,以调整刀具和工件的相对位置。

3. 刨削方法

(1)刨平面

刨水平面时,刀架和刀座均处于中间位置上。

水平面既可以是零件所需要的加工表面,又可以用作精加工基准面,水平面粗刨采用平面刨刀,精刨采用圆头精刨刀。刨削用量一般为:刨削深度 $a_p$ 为 0.2~0.5 mm,进给量 $f$ 为 0.33~0.66 mm/str,切削速度 $v$ 为 15~50 m/min。粗刨时刨削深度和进给量可取大值,切削速度取低值;精刨时切削速度取高值,切削深度和进给量取小值。对于两个相对平面有平行度要求、两相邻平面有垂直度要求的矩形工件,设矩形四个平面按逆时针方向分别为 1,2,3,4 面。一般刨削方法是先刨出一个较大的平面 1 为基准面;然后将该基准面贴紧平口钳钳口一面,用圆棒或斜垫夹入基准面对面的钳口中,刨削第 2 个平面;再刨削第 2 个平面相对的第 4 个面;最后刨削第 1 个面相对的第 3 个面。在水平面刨削时,切削深度由手动控制刀架的垂直运动决定,进给量由进给运动手柄调整。

(2)刨垂直面

工件上如有不能或不便用水平面刨削方法加工的平面,可将该平面与水平面垂直,然后用刨垂直面的方法进行加工,如加工台阶面和长工件的端面。垂直面的刨削由刀架做垂直进给运动实现。刨削前,先将刀架转盘刻度线对准零线,以保证加工面与工件低平面垂直,转动刀架手柄,从上往下加工工件。手动进给刀架时保证刨刀是做垂直进给运动;再将刀座转动至上端,偏离要加工垂直面 10°~15°,使抬刀板回程时,能带动刨刀抬离工件的垂直面,减少刨刀磨损及避免划伤已加工表面。

应注意刀座推偏时,偏刀的主刀刃应指向所加工的垂直面,不能将刨刀所偏方向及推偏方向选错。另外,安装偏刀时,刨刀伸出的长度应大于整个刨削面的高度。在垂直面刨削时,切削深度由工作台水平手动控制,进给量由刀架转动手柄调整。如图 4-4 所示。

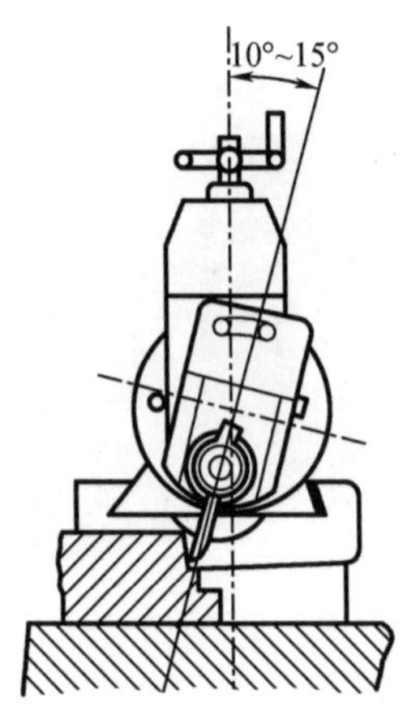


图 4-4　刀座偏离加工面的方向

(3)刨斜面

工件上的斜面有内斜面和外斜面两种,如 V 形槽、燕尾槽由内斜面组成;V 形楔、燕尾榫由外斜面组成。内斜面和外斜面均可由倾斜刀架法加工。刨削前,先将转盘与刀座一起转动一定角度,再将刀座转动至上端偏离所需加工的斜面 12°左右,然后从上往下转动刀架手柄刨削斜面。注意应针对是内斜面还是外斜面来选择左角度偏刀或右角度偏刀。一般内斜面左斜用左角度偏刀,外斜面左斜用右角度偏刀;内斜面右斜或外斜面右斜时则相反。角度偏刀伸出长度也应大于整个刨削斜面的宽度。在进行斜面刨削时,切削深度与进给量的控制及调整同刨削垂直面一样,但要注意刨斜面时,切削深度不可选得过大,如图 4-5 所示。

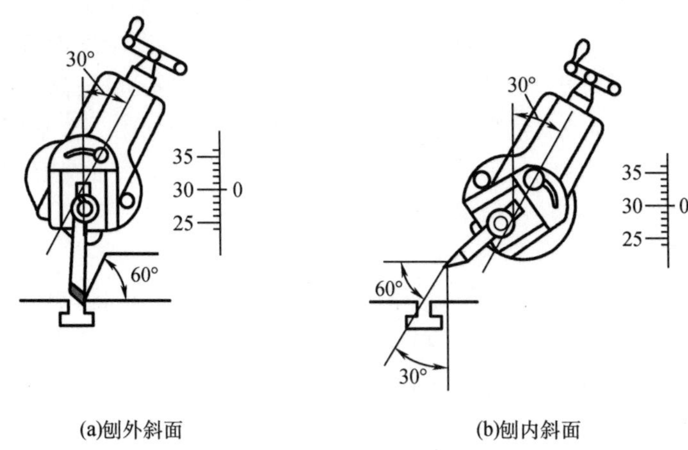


图 4-5　倾斜刀架刨削斜面

(4)刨 T 形槽

刨 T 形槽前,先划出加工线,如图 4-6 所示。然后按划线找正加工,刨削顺序如图 4-7 所示。

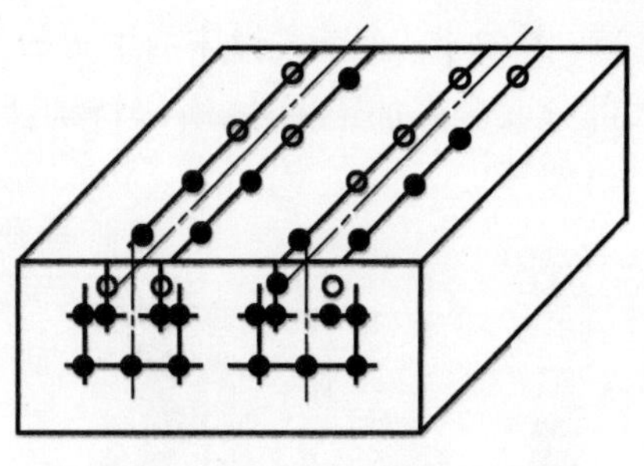

图 4-6　划 T 形槽加工线

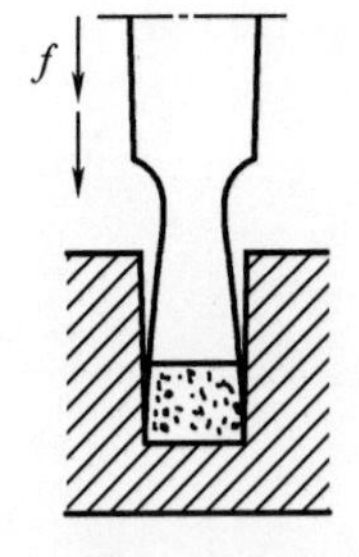


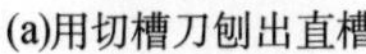

(a)用切槽刀刨出直槽

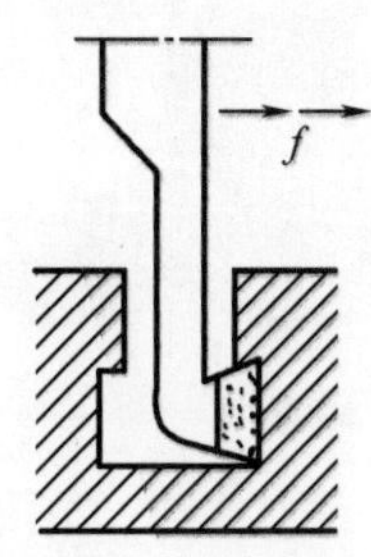


(b)用弯切刀刨右凹槽

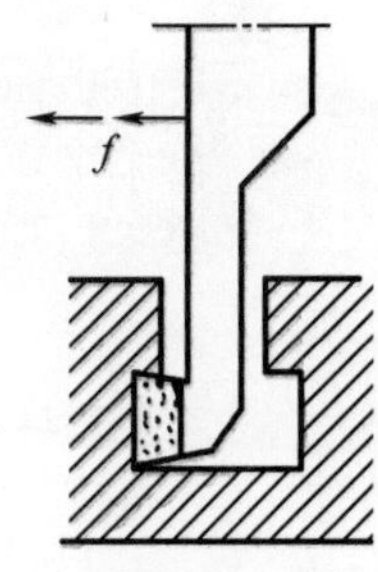


(c)用弯切刀刨左凹槽

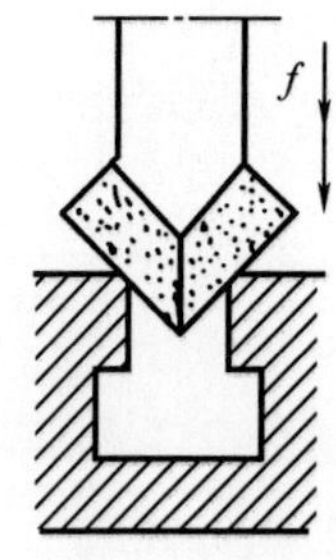


(d)用 45°刨刀倒角

图 4-7　T 形槽刨削顺序

(5)刨燕尾槽

燕尾槽的燕尾部分是两个对称的内斜面。其刨削方法是刨直槽和刨内斜面的综合,但需要专门刨燕尾槽的左、右偏刀。刨燕尾槽的步骤如图 4-8 所示。

## 二、镗床

镗床是用镗刀对工件已有的孔进行镗削的机床,使用不同的刀具和附件还可进行钻削、铣削及加工螺纹外圆和端面等。通常镗刀旋转为主运动,镗刀或工件的移动为进给运动。它主要用于加工高精度孔或一次定位完成多个孔的精加工,此外还可以从事与孔精加工有关的其他加工面的加工。镗削加工直径 80 mm 以上的孔、孔内环形槽及有较高位置精度的孔系等,镗削加工的精度等级可达 IT6~IT5,表面粗糙度可达 $Ra$6. 3~0. 8 mm。镗床种类很多,主要有立式镗床、卧式镗床、坐标镗床、落地镗床、金刚镗床等。

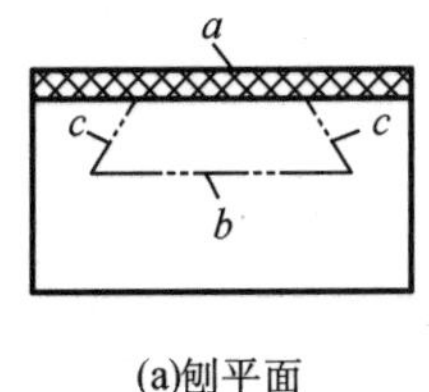


(a)刨平面

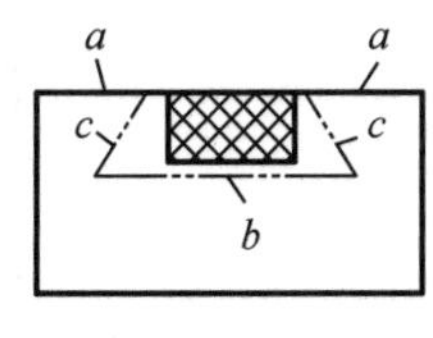


(b)刨直槽

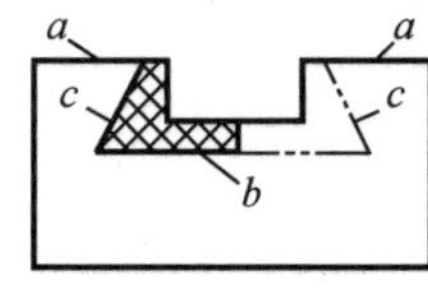


(c)刨左燕尾槽

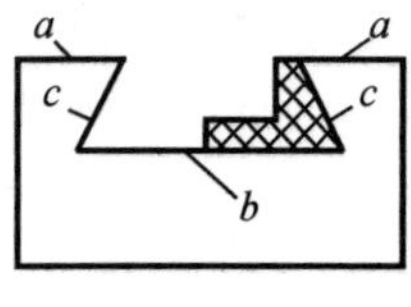


(d)刨右燕尾槽

图 4-8　刨燕尾槽的步骤

1. 卧式镗床

卧式镗床是镗床中应用最广泛的一种,如图 4-9 所示。它主要是孔加工,镗孔精度可达 IT7,除了扩大工件上已铸出或已加工的孔外,卧式镗床还能铣削平面、钻削、加工端面和凸缘的外圆以及切削螺纹等,主要用在单件小批量生产和修理车间,加工孔的圆度误差不超过 5 μm,表面粗糙度 $Ra1.25 \sim 0.63$ μm。卧式镗床的主参数为主轴直径。用卧式镗床加工时,可在一次安装中完成大部分或全部加工工序,所以特别适用于加工尺寸较大、形状复杂的零件,如各种箱体、床身、机架等。

**图 4-9　卧式镗床**

2. 坐标镗床

坐标镗床是具有精密坐标定位装置,用于加工高精度孔或孔系的一种镗床。在坐标镗床上还可进行钻孔、扩孔(见钻削)、铰孔(见铰削)、铣削、精密刻线和精密划线等工作,也可进行孔距和轮廓尺寸的精密测量。坐标镗床适用于在工具车间加工钻模、镗模和量具等,也用在生产车间加工精密工件,是一种用途较广泛的高精度机床。坐标镗床是高精度机床的一种。它的结构特点是有坐标位置的精密测量装置。坐标镗床可分为单柱式坐标镗床、卧式坐标镗床和双柱式坐标镗床,如图 4-10 所示。

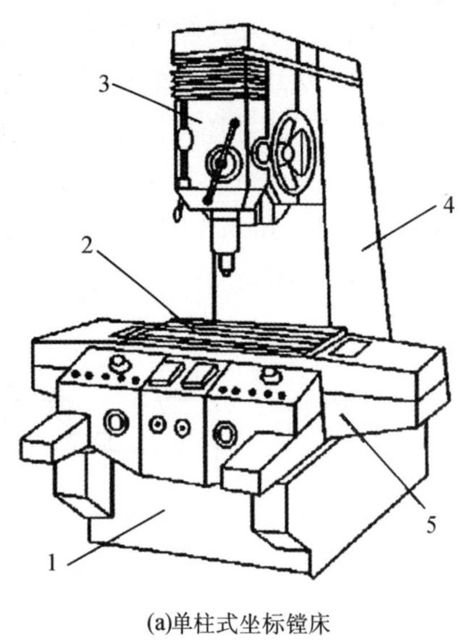


(a)单柱式坐标镗床

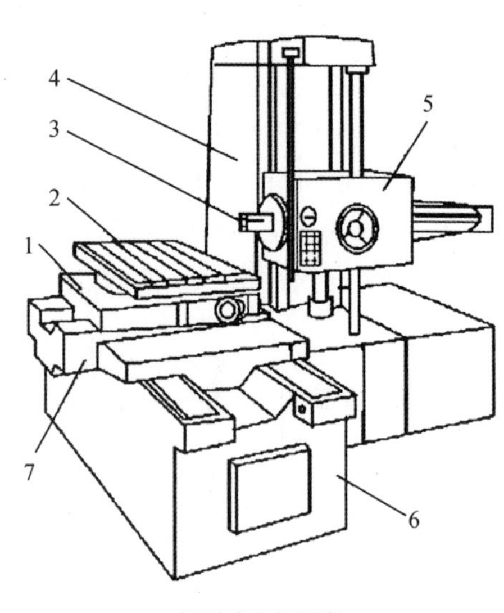


(b)卧式坐标镗床

**图 4-10　坐标镗床**

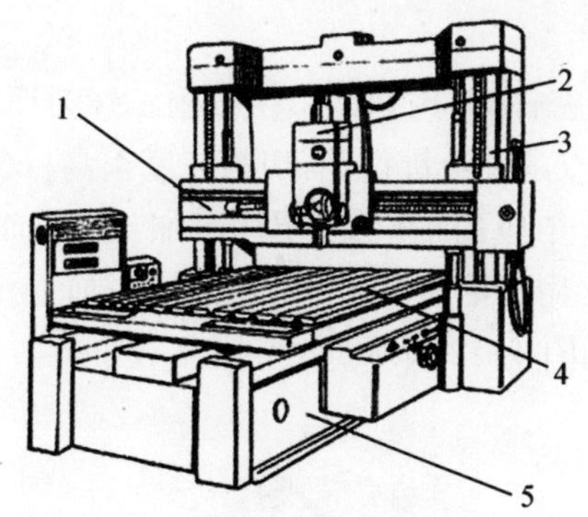


(c)双柱式坐标镗床

(a)1—床身;2—工作台;3—主轴箱;4—立柱;5—床鞍。

(b)1—上滑座;2—回转工作台;3—主轴;4—立柱;5—主轴箱;6—床身;7—下滑座。

(c)1—横梁;2—主轴箱;3—立柱;4—工作台;5—床身。

**图 4-10**(续)

3. 落地镗床

落地镗床和落地铣镗床(图 4-11)是用于加工大而重的工件的重型机床,其镗轴直径一般在 125 mm 以上。这两种机床在布局结构上的主要特点是没有工作台,被加工工件直接安装在落地平台上,加工过程中的工作运动和调整运动全由刀具完成。

如图 4-11(a)所示为落地镗床的外形简图。立柱 5 通过滑座 7 安装在横向床身 8 上,可沿床身导轨做横向移动。镗孔的坐标位置由主轴箱 6 沿立柱导轨上下移动和立柱横向移动来确定。当需用后支承架支承刀杆进行镗孔时,可在平台 4 上安装后立柱 3。后立柱也可沿其底座 1 上的导轨做横向移动,以便调整支承架 2 的位置,使其支承孔与镗轴处于同一轴线上。

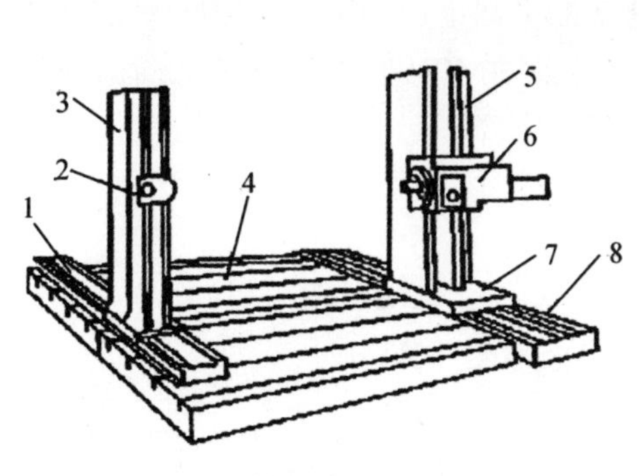


(a)落地镗床

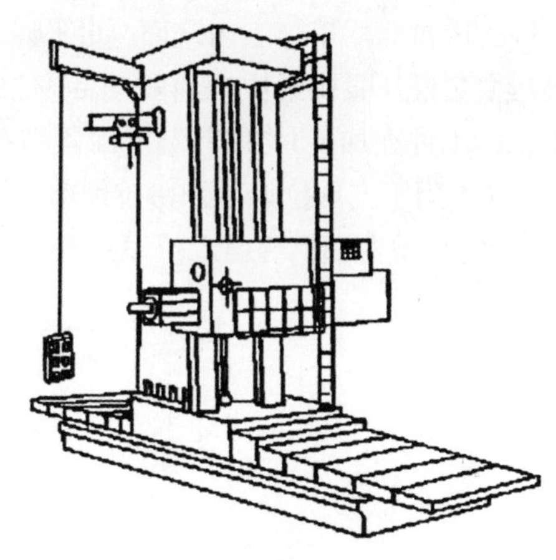

(b)落地镗铣床

1—底座;2—支承架;3—后立柱;4—平台;5—立柱;6—主轴箱;7—滑座;8—横向床身;

9—床身;10—工作台;11—立铣头;12—操纵箱;13—横梁;14—立柱。

**图 4-11　落地镗床和落地镗铣床**

4. 金刚镗床

金刚镗床是一种高速精密镗床,因初期采用金刚石镗刀而得名,后已广泛使用硬质合金刀具。这种镗床的工作特点是进给量很小,切削速度很高(600~800 m/min)。它在大批量生产的汽车、拖拉机等行业中应用很广,主要用于加工连杆轴瓦、活塞、油泵壳体等零件上的精密孔,在航空工业中也用于铝镁合金工件的加工。加工孔的圆度在 3 μm 以内,表面粗糙度 *Ra*0. 63~0. 08 μm,如图 4-12 所示。

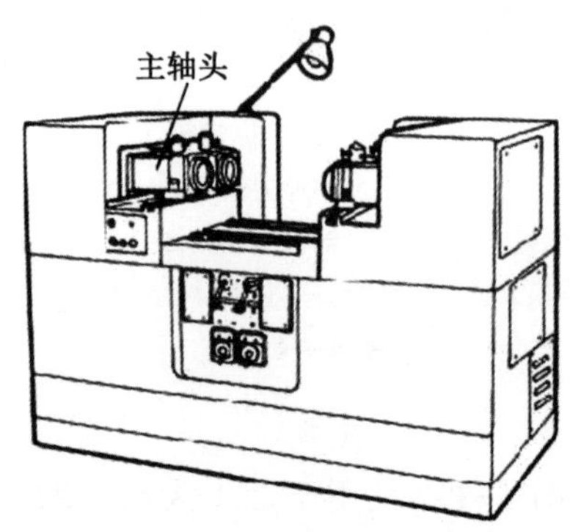


**图 4-12　卧式双面金刚镗床**

## 三、拉床

拉床是用拉刀作为刀具加工工件通孔、平面和成形表面的机床。拉削能获得较高的尺寸精度和较小的表面粗糙度,生产率高,适用于成批大量生产。大多数拉床只有拉刀做直线拉削的主运动,而没有进给运动。拉床的主运动通常是由液压系统驱动的。拉床按用途可分为内拉床和外拉床,按机床布局可分为卧式、立式、链条式。

1. 卧式内拉床

卧式内拉床用于加工内表面,如图 4-13 所示。床身 1 内部在水平方向装有液压缸 2,由高压变量液压泵供给压力油驱动活塞,通过活塞杆带动拉刀沿水平方向移动,对工件进行加工。工件在加工时,以其端平面紧靠在支承座 3 的平面上(或用夹具装夹)。护送夹头 5 及滚柱 4 用于支承拉刀。开始拉削前,护送夹头 5 及滚柱 4 向左移动,将拉刀穿过工件预制孔,并将拉刀左端柄部插入拉刀夹头。加工时滚柱 4 下降不起作用。

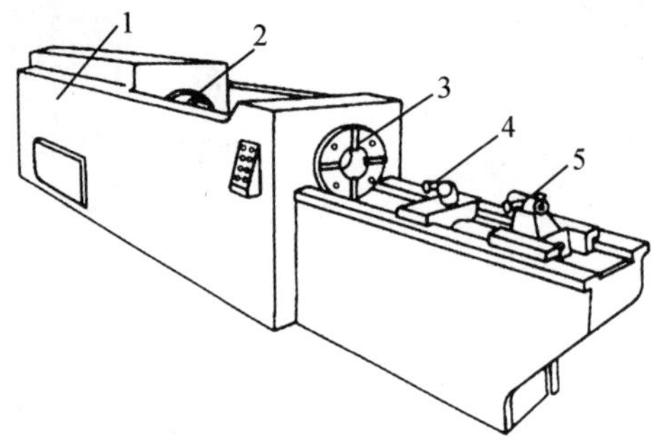


1—床身;2—液压缸;3—支承座;4—滚柱;5—护送夹头。

**图 4-13　卧式内拉床**

2. 立式拉床

立式拉床根据用途可分为立式内拉床和立式外拉床两类,如图 4-14 所示为立式内拉床外形图。这种拉床可用拉刀或推刀加工工件的内表面。用拉刀加工时,工件以端面紧靠在工作台 2 的上平面上,拉刀由滑座 4 的上支架 3 支承,自上向下插入工件的预制孔及工作台的孔,将其下端刀柄夹持在滑座 4 的下支架 1 上,滑座 4 由液压缸驱动向下进行拉削加工。用推刀加工时,工件装在工作台的上表面,推刀支承在上支架 3 上,自上向下移动进行加工。

如图 4-15 所示为立式外拉床外形图。滑块 2 可沿床身 4 的垂直导轨移动,滑块 2 上固定有外拉刀 3,工件固定在工作台 1 上的夹具内。滑块垂直向下移动完成工件外表面的拉削加工。工作台可做横向移动,以调整切削深度,并用于刀具空行程时退出工件。

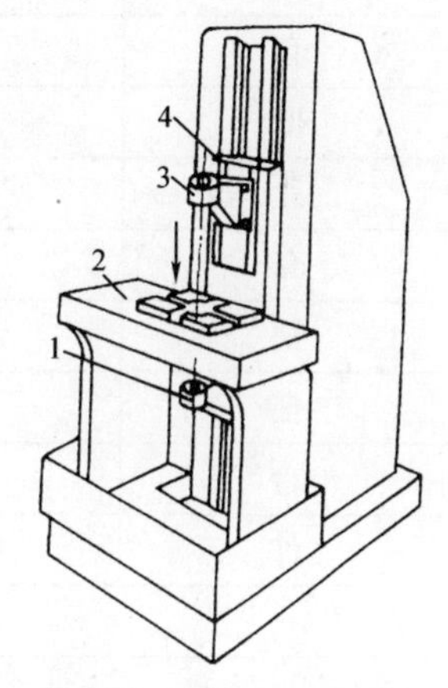


1—下支架;2—工作台;3—上支架;4—滑座。

**图 4-14　立式内拉床**

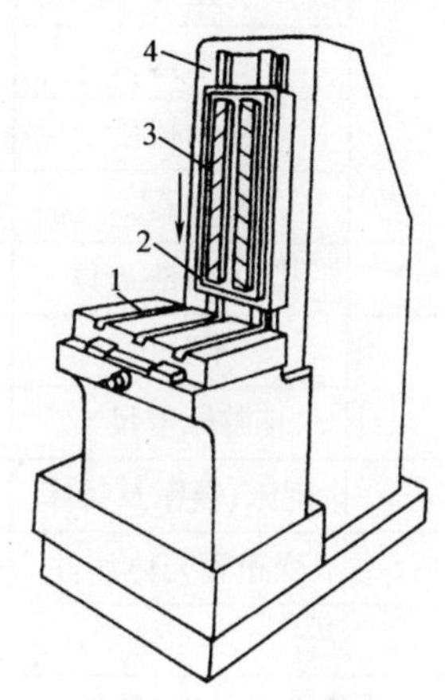


1—工作台;2—滑块;3—外拉刀;4—床身。

**图 4-15　立式外拉床**

3. 连续式拉床

如图 4-16 所示是连续式拉床的工作原理。链条上装有多个夹具 6。工件在位置 *A* 被装夹在夹具中,经过固定在上方的拉刀 3 时进行拉削加工,此时夹具沿床身上的导轨 2 滑动。夹具 6 移动至 *B* 处即自动松开,工件落入成品收集箱 5 内。这种拉床由于连续进行加工,因而生产效率高,常用于大批量生产中加工小型零件的外表面,如汽车、拖拉机连杆的连接及半圆凹面等。

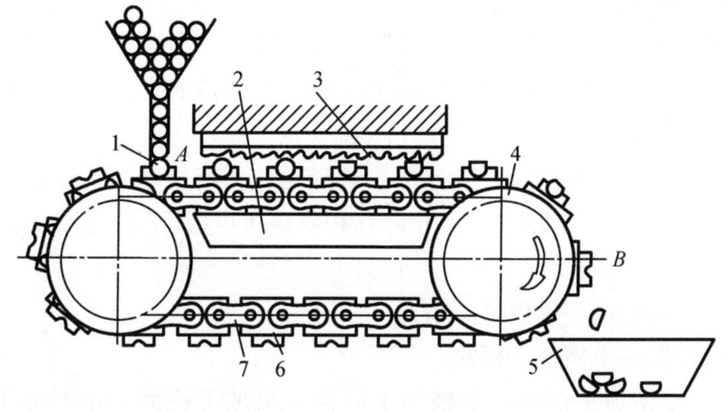


1—工件;2—导轨;3—拉刀;4—链轮;5—成品收集箱;6—夹具;7—链条。

**图 4-16　连续式拉床的工作原理**

【任务实施】

## 一、工具材料领用及工作准备(表 4-1)

表 4-1　工具材料领用及工作准备表

| 1. 工具/设备/材料 | | | | |
|---|---|---|---|---|
| 类别 | 名称 | 规格型号 | 单位 | 数量 |
| 工具 | 虎钳扳手 | | 把 | 1 |
| | 等高垫铁 | | 副 | 2 |
| | 锉刀 | | 把 | 1 |
| | 胶木榔头 | | 套 | 1 |
| | 活动扳手 | | 把 | 1 |
| | 油石 | | 片 | 若干 |
| | 卫生清洁工具 | | 套 | 1 |
| 量具 | 千分尺 | | 把 | 1 |
| | 游标卡尺 | 0~200 mm | 把 | 1 |
| 设备 | 刨床、镗床及拉床 | | 台 | 1 |
| 材料 | 变速箱壳体坯件 | | 件 | 按图样 |
| 2. 工作准备 | | | | |
| (1)技术资料:工作任务卡 1 份、教材 | | | | |
| (2)工作场地:有良好的照明、通风和消防设施等条件 | | | | |
| (3)工具、设备:按工具和设备栏目准备相关工具和设备 | | | | |
| (4)建议分组实施教学。每 2~3 人为一组,每组分别准备一台刨床、镗床及拉床。通过分组讨论完成零件的工艺分析及加工工艺方案设计,通过演示和操作训练完成零件的加工 | | | | |
| (5)劳动保护:穿戴工作服、工作帽等劳保用品 | | | | |

## 二、实训步骤和方法

①变速箱壳体铣削加工工艺安排,一般包括零件加工工艺路线、工序内容、检验。

②工艺规程的设计原则:满足生产纲领的需要、满足图纸要求、现有条件下切实可行、保证技术先进性,良好的工作条件,高的经济效益。

③工艺规程的设计步骤:零件图纸分析—选择毛坯—定位基准的选择—确定各表面及路线加工方法—拟定零件加工路线—尺寸计算和确定—设备、工装选择—填写工艺文件。

④安排如下加工工艺路线:

三个孔加工方法:粗镗—半精镗—精镗。

其余各表面:粗铣—半精铣—精铣。

粗加工前面—半精加工前面—半精加工后面—粗加工侧面—钻削加工三个孔—半精加工三个孔—精加工前面—精加工后面—精加工侧面—精加工三个孔。

## 三、注意事项

①将机床开动起来运转十几分钟,等油压、油温都稳定之后才能进行磨削。

②工作结束之后不要将机床立即关掉,而要让砂轮空转 1 min 左右,让砂轮里的水分彻底甩完后再关闭电源。

③机床使用完一定要把砂轮灰和磨灰清理干净,不要把工具等物品放在机床上。机床上有很多铜油环,每次使用完必须加油一次,否则时间长了导轨会生锈,导致进给沉重。

## 【刨削、镗削及拉削加工工作单】

**计划单**

| 实训项目 4 | 刨削、镗削及拉削加工综合实训 | | |
|---|---|---|---|
| 工作方式 | 组内讨论、团结协作共同制定计划,小组成员进行工作讨论,确定工作步骤 | 计划学时 | 1 学时 |
| 完成人 | 1.　　2.　　3.　　4.　　5.　　6. | | |

计划依据:1. 变速箱壳体图

| 序号 | 计划步骤 | 具体工作内容描述 |
|---|---|---|
| 1 | 准备工作(准备软件、图纸、工具、量具,谁去做?) | |
| 2 | 组织分工(成立组织,人员具体都完成什么?) | |
| 3 | 制定加工过程方案(先设计什么?再设计什么?最后完成什么?) | |
| 4 | 阶梯轴的车削加工(加工前准备什么?使用哪些工具、量具?如何完成加工?加工过程发现哪些问题?如何解决?) | |
| 5 | 整理资料(谁负责?整理什么?) | |
| 制定计划说明 | (对各人员完成任务提出可借鉴的建议或对计划中的某一方面做出解释) | |

**决策单**

<table>
<tr><td>实训项目4</td><td colspan="5">刨削、镗削及拉削加工综合实训</td></tr>
<tr><td colspan="3">决策学时</td><td colspan="3">1学时</td></tr>
<tr><td colspan="6">决策目的:变速箱壳体毛坯件刨削、镗削及拉削加工方案对比分析,比较设计质量、设计时间、设计成本等</td></tr>
<tr><td rowspan="23">设计方案对比</td><td>组号<br>成员</td><td>设计的可行性<br>(设计质量)</td><td>设计的合理性<br>(设计时间)</td><td>设计的经济性<br>(设计成本)</td><td>综合评价</td></tr>
<tr><td>1</td><td></td><td></td><td></td><td></td></tr>
<tr><td>2</td><td></td><td></td><td></td><td></td></tr>
<tr><td>3</td><td></td><td></td><td></td><td></td></tr>
<tr><td>4</td><td></td><td></td><td></td><td></td></tr>
<tr><td>5</td><td></td><td></td><td></td><td></td></tr>
<tr><td>6</td><td></td><td></td><td></td><td></td></tr>
<tr><td></td><td></td><td></td><td></td><td></td></tr>
<tr><td></td><td></td><td></td><td></td><td></td></tr>
<tr><td></td><td></td><td></td><td></td><td></td></tr>
<tr><td></td><td></td><td></td><td></td><td></td></tr>
<tr><td></td><td></td><td></td><td></td><td></td></tr>
<tr><td></td><td></td><td></td><td></td><td></td></tr>
<tr><td></td><td></td><td></td><td></td><td></td></tr>
<tr><td></td><td></td><td></td><td></td><td></td></tr>
<tr><td></td><td></td><td></td><td></td><td></td></tr>
<tr><td></td><td></td><td></td><td></td><td></td></tr>
<tr><td></td><td></td><td></td><td></td><td></td></tr>
<tr><td></td><td></td><td></td><td></td><td></td></tr>
<tr><td></td><td></td><td></td><td></td><td></td></tr>
<tr><td></td><td></td><td></td><td></td><td></td></tr>
<tr><td></td><td></td><td></td><td></td><td></td></tr>
<tr><td></td><td></td><td></td><td></td><td></td></tr>
<tr><td>决策评价</td><td colspan="5">结果:(将自己的设计方案与组内成员的设计方案进行对比分析,对自己的设计方案进行修改并说明修改原因,最后确定一个最佳方案)</td></tr>
</table>

## 检查单

<table>
<tr><td>实训项目 4</td><td colspan="7">刨削、镗削及拉削加工综合实训</td></tr>
<tr><td colspan="3">评价学时</td><td colspan="2">课内 1 学时</td><td colspan="3">第　　组</td></tr>
<tr><td>检查目的及方式</td><td colspan="7">在加工过程中,教师对小组的工作情况进行监督、检查,如检查等级为不合格,小组需要整改,并拿出整改说明</td></tr>
<tr><td rowspan="2">序号</td><td rowspan="2">检查项目</td><td rowspan="2">检查标准</td><td colspan="5">检查结果分级<br>(在检查相应的分级框内划“√”)</td></tr>
<tr><td>优秀</td><td>良好</td><td>中等</td><td>合格</td><td>不合格</td></tr>
<tr><td>1</td><td>准备工作</td><td>资源是否已查到、材料是否准备完整</td><td></td><td></td><td></td><td></td><td></td></tr>
<tr><td>2</td><td>分工情况</td><td>安排是否合理、全面,分工是否明确</td><td></td><td></td><td></td><td></td><td></td></tr>
<tr><td>3</td><td>工作态度</td><td>小组工作是否积极主动,是否为全员参与</td><td></td><td></td><td></td><td></td><td></td></tr>
<tr><td>4</td><td>纪律出勤</td><td>是否按时完成负责的工作内容、遵守工作纪律</td><td></td><td></td><td></td><td></td><td></td></tr>
<tr><td>5</td><td>团队合作</td><td>是否相互协作、互相帮助,成员是否听从指挥</td><td></td><td></td><td></td><td></td><td></td></tr>
<tr><td>6</td><td>创新意识</td><td>任务完成是否不照搬照抄,看问题是否具有独到见解与创新思维</td><td></td><td></td><td></td><td></td><td></td></tr>
<tr><td>7</td><td>完成效率</td><td>工作单是否记录完整,是否按照计划完成任务</td><td></td><td></td><td></td><td></td><td></td></tr>
<tr><td>8</td><td>完成质量</td><td>工作单填写是否准确,设计过程、尺寸公差是否达标</td><td></td><td></td><td></td><td></td><td></td></tr>
<tr><td>检查评语</td><td colspan="4"></td><td colspan="3">教师签字:</td></tr>
</table>

小组工作评价单

<table>
<tr><td>实训项目 4</td><td colspan="7">刨削、镗削及拉削加工综合实训</td></tr>
<tr><td colspan="3">评价学时</td><td colspan="5">课内 1 学时</td></tr>
<tr><td>班级</td><td colspan="2"></td><td colspan="5">第　　组</td></tr>
<tr><td>考核情境</td><td>考核内容及要求</td><td>分值（100）</td><td>小组自评（10%）</td><td>小组互评（20%）</td><td>教师评价（70%）</td><td>实得分（∑）</td></tr>
<tr><td rowspan="4">汇报展示（20 分）</td><td>演讲资源利用</td><td>5</td><td></td><td></td><td></td><td></td></tr>
<tr><td>演讲表达和非语言技巧应用</td><td>5</td><td></td><td></td><td></td><td></td></tr>
<tr><td>团队成员补充配合程度</td><td>5</td><td></td><td></td><td></td><td></td></tr>
<tr><td>时间与完整性</td><td>5</td><td></td><td></td><td></td><td></td></tr>
<tr><td rowspan="3">质量评价（40 分）</td><td>工作完整性</td><td>10</td><td></td><td></td><td></td><td></td></tr>
<tr><td>工作质量</td><td>5</td><td></td><td></td><td></td><td></td></tr>
<tr><td>报告完整性</td><td>25</td><td></td><td></td><td></td><td></td></tr>
<tr><td rowspan="5">团队情感（25 分）</td><td>核心价值观</td><td>5</td><td></td><td></td><td></td><td></td></tr>
<tr><td>创新性</td><td>5</td><td></td><td></td><td></td><td></td></tr>
<tr><td>参与率</td><td>5</td><td></td><td></td><td></td><td></td></tr>
<tr><td>合作性</td><td>5</td><td></td><td></td><td></td><td></td></tr>
<tr><td>劳动态度</td><td>5</td><td></td><td></td><td></td><td></td></tr>
<tr><td rowspan="2">安全文明生产（10 分）</td><td>工作过程中的安全保障情况</td><td>5</td><td></td><td></td><td></td><td></td></tr>
<tr><td>工具正确使用和保养、放置规范</td><td>5</td><td></td><td></td><td></td><td></td></tr>
<tr><td>工作效率（5 分）</td><td>能够在要求的时间内完成，每超时 5 分钟扣 1 分</td><td>5</td><td></td><td></td><td></td><td></td></tr>
</table>

**小组成员素质评价单**

<table>
<tr><td>实训项目 4</td><td colspan="7">刨削、镗削及拉削加工综合实训</td></tr>
<tr><td>班级</td><td>第　组</td><td>成员姓名</td><td colspan="5"></td></tr>
<tr><td>评分说明</td><td colspan="7">每个小组成员评价分为自评分和小组其他成员评分两部分,取平均值计算,作为该小组成员的任务评价个人分数。评分项目共设计 5 个,依据评分标准给予合理量化打分。小组成员自评分后,要找小组其他成员以不记名方式评分</td></tr>
<tr><td>评分项目</td><td>评分标准</td><td>自评分</td><td>成员 1 评分</td><td>成员 2 评分</td><td>成员 3 评分</td><td>成员 4 评分</td><td>成员 5 评分</td></tr>
<tr><td>核心价值观<br>(20 分)</td><td>有无违背社会主义核心价值观的思想及行动</td><td></td><td></td><td></td><td></td><td></td><td></td></tr>
<tr><td>工作态度<br>(20 分)</td><td>是否按时完成负责的工作内容、遵守纪律,是否积极主动参与小组工作,是否全过程参与,是否吃苦耐劳,是否具有工匠精神</td><td></td><td></td><td></td><td></td><td></td><td></td></tr>
<tr><td>交流沟通<br>(20 分)</td><td>能否良好地表达自己的观点,能否倾听他人的观点</td><td></td><td></td><td></td><td></td><td></td><td></td></tr>
<tr><td>团队合作<br>(20 分)</td><td>是否与小组成员合作完成任务,做到相互协作、互相帮助、听从指挥</td><td></td><td></td><td></td><td></td><td></td><td></td></tr>
<tr><td>创新意识<br>(20 分)</td><td>看问题时能否独立思考、提出独到见解,能否利用创新思维解决遇到的问题</td><td></td><td></td><td></td><td></td><td></td><td></td></tr>
<tr><td>最终小组成员得分</td><td colspan="7"></td></tr>
</table>

**课后反思**

<table>
<tr><td>实训项目 4</td><td colspan="3">刨削、镗削及拉削加工综合实训</td></tr>
<tr><td>班级</td><td>第　组</td><td>成员姓名</td><td></td></tr>
<tr><td>情感反思</td><td colspan="3">通过对本任务的学习和实训,你认为自己在社会主义核心价值观、职业素养、学习和工作态度等方面有哪些需要提高的部分?</td></tr>
</table>

表(续)

| | |
|---|---|
| 知识反思 | 通过对本任务的学习,你掌握了哪些知识点?请画出思维导图。 |
| 技能反思 | 在完成本任务的学习和实训过程中,你主要掌握了哪些技能? |
| 方法反思 | 在完成本任务的学习和实训过程中,你主要掌握了哪些分析和解决问题的方法? |

## 【任务拓展】

拉床安全操作规程:

①拉床操作规程操作者必须熟悉本设备的结构、性能和操作方法,待考试合格后,持证上岗;

②操作者要认真做到“三好”(管好、用好、修好)、“四会”(会使用、会保养、会检查、会排除故障);

③操作者必须遵守设备使用的“五项纪律”及设备维护的“四项要求”的规定;

④操作者要随时按照设备“巡回检查内容”的要求对设备进行检查;

⑤按“设备润滑图表”规定进行加油,做到“五定”(定人、定点、定质、定时、定量),注油后将设备油杯(池)的盖子盖好;

⑥严禁超规范、超负荷使用设备;

⑦停机在 8 h 以上的设备,再次启动时应先低速运转 3~5 min,确认润滑系统通畅、各部位运转正常后,方可开始工作;

⑧拉刀的行程距离不得超过最大长度界限,以防撞坏密封圈,产生漏油现象;

⑨根据工件孔的直径、加工长度和材料,选择合适的拉刀及拉削行程长度和工作速度,更换工具卡时,其接触面要清理干净;

⑩在工作负荷情况下，要检查活塞杆上无漏油现象，若出现漏油应拧紧工作液压缸前盖上的法兰盘螺丝和辅助液压缸盖螺丝；

⑪禁止在机床运动部分及导轨面上放置任何物品，并保证有足够的冷却液；

⑫液压系统（包括各阀）必须保持工作正常、油压稳定、油温不得高于 60 ℃；

⑬工作中必须经常检查并消除拉杆、导轨、溜板和支撑刀架等处的铁屑、油污等杂物；

⑭拉削的工件要放正，不得有倾斜现象，工作中禁止中途停车或变换行程速度。

## 【实训报告】

（一）实训任务书

<table>
<tr><td>课程名称</td><td colspan="2">机械加工实训</td><td colspan="2">实训项目 4</td><td>刨削、镗削及拉削加工综合实训</td></tr>
<tr><td colspan="3">建议学时</td><td colspan="3">4</td></tr>
<tr><td>班级</td><td></td><td>学生姓名</td><td></td><td>工作日期</td><td></td></tr>
<tr><td>实训目标</td><td colspan="5">1. 掌握刨削、镗削及拉削加工工艺制定方案；<br>2. 掌握刨削、镗削及拉削加工中一般工件的定位、装夹及加工方法；<br>3. 掌握刨床、镗床及拉床的操纵和调整；<br>4. 掌握刨削、镗削及拉削刀具的种类、构成、安装及使用；<br>5. 规范合理摆放操作加工所需工具、量具；<br>6. 能按操作规范正确使用刨床、镗床及拉床，正确选择切削用量，并完成变速箱壳体毛坯件加工；<br>7. 能正确使用游标卡尺对零件进行检测；<br>8. 能对所完成的零件进行评价及超差原因分析</td></tr>
<tr><td>实训内容</td><td colspan="5">制定变速箱壳体的刨削、镗削及拉削加工工艺方案；刨削、镗削及拉削加工方法；正确将零件安装在刨床、镗床及拉床上；正确安装刨削、镗削及拉削刀具；规范合理摆放操作加工所需工具、量具；完成变速箱壳体毛坯件加工；正确使用游标卡尺对零件进行检测；对完成的零件进行评价及超差原因分析；完成变速箱壳体毛坯件加工任务</td></tr>
<tr><td>安全与<br>文明要求</td><td colspan="5">学生听从指导教师的安排及指挥，不在实训室打闹、吃东西，严格遵守实训室管理制度；固定座位，爱护公共设备，如发现设备缺失损坏及时上报指导教师；保持实训室卫生</td></tr>
<tr><td>提交成果</td><td colspan="5">实训报告；变速箱壳体件</td></tr>
<tr><td>对学生的要求</td><td colspan="5">1. 按任务要求完成实训任务；<br>2. 牢记学生实训安全守则；<br>3. 遵守铣工安全操作规程；<br>4. 严格遵守课堂纪律，不迟到、不早退，学习态度端正；<br>5. 每位同学必须积极参与小组讨论，并进行操作演示；<br>6. 具备一定的自学能力、资料查询能力，同时具备一定的沟通协调能力、语言表达能力和团队合作意识；<br>7. 认真填写实训报告</td></tr>
</table>

表(续)

| | |
|---|---|
| 考核评价 | 评价内容：<br>1. 企业管理模式的适应性；<br>2. 完成报告的完整性评价；<br>3. 掌握学生实训安全守则熟练程度等；<br>4. 在实际加工过程中能否遵守铣工安全操作规程。<br>评价方式：由学生自评(自述、评价，占10%)、小组评价(分组讨论、评价，占20%)、教师评价(根据学生学习态度、实训报告及上机实操技能评估，占70%)构成该学生的任务成绩 |

(二)实训准备工作

| 课程名称 | 机械加工实训 | | 实训项目4 | 刨削、镗削及拉削加工综合实训 | |
|---|---|---|---|---|---|
| 建议学时 | | | 4 | | |
| 班级 | | 学生姓名 | | 工作日期 | |
| 场地准备描述 | | | | | |
| 设备准备描述 | | | | | |
| 刀具、夹具、量具、工具准备描述 | | | | | |
| 知识准备描述 | | | | | |

（三）实训记录

<table>
<tr><td>课程名称</td><td colspan="2">机械加工实训</td><td colspan="2">实训项目4</td><td>刨削、镗削及拉削加工综合实训</td></tr>
<tr><td colspan="3">建议学时</td><td colspan="3">4</td></tr>
<tr><td>班级</td><td></td><td>学生姓名</td><td></td><td>工作日期</td><td></td></tr>
<tr><td>实训操作过程</td><td colspan="5"></td></tr>
<tr><td>注意事项</td><td colspan="5"></td></tr>
<tr><td>改进方法</td><td colspan="5"></td></tr>
</table>

（四）考核评价表

| 考核项目 | 技术要求 | 分值 | 学生自评分（10%） | 小组评分（20%） | 教师评分（70%） | 实得分 |
|---|---|---|---|---|---|---|
| 程序及工艺（15分） | 程序正确完整 | 5 | | | | |
| | 切削用量合理 | 5 | | | | |
| | 工艺过程规范合理 | 5 | | | | |
| 机床操作（20分） | 刀具选择安装正确 | 5 | | | | |
| | 对刀及工件坐标系设定正确 | 5 | | | | |
| | 机床操作规范 | 5 | | | | |
| | 工件加工正确 | 5 | | | | |
| 工件质量（40分） | 尺寸精度符合要求 | 30 | | | | |
| | 表面粗糙度符合要求 | 8 | | | | |
| | 无毛刺 | 2 | | | | |
| 安全文明生产（15分） | 安全操作 | 5 | | | | |
| | 机床维护与保养 | 5 | | | | |
| | 工作场所整理 | 5 | | | | |
| 相关知识及职业能力（10分） | 数控加工基础知识 | 2 | | | | |
| | 自学能力 | 2 | | | | |
| | 表达沟通能力 | 2 | | | | |
| | 合作能力 | 2 | | | | |
| | 创新能力 | 2 | | | | |
| 总分（$\sum$） | | 100 | | | | |

# 参 考 文 献


[1] 中华人民共和国职业技能鉴定轴导丛书编审委员会. 钳工职业技能鉴定指南[M]. 北京:机械工业出版社,2001.

[2] 中华人民共和国职业技能鉴定辅导丛书编审委员会. 车工职业技能鉴定指南[M]. 北京:机械工业出版社,1998.

[3] 中华人民共和国职业技能鉴定辅导丛书编审委员会. 铣工职业技能鉴定指南[M]. 北京:机械工业出版社,1997.

[4] 中华人民共和国职业技能鉴定辅导丛书编审委员会. 刨、插工职业技能鉴定指南[M]. 北京:机械工业出版社,1999.

[5] 中华人民共和国职业技能鉴定辅导丛书编审委员会. 磨工职业技能鉴定指南[M]. 北京:机械工业出版社,1996.

[6] 金禧德. 金工实习[M]. 北京: 高等教育出版社, 1993.

[7] 许光驰. 机电设备安装与调试[M]. 3 版. 北京: 北京航空航天大学出版社, 2016.

[8] 王立波. 手工与机械加工[M]. 北京: 高等教育出版社, 2009.

[9] 唐琼英. 金工实训[M]. 北京: 机械工业出版社, 2015.

[10] 童永华,冯忠伟. 钳工技能实训: 21 世纪高职高专规划教材[M]. 2 版. 北京: 北京理工大学出版社, 2009.

[11] 韦富基. 零件铣磨钳焊加工[M]. 北京: 北京理工大学出版社, 2011.

[12] 徐永礼, 涂清湖. 金工实习[M]. 北京: 北京理工大学出版社, 2009.

[13] 万文龙. 机械加工技术实训[M]. 上海: 华东师范大学出版社, 2008.

[14] 石伟平. 钳工上岗一路通[M]. 北京:化学工业出版社,2004.

[15] 钟祥山. 图解钳工入门与提高[M]. 北京:化学工业出版社,2015.

[16] 徐宏海. 英汉数控技术词典[M]. 北京:化学工业出版社,2007.

[17] 赵莹. 钳工岗位手册[M]. 北京:机械工业出版社,2014.

[18] 谷定来. 图解钳工入门[M]. 北京: 机械工业出版社, 2017.

[19] 杨承先, 杨璐维, 张琦. 现代机电专业英语[M]. 2 版. 北京: 清华大学出版社, 2012.

[20] 蒋增福. 钳工工艺与技能训练[M]. 北京:中国劳动社会保障出版社,2001.

[21] 史巧凤. 车工技能训练[M]. 5 版. 北京: 中国劳动社会保障出版社, 2014.

[22] 王兵. 图解钳工技术快速入门[M]. 上海:上海科学技术出版社,2010.

[23] 蒋炜. 钳工技能图解[M]. 北京:中国劳动社会保障出版社,2012.

[24] 刘霞. 金工实习[M]. 北京:机械工业出版社,2009.

[25] 刘党生. 铣工工艺与技能训练[M]. 北京:北京理工大学出版社,2009.

[26] 陈迪超. 钳工技能训练[M]. 3 版. 北京:中国劳动社会保障出版社,2012.

[27] 李新广.机械零件普通加工[M]. 北京:科学出版社,2010.
[28] 曹志斌.铣工技能图解[M]. 北京:中国劳动社会保障出版社,2013.
[29] 徐茂功.公差配合与技术测量[M]. 北京:机械工业出版社,2012.
[30] 孔凡杰,牛同训.机械制造工艺[M].2版.大连:大连理工大学出版社,2014.
[31] 李云程.模具制造技术[M].2版.北京:机械工业出版社,2014.
[32] 邓洪军.焊接实训[M]. 北京:机械工业出版社,2014.
[33] 李兆松.磨削加工技术[M]. 北京:机械工业出版社,2012.